先进注塑成型工艺及产品缺陷解析

XIANJIN ZHUSU CHENGXING GONGYI
JI
CHANPIN QUEXIAN JIEXI

刘朝福　编著

· 北京 ·

内 容 简 介

本书根据注塑行业近年来的发展趋势，围绕“良品率”“绿色制造”和“智能制造”话题，详细讲解了各类先进注塑成型工艺及常见产品缺陷的解决方法。

本书主要内容包括：塑料及注塑成型原理、注塑成型工艺技术、注塑生产常见缺陷及解决方法、精密及特殊要求的注塑成型技术、注塑成型节能技术与绿色制造、注塑成型工艺优化与计算机仿真技术、注塑生产自动化与智能化。

本书将注塑理论与生产实践相结合，不仅突出实用性，而且具有一定的理论深度和技术前瞻性，既适合从事塑料制品开发、注塑生产与管理、注塑模具设计与制造、注塑机维护与维修等相关工作的技术人员使用，也可供高等院校材料成型与控制工程、模具设计与制造、机械制造工艺与设备等专业的师生学习参考。

图书在版编目（CIP）数据

先进注塑成型工艺及产品缺陷解析 / 刘朝福编著. —北京：化学工业出版社，2022.2（2024.2 重印）

ISBN 978-7-122-40519-7

Ⅰ.①先…　Ⅱ.①刘…　Ⅲ.①注塑 - 生产工艺　Ⅳ.① TQ320.66

中国版本图书馆 CIP 数据核字（2021）第 273011 号

责任编辑：贾　娜　　文字编辑：赵　越
责任校对：王佳伟　　装帧设计：王晓宇

出版发行：化学工业出版社（北京市东城区青年湖南街 13 号　邮政编码 100011）
印　　装：北京缤索印刷有限公司
787mm×1092mm　1/16　印张 14　字数 334 千字　2024 年 2 月北京第 1 版第 4 次印刷

购书咨询：010-64518888　　售后服务：010-64518899
网　　址：http://www.cip.com.cn
凡购买本书，如有缺损质量问题，本社销售中心负责调换。

定　　价：98.00 元

前言

PREFACE

注塑成型是最主要的塑料加工工艺之一。通过注塑成型，可以一次性生产出结构复杂、造型优美的塑料制品，因而注塑成型具有工艺技术条件成熟、生产效率高、制品精度高、生产成本低等优点。目前，注塑成型在塑料制品生产中所占的比重还在不断增加，相关的技术、设备、模具和管理经验等也得到了快速的发展。

长期以来，困扰广大注塑生产一线人员的问题之一是“出废品”问题。由于注塑成型过程涉及复杂的材料学、热力学和流变学等问题，因而经常出现“莫名其妙出废品”“稀里糊涂又好了”的生产现象。针对此现象，本书着重编写了“注塑生产常见缺陷及解决方法”一章，总结了大量详实的案例并加以分析，希望能帮助读者“知其然，更知其所以然”。

同时，考虑到我国产业政策的走向，“低碳”“环保”“绿色制造”和“智能制造”已经成为普遍共识，作为传统制造业的重要组成部分，注塑生产正面临着环保、能耗和成本等各方面的挑战。针对此问题，本书详细讲解了精密及特殊要求塑件的注塑成型技术、绿色节能注塑技术、注塑成型工艺优化与计算机仿真技术、注塑生产自动化与智能化等代表注塑成型发展方向的前瞻知识，相信这些知识能为读者夯实技术储备、应对今后的产业挑战起到添砖加瓦的作用。

本书不仅着眼于解决业界同仁的“眼前问题”，而且未雨绸缪、面向未来，力求为相关人员解决“今后问题”提供智力支持。内容不仅包含了许多经过实践检验的技术技巧，突出实用性，又具有一定的理论深度，讲究前沿性，既适合从事塑料制品开发、注塑生产与管理、注塑模具设计与制造、注塑机维护与维修等相关工作的技术人员使用，也可供高等院校材料成型与控制工程、模具设计与制造、机械制造工艺与设备等专业的师生学习参考。

本书由桂林信息科技学院的刘朝福教授编著，在编写过程中，柳州方盛汽车饰件有限公司、广州博创智能装备股份有限公司、深圳腾盛精密装备股份有限公司，以及秦国华、经华、程馨、张燕、程彬彬、冯翠云、徐叔丰、韦雪岩、莫荣、廖志平提供了技术资料或参与了书稿的讨论，在此一并表示衷心的感谢！

由于笔者水平所限，书中疏漏和不足之处在所难免，敬请广大读者提出宝贵意见，来信请发电子邮件到 690529692@qq.com。

编　者

目 录

CONTENTS

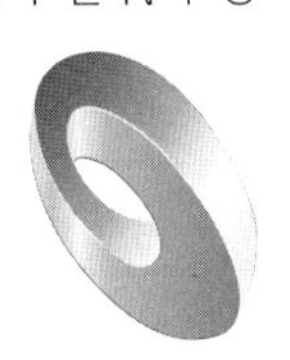

第 1 章

塑料及注塑成型原理

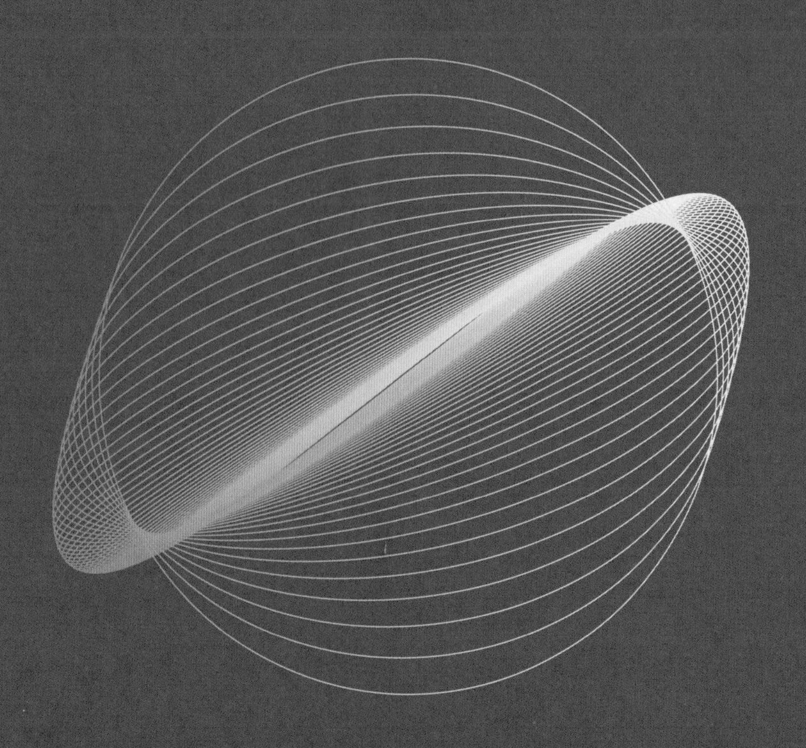

1.1 塑料的成型特性

1.1.1 塑料的类别及其性能

根据塑料受热后的性能和特点，一般将塑料分为热塑性塑料和热固性塑料两大类。

热塑性塑料在加热时可塑制成一定形状的塑件，冷却后保持已定型的形状。如再次加热，又可软化熔融，再次制成一定形状的塑件，可反复多次进行，具有可逆性。由于热塑性塑料能反复加热软化和冷却硬化的材料，因此热塑性塑料可经加热熔融而反复固化成型，所以热塑性塑料的废料通常可回收再利用，即有所谓的“二次料”之称。

热固性塑料在固化定型后，即使继续加热也无法改变其状态，也就无法再次变成熔融状态，因此，热固性塑料无法经过再加热来反复成型，所以热固性塑料的废料通常不可回收再利用。

本书所述的“塑料”，除特别说明，均为热塑性塑料。

与塑料成型工艺、成型质量有关的各种性能，为塑料的成型特性。了解和掌握塑料的工艺性能，直接关系到塑料能否顺利成型和保证塑件质量，同时也影响着模具的设计。热塑性塑料的主要成型特性如下。

（1）收缩性

塑料通常是在高温熔融状态下充满模具型腔而成型，当塑件从塑模中取出冷却到室温后，其尺寸会比原来在塑模中的尺寸小，这种特性称为收缩性。它可用单位长度塑件收缩量的百分数来表示，即收缩率（S）。

由于这种收缩不仅是塑件本身的热胀冷缩造成的，而且还与各种成型工艺条件及模具因素有关，因此成型后塑件的收缩称为成型收缩。可以通过调整工艺参数或修改模具结构，以缩小或改变塑件尺寸的变化情况。

成型收缩分为尺寸收缩和后收缩两种形式，而且同时都具有方向性。

① 塑件的尺寸收缩。由于塑件的热胀冷缩以及塑件内部的物理化学变化等原因，导致塑件脱模冷却到室温后发生尺寸缩小现象，为此在设计模具的成型零部件时必须考虑通过设计对它进行补偿，避免塑件尺寸出现超差。

② 塑件的后收缩。塑件成型时，因其内部物理、化学及力学变化等因素产生一系列应力，塑件成型固化后存在残余应力，塑件脱模后，因各种残余应力的作用将会使塑件尺寸产生再次缩小的现象。通常，一般塑件脱模后 10h 内的后收缩较大，24h 后基本定型，但要达到最终定型，则需要很长时间，一般热塑性塑料的后收缩大于热固性塑料。注塑和压注成型的塑件后收缩大于压缩成型塑件。

为稳定塑件成型后的尺寸，有时根据塑料的性能及工艺要求，在塑件成型后进行热处理，热处理后也会导致塑件的尺寸发生收缩，称为后处理收缩。在对高精度塑件的模具设计时应补偿后收缩和后处理收缩产生的误差。

③ 塑件收缩的方向性。塑料在成型过程中高分子沿流动方向的取向效应会导致塑件

的各向异性，塑件的收缩必然会因方向的不同而不同：通常沿料流的方向收缩大、强度高，而与料流垂直的方向收缩小、强度低。同时，由于塑件各个部位添加剂分布不均匀，密度不均匀，故收缩也不均匀，导致塑件收缩产生收缩差，塑件容易产生翘曲、变形以致开裂。

塑件成型收缩率分为实际收缩率与计算收缩率，实际收缩率表示模具或塑件在成型温度的尺寸与塑件在常温下的尺寸之间的差别，计算收缩率则表示在常温下模具的尺寸与塑件的尺寸之间的差别。计算公式如下：

$$S' = \frac{L_c - L_s}{L_s} \times 100\% \tag{1-1}$$

$$S = \frac{L_m - L_s}{L_s} \times 100\% \tag{1-2}$$

式中 S'——实际收缩率；

S——计算收缩率；

L_c——塑件或模具在成型温度时的尺寸；

L_s——塑件在常温时的尺寸；

L_m——模具在常温时的尺寸。

因实际收缩率与计算收缩率数值相差很小，所以在普通中、小模具设计时常采用计算收缩率来计算型腔及型芯等的尺寸。而对大型、精密模具设计时，一般采用实际收缩率来计算型腔及型芯等的尺寸。

在实际成型时，不仅塑料品种不同其收缩率不同，而且同一品种塑料的不同批号，或同一塑件不同部位的收缩率也不同。影响收缩率变化的主要因素有以下四个方面。

① 塑料的品种。各种塑料都有其各自的收缩率范围，即使是同一种塑料，由于相对分子质量、填料及配比等不同，其收缩率及各向异性也各不相同。

② 塑件结构。塑件的形状、尺寸、壁厚、有无嵌件、嵌件数量及布局等，对收缩率有很大影响。一般塑件壁厚越大，收缩率越大；形状复杂的塑件小于形状简单的塑件的收缩率；有嵌件的塑件因嵌件阻碍和激冷，收缩率减小。

③ 模具结构。塑模的分型面、加压方向及浇注系统的结构形式、布局及尺寸等直接影响料流方向、密度分布、保压补缩作用及成型时间，对收缩率及方向性影响很大，尤其是挤出和注塑成型更为突出。

④ 成型工艺条件。模具的温度、注射压力、保压时间等成型条件对塑件收缩均有较大影响。模具温度高，熔料冷却慢，密度高，收缩大。尤其对结晶塑料，因其体积变化大，其收缩更大，模具温度分布均匀也直接影响塑件各部分收缩量的大小和方向性，注射压力高，熔料黏度差小，脱模后弹性恢复大，收缩减小。保压时间长则收缩小，但方向性明显。

由于收缩率不是一个固定值，而是在一定范围内波动，收缩率的变化将引起塑件尺寸变化，因此，在模具设计时应根据塑料的收缩范围、塑件壁厚、形状、进料口形式、尺寸、位置成型因素等综合考虑确定塑件各部位的收缩率。精度高的塑件应选取收缩率波动范围小的塑料，并留有修模余地，试模后逐步修正模具，以达到塑件尺寸、精度要求。

（2）流动性

在成型过程中，塑料熔体在一定的温度、压力下充填模具型腔的能力称为塑料的流动性。塑料流动性的好坏，在很大程度上直接影响成型工艺的参数，如成型温度、压力、成型周期、模具浇注系统的尺寸及其他结构参数。在决定塑件大小和壁厚时，也要考虑流动性的影响。

流动性的大小与塑料的分子结构有关，具有线性分子而没有或很少有交联结构的树脂流动性大。塑料中加入填料，会降低树脂的流动性，而加入增塑剂或润滑剂，则可增加塑料的流动性。塑件合理的结构设计也可以改善流动性，例如在流道和塑件的拐角处采用圆角结构时改善了熔体的流动性。

塑料的流动件对塑件质量、模具设计以及成型工艺影响很大，流动性差的塑料，不容易充满型腔，易产生缺料或熔接痕等缺陷，因此需要较大的成型压力才能成型。相反，流动性好的塑料，可以用较小的成型压力充满型腔。但流动性太好，会在成型时产生严重的溢料飞边。因此，在塑件成型过程中，选用塑件材料时，应根据塑件的结构、尺寸及成型方法选择适当流动性的塑料，以获得满意的塑件。此外，模具设计时应根据塑料流动性来考虑分型面和浇注系统及进料方向；选择成型温度也应考虑塑料的流动性。

按照注塑成型机模具设计要求，热塑性塑料按其流动性可分为以下三类：

① 流动性好的塑料：如聚酰胺、聚乙烯、聚苯乙烯、聚丙烯、醋酸纤维素和聚甲基戊烯等。

② 流动性中等的塑料：如改性聚苯乙烯、ABS、AS、聚甲基乙烯酸甲酯、聚甲醛和氯化聚醚等。

③ 流动性差的塑料：如聚碳酸酯、硬聚氯乙烯、聚苯醚、聚矾、聚芳砜和氟塑料等。

影响塑料流动性的因素主要有：

① 温度。料温高，则塑料流动性大，但料温对不同塑料的流动性影响各有差异，聚苯乙烯、聚丙烯、聚酰胺、聚甲基丙烯酸甲酯、ABS、AS、聚碳酸酯、醋酸纤维素等塑料流动性对温度变化的影响较大；而聚乙烯、聚甲醛的流动性受温度变化的影响较小。

② 压力。注射压力大，则熔料受剪切作用大，流动性也大，尤其是聚乙烯、聚甲醛十分敏感。但过高的压力会使塑件产生应力，并且会降低熔体黏度，形成溢边。

③ 模具结构。浇注系统的形式、尺寸、布置、型腔表面粗糙度、浇道截面厚度、型腔形式、排气系统、冷却系统设计、熔料流动阻力等因素都直接影响熔料的流动性。

（3）热敏性

各种塑料的化学结构在热量作用下均有可能发生变化，某些热稳定性差的塑料，在料温高和受热时间长的情况下就会产生降解、分解、变色的特性，这种对热量的敏感程度称为塑料的热敏性。热敏性很强的塑料（即热稳定性很差的塑料）通常简称为热敏性塑料，如硬聚氯乙烯、聚三氟氯乙烯、聚甲醛、聚三氟氯乙烯等。这种塑料在成型过程中很容易在不太高的温度下发生热分解、热降解或在受热时间较长的情况下发生过热降解，从而影响塑件的性能和表面质量。

热敏性塑料熔体在发生热分解或热降解时，会产生各种分解物，有的分解物会对人体、模具和设备产生刺激、腐蚀或带有一定毒性；有的分解物还会是加速该塑料分解的催化剂，如聚氯乙烯分解产生氮化氢，能起到进一步加剧高分子分解的作用。

为了避免热敏性塑料在加工成型过程中发生热分解现象，在模具设计、选择注塑机及成型时，可在塑料中加入热稳定剂；也可采用合适的设备（螺杆式注塑机），严格控制成型温度、模温、加热时间、螺杆转速及背压等；及时清除分解产物，设备和模具应采取防腐等措施。

（4）水敏性

塑料的水敏性是指它在高温、高压下对水降解的敏感性，如聚碳酸酯即是典型的水敏性塑料。即使含有少量水分，在高温、高压下也会发生分解。因此，水敏性塑料成型前必须严格控制水分含量，进行干燥处理。

（5）吸湿性

吸湿性是指塑料对水分的亲疏程度。以此塑料大致可分为两类：一类是具有吸水或黏附水分性能的塑料，如聚酰胺、聚碳酸酯、聚砜、ABS 等；另一类是既不吸水也不易黏附水分的塑料，如聚乙烯、聚丙烯、聚甲醛等。

凡是具有吸水性倾向的塑料，如果在成型前水分没有去除，含量超过一定限度，那么在成型加工时，水分将会变为气体并促使塑料发生分解，导致塑料起泡和流动性降低，造成成型困难，而且使塑件的表面质量和力学性能降低。因此，为保证成型的顺利进行和塑件的质量，对吸水性和黏附水分倾向大的塑料，在成型前必须除去水分，进行干燥处理，必要时还应在注塑机的料斗内设置红外线加热。

（6）相容性

相容性是指两种或两种以上不同品种的塑料，在熔融状态下不产生相分离现象的能力。

如果两种塑料不相容，则混熔时制件会出现分层、脱皮等表面缺陷。不同塑料的相容性与其分子结构有一定关系，分子结构相似者较易相容，例如高压聚乙烯、低压聚乙烯、聚丙烯彼此之间的混熔等；分子结构不同时较难相容，例如聚乙烯和聚苯乙烯之间的混熔。塑料的相容性又俗称为共混性。通过塑料的这一性质，可以得到类似共聚物的综合性能，是改进塑料性能的重要途径之一。

1.1.2 塑料的热力学变化

塑料的物理、力学性能与温度密切相关，温度变化时，塑料的特性会发生变化，呈现出不同的物理状态，表现出分阶段的力学性能特点。塑料在受热时的物理状态和力学性能对塑料的成型加工有着非常重要的意义。

受到塑料的主要成分高分子聚合物的影响，塑料在受热时常存在的物理状态为玻璃态（结晶聚合物亦称结晶态）、高弹态和黏流态。塑料在受热时的变形程度与温度关系的曲线，称为热力学曲线，如图 1-1 所示。

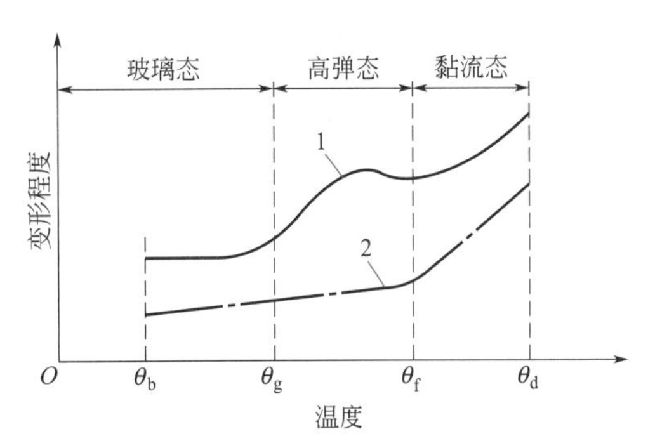

图 1-1 热塑性塑料热力学曲线

1—非结晶型塑料；2—结晶型塑料

（1）玻璃态

塑料处于温度 θ_g 以下时，为坚硬的固体，是大多数塑件的使用状态。θ_g 称为玻璃化温度，是多数塑料使用温度的上限。θ_b 是聚合物的脆化温度，低于 θ_b 下的某一温度，塑料容易发生断裂破坏，这一温度称为脆化温度，是塑料使用的下限温度。

处于玻璃态的塑料一般不适合进行大变形的加工，但可以进行诸如车、铣、钻等切削加工。

（2）高弹态

当塑料受热温度超过 θ_g 时，塑料出现橡胶状态的弹性体，称之为高弹态。处于这一状态下的塑料，其塑性变形能力大大增强，形变可逆，在这种状态下的塑料，可进行真空成型、中空成型、弯曲成型和压延成型等。由于此时的变形是可逆的，为了使塑件定型，成型后应立即把塑件冷却到 θ_g 以下的温度。

（3）黏流态

当塑料受热温度超过 θ_f 时，塑料出现明显的流动状态，塑料变成黏流的液体，通常称为熔体。塑料在这种状态下的变形不再具有可逆性质，一经成型和冷却后，其形状永远保持下来。θ_f 称为黏流化温度，是聚合物从高弹态转变为黏流态（或黏流态转变为高弹态）的临界温度。

当塑料继续加热，温度至 θ_d 时，塑料开始分解变色，塑料的性能迅速恶化。θ_d 称为热分解温度，是聚合物在高温下开始分解的临界温度。所以，θ_f 和 θ_d 是塑料成型加工的重要参考温度，$\theta_f \sim \theta_d$ 的范围越宽，塑料成型加工时的工艺就越容易调整。

1.2 注塑成型原理及工艺流程

1.2.1 注塑成型原理

注塑成型的基本设备是注塑机和注塑模具。如图 1-2 所示为螺杆式注塑机的注塑成型原理图。其原理是，将粒状或粉状的塑料加入注射机料筒，经加热熔融后，由注塑机的螺杆高压高速推动熔融的塑料通过料筒前端喷嘴，快速射入已经闭合的模具型腔[图 1-2（a）]，充满型腔的熔体在受压情况下，经冷却固化而保持型腔所赋予的形状[图 1-2（b）]，然后打开模具，取出制品[图 1-2（c）]。

塑料在注塑过程中，依次会发生软化、熔融、流动、赋形及固化等变化，如图 1-3 所示。

（1）软化和熔融

如图 1-4 所示为注塑机的料筒及螺杆结构，因料筒外部设有圆形加热器，在螺杆的转动下，塑料一边前进一边熔融，最后经喷嘴被注射到模具内。

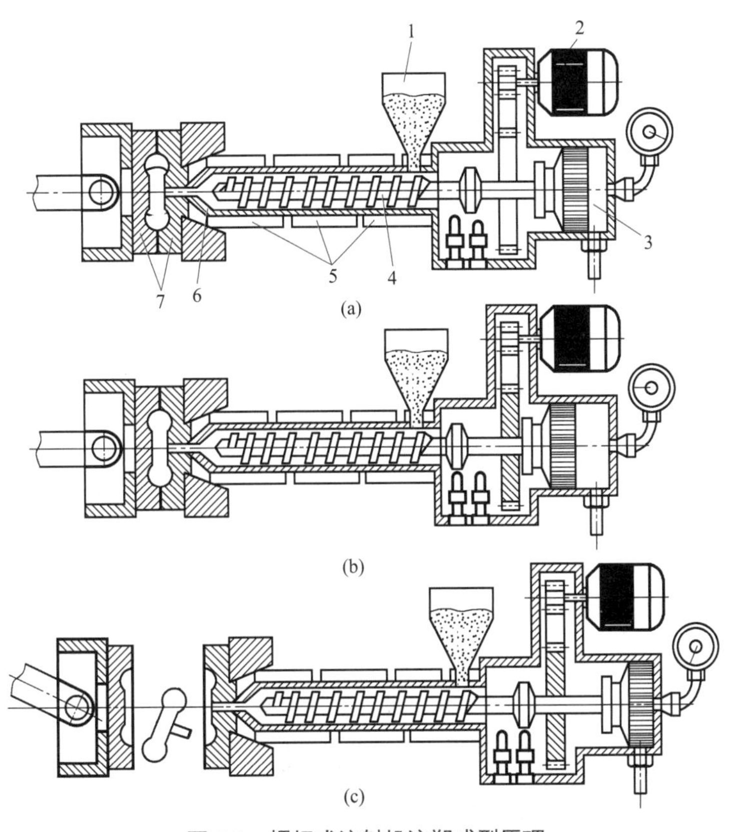

图 1-2　螺杆式注射机注塑成型原理

1—料斗；2—螺杆转动传动装置；3—注射液压缸；4—螺杆；5—加热器；6—喷嘴；7—模具

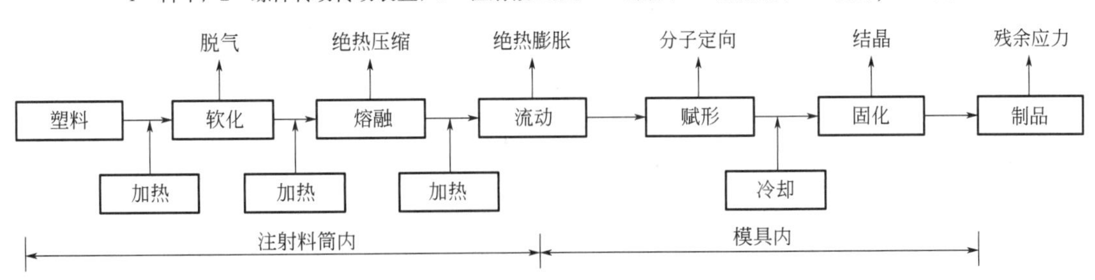

图 1-3　塑料在注塑成型过程中物理化学变化

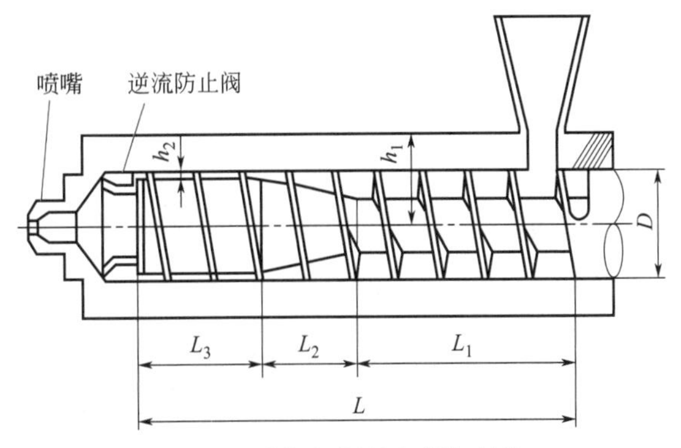

图 1-4　注塑机料筒和螺杆结构

L_1—送料段；L_2—压缩段；L_3—计量段；h_1/h_2—压缩比；D—螺杆直径

塑料在塑化过程中将发生如下变化：

首先塑料从送料段（L_1）进入压缩段（L_2）时，因螺杆槽体积的变小而被压缩并发生脱气，在进入计量段（L_3）前，塑料温度已达到熔融温度而成为熔融体。为了保证制品的质量，塑料必须充分脱气后再熔融，否则塑料如果在进入压缩段就已经熔融的话，其脱气效果将受到很大的影响。

计量段（L_3）也称混炼段，由于螺杆槽深 h_2 更小，塑料将在螺杆旋转过程中受到较强的剪切力的混炼，因而熔融变得更加完全。

下列三个有关螺杆的数值，将影响塑料的脱气和熔融的程度：

① 螺杆的有效长度和直径比（长径比）：L/D=22 ～ 25。

② 螺杆的压缩比：h_1/h_2=2.0 ～ 3.0（一般为 2.5）。

③ 螺杆的压缩部分相对长度比：L_1/L_2=40% ～ 60%。

这三个值越大，材料的熔融也就越彻底，螺杆旋转时熔融的塑料将被输送至螺杆的前端。与此同时，塑料产生的反压力又将使螺杆后退至某一个位置而完成计量过程，然后螺杆将在机械力的作用下前进，将熔融塑料注射到模具中去。在塑料被射入模具前的瞬间内，其熔体将受到急剧的压缩（称为绝热压缩），有时熔体会因此而发生结晶，使喷嘴口变窄（结晶化较完全，由于其熔点上升而发生固化）。普通螺杆的主要参数如表 1-1 所示。

表 1-1　普通螺杆主要参数

直径/mm	加料段螺纹深度/mm	均化段螺纹深度/mm	压缩比	螺杆与料筒间隙/mm
30	4.3	2.1	2 ∶ 1	0.15
40	5.4	2.6	2.1 ∶ 1	0.15
60	7.5	3.4	2.2 ∶ 1	0.15
80	9.1	3.8	2.4 ∶ 1	0.20
100	10.7	4.3	2.5 ∶ 1	0.20
120	12	4.8	2.5 ∶ 1	0.25
＞ 120	最大 14	最大 5.6	最大 3 ∶ 1	0.25

（2）流动

熔体在高压高速下被注射入模具时，往往会发生两种现象。一是在料筒中处于受压熔融状态的塑料会因突然的减压而膨胀，这种急剧膨胀（称为绝热膨胀）将引起熔融塑料本身的温度下降（其原理和冷冻机的绝热膨胀相同）。有实例表明，聚碳酸酯的这种温度降可达 50℃，聚甲醛塑料的温度可达 30℃。熔融塑料进入模具并接触到冷壁面时，也将产生急剧的温度下降。二是熔融塑料的大分子将顺着其流动方向发生取向。

从图 1-5 中可知，熔体在模腔的壁面附近流动极慢，而在模腔的中心部分流动较快，塑料的分子在流动较快的区域中被拉伸和取向。塑料在这样的状态下经冷却固化成为制品后，由于和流动的平行方向及垂直方向产生的收缩率之差，往往会造成制品的变形和翘曲。

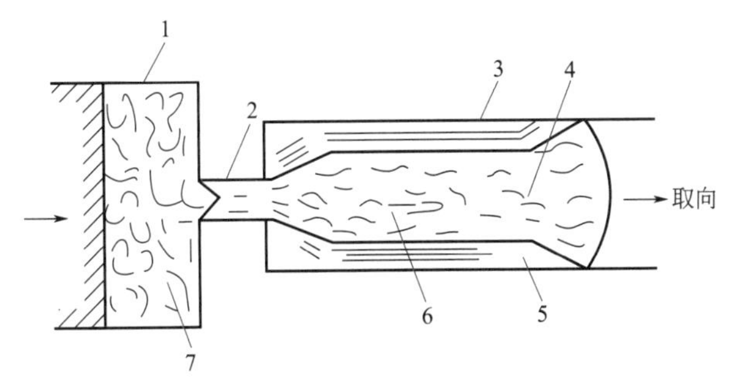

图 **1-5** 注塑时塑料流动引起的分子取向（定向作用）

1—注塑机；2—树脂注入模具（实际上由主流道、浇口组成）；3—模具（型腔内部）；4—中心处流速较快的部分；5—沿模腔壁面而流速极慢的部分；6—同取向而拉伸展开的树脂分子；7—缠绕在一起的树脂分子

（3）赋形和固化

熔融塑料在注射时，经喷嘴进入模具中被赋予形状，并经冷却和固化而成为制品。但熔融塑料被充填到模具中的时间实际上有数秒钟，要想观察其充填过程是非常困难的。

美国人斯迪文森采用计算机模拟的方法，描绘了有两个浇口的热流道模具成型聚丙烯汽车门时的充填过程，并以此计算出注射时间（即充填时间）、熔接线及所需锁模力等。图 1-6 描述了其模拟所得的模型。

从图 1-6 中熔体的流动充填状态看，和想象的相差不是很大，可能是较正确地反映了汽车车门的实际充填过程。

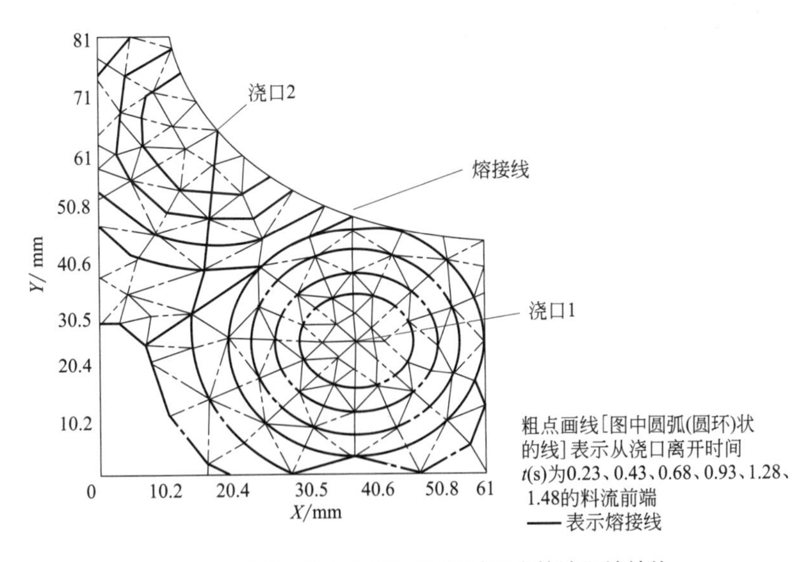

图 **1-6** 塑件（汽车车门）注塑时料流前端即熔接线

对注射过程的流动模拟已经有了很多种方法（如 FAN 法、CAIM 模拟系统、Moldflow 模拟系统等）。现在，人们往往采用这些模拟手段来预测熔融塑料在模具中的充填过程，以期进行更合理的模具设计，选择浇口位置或形式。

熔融塑料被赋予形状后就进入了固化过程，在固化过程中发生的主要现象是收缩，固化时因冷却引起的收缩和因结晶化而引起的收缩将同时进行。图 1-7 表示三种不同结晶性的聚乙烯在温度下降时的收缩情况。

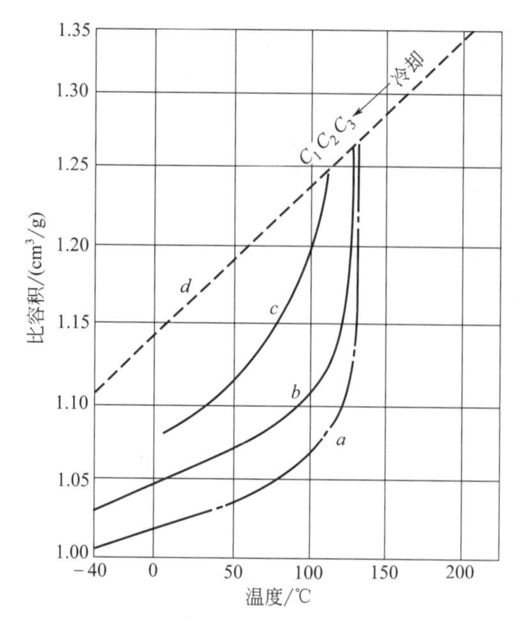

图 1-7 不同温度下聚乙烯（**PE**）的密度变化

a—相对密度为 0.9645 的 PE；*b*—相对密度为 0.95 的 PE；*c*—相对密度为 0.918 的 PE；

d—冷却速度线；C_1，C_2，C_3—三者的冷却速度相同

1.2.2 注塑成型的工艺流程

注塑成型工艺流程主要包括塑化—合模—高压锁模—注射—保压—冷却定型—开模取出制品等过程，如图 1-8 所示。上述过程循环反复进行，如图 1-9 所示，注塑生产即可以连续进行。

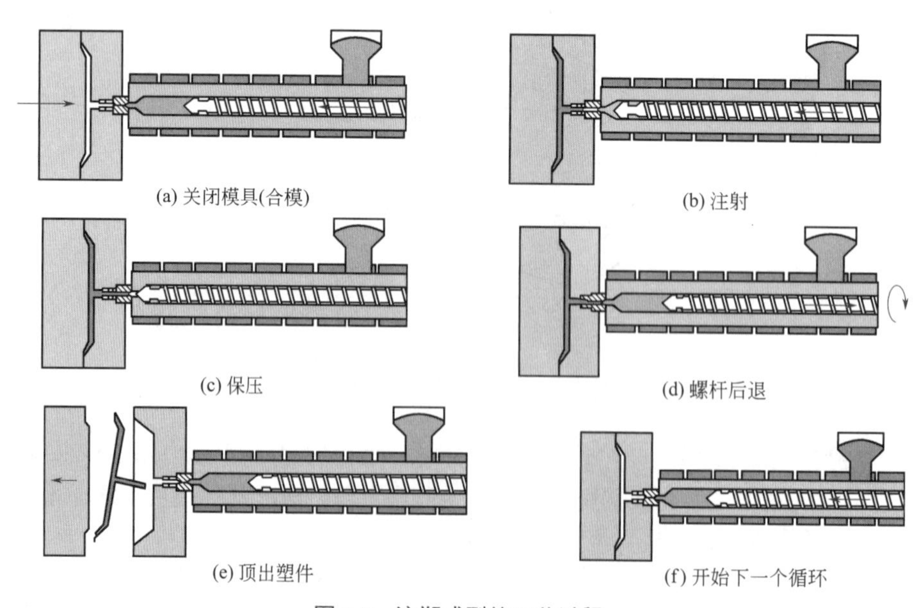

图 1-8 注塑成型的工艺过程

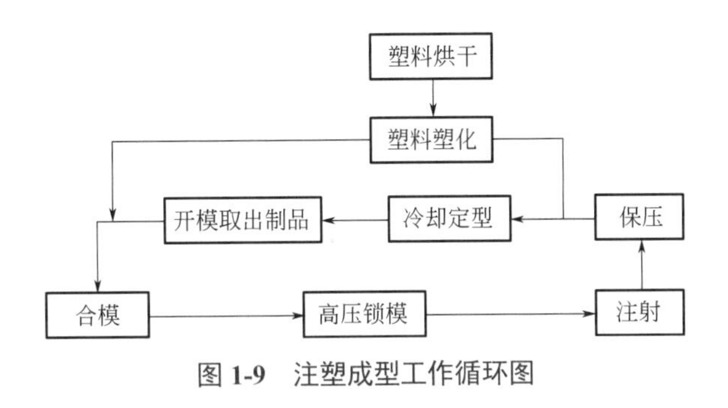

图 1-9　注塑成型工作循环图

上述工艺过程中，主要的环节包括以下部分。

（1）塑料的塑化（熔融）

塑化是注塑成型前的准备过程，对它的主要要求有：加热塑料达到规定的温度；温度、组分应均匀一致并能在规定的时间内提供足够数量的熔融塑料；塑料分解物控制在最低限度。

塑化螺杆在预塑时，一边后退一边旋转，把塑料熔体从螺杆后段向前段挤出，使之集聚在螺杆头部的空间里，形成熔体计量室并建立起熔体压力，此压力称预塑背压。螺杆旋转时正是在背压的作用下克服系统阻力才后退的，后退到螺杆所控制的计量行程为止，这个过程叫作塑化过程 。

塑料从料筒加料口到喷嘴由于热历程不同，物料也有三种聚集态：入口处的玻璃态，喷嘴及计量室处为黏流态，中间为高弹态。与之相对应的螺杆也分为固体输送段、均化段和压缩段。物料在螺槽中的吸热取决于传热过程，在此过程螺杆的转速起着重要作用，物料的热能来源主要是机械能转换和料筒的外部加热。采用不同背压和螺杆转速可改善塑化质量。

（2）熔体充填

塑料在注塑机料筒内加热、塑化达到流动状态后，螺杆将熔体经浇注系统注入模具的型腔，该过程称为熔体充填过程。

充填是整个注射过程关键步骤，时间从模具闭合开始时算起，到模具型腔充填到大约 95% 为止。理论上，充填时间越短，生产效率越高，但是实际中，成型时间或者注塑速度要受到很多条件的制约。

① 高速充填。高速充填时剪切率较高，塑料由于剪切变稀的作用而存在黏度下降的情形，使整体流动阻力降低；局部的黏滞加热影响也会使固化层厚度变薄。因此在流动控制阶段，充填行为往往取决于待充填的体积大小。即在流动控制阶段，由于高速充填，熔体的剪切变稀效果往往很明显，而薄壁的冷却作用并不明显，于是速率的效用占了上风。

② 低速充填。热传导控制低速充填时，剪切率较低，局部黏度较高，流动阻力较大。由于热塑料补充速率较慢，流动较为缓慢，使热传导效应较为明显，热量迅速为冷模壁带走。加上较少量的黏滞加热现象，固化层厚度较厚，又进一步增加壁部较薄处的流动阻力。

（3）保压

保压阶段的作用是螺杆对塑料熔体持续施加压力，压实熔体，增加塑料密度，以补偿塑料的收缩行为。在保压过程中，由于模腔中已经填满塑料熔体，因此背压较高。在保压压实过程中，注塑机螺杆仅能慢慢地向前做微小移动，塑料的流动速度也较为缓慢，这时的流动称作保压流动。由于在保压阶段，塑料熔体受模腔壁体的冷却而固化加快，熔体黏度增加也很快，因此模具型腔内的阻力很大。在保压的后期，塑料熔体密度持续增大，塑件也逐渐成型，保压阶段要一直持续到浇口固化封口为止，此时保压阶段的模腔压力达到最高值。

在保压阶段，由于压力相当高，塑料呈现部分可压缩特性。在压力较高区域，塑料较为密实，密度较高；在压力较低区域，塑料较为疏松，密度较低，因此密度分布随位置及时间而发生变化。保压过程中塑料流速极低，流动不再起主导作用；压力成为影响保压过程的主要因素。保压过程中塑料已经充满模腔，此时逐渐固化的熔体作为传递压力的介质。模腔中的压力借助塑料传递至模腔壁表面，有撑开模具的趋势，因此需要足够的锁模力进行锁模。胀模力在正常情形下会微微将模具撑开，对于模具的排气具有帮助作用；但胀模力过大，易造成成型品毛边、溢料，甚至撑开模具。因此在选择注塑机时，应选择具有足够大锁模力的注塑机，以防止胀模现象并能有效进行保压。

（4）冷却定型

在注塑成型模具中，冷却系统的设计非常重要。这是因为成型塑料制品只有冷却固化到一定刚性，脱模后才能避免塑料制品因受到外力而产生变形。由于冷却时间占整个成型周期约 70% ～ 80%，因此设计良好的冷却系统可以大幅缩短成型时间，提高注塑生产率，降低成本。设计不当的冷却系统会使成型时间拉长，增加成本；冷却不均匀会进一步造成塑料制品的翘曲变形。

根据试验，由熔体进入模具的热量大体分两部分散发，5% 的热量经辐射、对流传递到大气中，其余 95% 的热量从熔体传导到模具。塑料制品在模具中由于冷却水管的作用，热量由模腔中的塑料通过热传导经模架传至冷却水管，再通过热对流被冷却液带走。少数未被冷却水带走的热量则继续在模具中传导，直至接触外界后散溢于空气中。

注塑成型的成型周期由合模时间、熔体充填时间、保压时间、冷却时间及脱模时间等组成。其中以冷却时间所占比重最大，大约为 70% ～ 80%。因此冷却时间将直接影响塑料制品成型周期长短及产量大小。脱模阶段塑料制品温度应冷却至低于塑料制品的热变形温度，以防止塑料制品因残余应力导致的松弛现象或脱模外力所造成的翘曲及变形。

（5）塑件脱模

塑件脱模是一个注塑成型循环中的最后一个环节，即利用人工或机械的方式，将塑料件从模具上脱出。虽然塑件已经冷固成型，但脱模还是对塑件的质量有很重要的影响，脱模方式不当，可能会导致塑件在脱模时受力不均，顶出时引起塑件翘曲、变形等缺陷。脱模的方式主要有两种：顶杆脱模和脱料板脱模。设计模具时要根据制品的结构特点选择合适的脱模方式，以保证塑件质量。

第2章

注塑成型工艺技术

2.1 注塑成型技术准备

2.1.1 塑料的配色

某些塑料制品对颜色有精确的要求，因此，在注塑时必须进行准确的颜色配比，常用的配色工艺有以下两种。

第一种工艺是用色母料配色，即将热塑性塑料颗粒按一定比例混合均匀用于生产，色母料的加入量通常为 0.1% ～ 5%。

第二种工艺是将热塑性塑料颗粒与分散剂（也称稀释剂、助染剂）、颜色粉均匀混合成着色颗粒。分散剂多用白油，25kg 塑料用白油 20 ～ 30mL、着色剂 0.1% ～ 5%。可用作分散剂的还有松节油、酒精以及一些酯类等。热固性塑料的着色较为容易，一般将颜料混入即可。

2.1.2 塑料的干燥

塑料材料分子结构中含有酰胺基、酯基、醚基、腈基等基团而具有吸湿性倾向，由于吸湿而使速率含有不同程度的水分，当水分超过一定量时，制品就会产生银纹、收缩孔、气泡等缺陷，同时会引起材料降解。

容易吸湿的塑料品种有 PA、PC、PMMA、PET、PSF（PSU）、PPO、ABS 等，原则上，这些材料成型前都应进行干燥处理。不同的塑料，其干燥处理的条件不尽相同，表 2-1 所示为常见塑料的干燥条件。

表 2-1　常见塑料的干燥条件

干燥条件 / 材料名称	干燥温度 /℃	干燥时间 /h	干燥厚度 /mm	干燥要求 /%（含水量）
ABS	80 ～ 85	2 ～ 4	30 ～ 40	0.1
PA	95 ～ 105	12 ～ 16	＜ 50	＜ 0.1
PC	120 ～ 130	＞ 6	＜ 30	0.015
PMMA	70 ～ 80	2 ～ 4	30 ～ 40	—
PET	130	5	—	—
PBT	120	＜ 5	＜ 30	—
PSF（PSU）	120 ～ 140	4 ～ 6	20	0.05
PPO	120 ～ 140	2 ～ 4	25 ～ 40	—

塑料的干燥方法很多，如循环热风干燥、红外线加热干燥、真空加热干燥、气流干燥等。应注意的是，干燥后的物料应防止再次吸湿。表 2-2 所示为常见塑料成型前允许的含水量。

表 2-2　常见塑料成型前允许的含水量

塑料名称	允许含水量 /%	塑料名称	允许含水量 /%
PA6	0.10	PC	0.01 ～ 0.02
PA66	0.10	PPO	0.10
PA9	0.05	PSU	0.05
PA11	0.10	ABS（电镀级）	0.05
PA610	0.05	ABS（通用级）	0.10
PA1010	0.05	纤维素塑料	0.20 ～ 0.50
PMMA	0.05	PS	0.10
PET	0.05 ～ 0.10	HIPS	0.10
PBT	0.01	PE	0.05
UPVC	0.08 ～ 0.10	PP	0.05
软 PVC	0.08 ～ 0.10	PTFE	0.05

2.1.3　嵌件的预热

由于塑料与金属材料的热性能差异很大，两者比较，塑料的热导率小，线胀系数大，成型收缩率大，而金属收缩率小，因此，有金属嵌件的塑料制品，在嵌件周围易产生裂纹，致使制品强度较低。

要解决上述问题，设计塑料制品时，应加大嵌件周围塑料的厚度，加工时对金属嵌件进行预热，以减少塑料熔体与金属嵌件的温差，使嵌件四周的塑料冷却变慢，两者收缩相对均匀，以防止嵌件周围产生较大的内应力。

经验总结

嵌件预热需要由塑料的性质、嵌件的大小和种类决定。对具有刚性分子链的塑料，如 PC、PS、PSF、PPO 等，当有嵌件时必须预热。而含柔性分子链的塑料且嵌件又较小时，可不预热。

嵌件一般预热温度为 110 ～ 130℃，如铝、铜预热可提高到 150℃。

2.1.4　脱模剂的选用

对某些复杂脱模结构的塑料制品，注塑成型时需要在模具的型芯上喷洒脱模剂，以使塑料制品从模具的型芯上顺利脱出。

传统的脱模剂有硬脂酸锌、白油、硅油。硬脂酸锌除聚酰胺外，一般塑料均可使用，白油作为聚酰胺的脱模剂效果较好。硅油效果好，但使用不方便。

2.2 注塑成型的工艺参数

2.2.1 注射压力

注射压力是为了克服熔体在流动过程中的阻力，流动过程中存在的阻力需要注塑机的压力来抵消，给予熔体一定的充填速度及对熔体进行压实、补缩，以保证充填过程顺利进行。

如图 2-1 所示，在注塑过程中，注塑机喷嘴处的压力最高，以克服熔体全程中的流动阻力；其后，注射压力随着流动长度往熔体最前端逐步降低，如果模腔内部排气良好，则熔体前端最后的压力就是大气压。

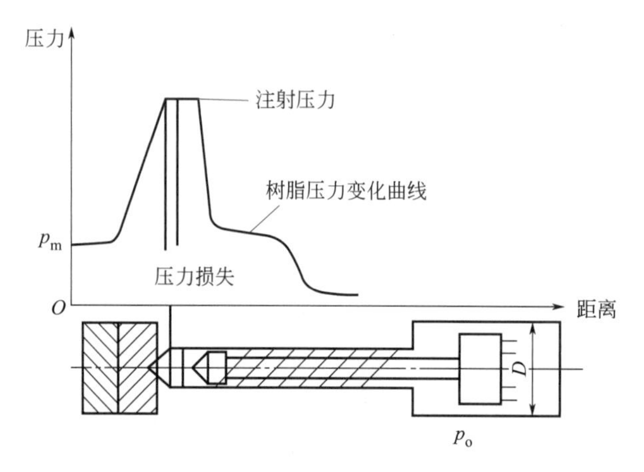

图 2-1 注射压力形成与消耗

如图 2-2 所示为熔体压力在其流动路径上的分布，随着流动长度的增加，沿途需要克服的阻力也增加，注射压力也随之增大。为了维持恒定的压力梯度以保证熔体充填速度的均一，必须随着流动长度的变化而相应地增加注射压力，因而必须相应增加熔体入口处的压力。

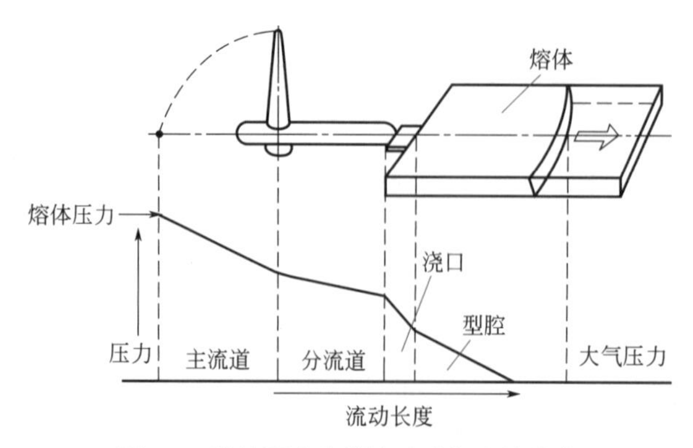

图 2-2 熔体压力在其流动路径上的分布

2.2.2 保压压力

在注射过程将近结束时，注射压力切换为保压压力后，就会进入保压阶段。保压过程中注塑机由喷嘴向型腔补料，以填充由于制件收缩而空出的容积；如果型腔充满后不进行保压，制件大约会收缩 25% 左右，特别是筋处由于收缩过大而形成收缩痕迹。保压压力一般为充填最大压力的 85% 左右，当然要根据实际情况来确定。

如图 2-3 所示为保压过程控制，1 表示注射开始；2 表示熔体进入到型腔；3 表示填充过程中发生了保压切换；4 代表型腔已经充满；5 表示填充过程进入补缩阶段；6 表示补缩结束、冷却开始。后填充阶段包含保压和冷却两个过程。

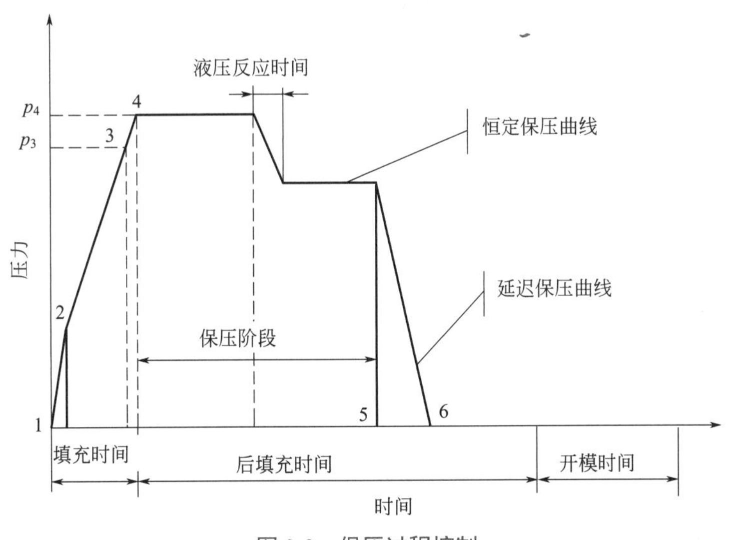

图 2-3 保压过程控制

经验表明，保压时间过长或过短都对成型不利。保压时间过长会使得保压不均匀，塑件内部应力增大，塑件容易变形，严重时会发生应力开裂；保压时间过短则保压不充分，制件体积收缩严重，表面质量差。

保压曲线分为两部分，一部分是恒定压力的保压，大约需要 2 ～ 3s，称为恒定保压曲线；另一部分是保压压力逐步减小释放，大约需要 1s，称为延迟保压曲线，延迟保压曲线对于成型制件的影响非常明显。如果恒定保压曲线变长，制件体积收缩会减小，反之则增大；如果延迟保压曲线斜率变大，延迟保压时间变短，制件体积收缩会变大，反之则变小；如果延迟保压曲线分段且延长，制件体积收缩变小，反之则变大。

塑料熔体在充填过程中，当型腔快要充满时，螺杆的运动从流动速率控制转换到压力控制，这个转化点称为保压切换控制点。保压切换对于成型工艺的控制很重要，保压切换点以前，熔体前进的速度和压力很大，保压切换后，螺杆向前挤压推动熔体前进的压力较小。如果不进行保压切换，当型腔充满熔体时压力会很大，造成注射压力陡增，所需锁模力也会变大，甚至会出现溢料（飞边）等一系列的缺陷。

注塑机中的保压切换一般都是按照注塑位置进行的，也就是当螺杆进行到某一位置即发生保压切换。保压切换的位置、时间和压力如图 2-4 所示。

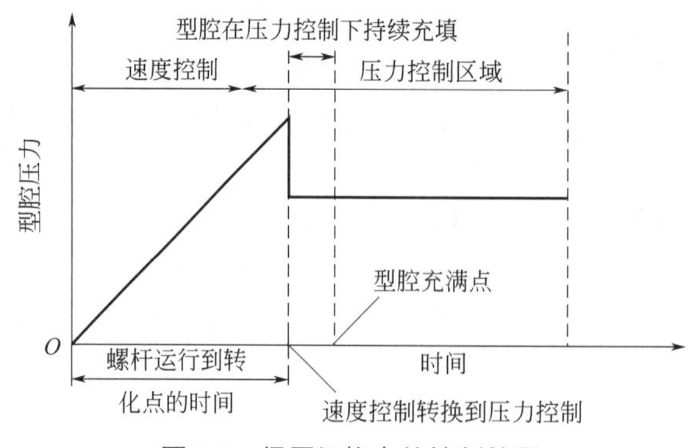

图 2-4　保压切换点的控制简图

如图 2-5 所示为不同的保压设置可能得到的结果。其中：1 为经过优化的设置，没有出现错误，可以得到高质量的零件；2 的模腔压力出现尖峰，原因是 *V-p*（体积 - 压力）切换过迟（过度注射）；3 是在压缩前压力下降，原因是 *V-p* 切换过早（充填失控，注塑件翘曲）；4 是保压阶段中压力下降，导致压力保持时间过短，熔体回流，浇口附近出现凹痕；5 为制品残余压力大，原因是模具刚度不够大，或者是 *V-p* 切换太迟，注射阶段模具板发生变形，导致熔体凝固后应力没有释放。

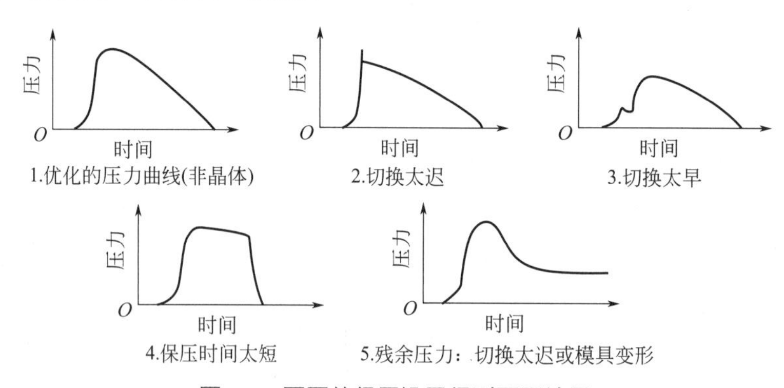

图 2-5　不同的保压设置得到不同结果

2.2.3　螺杆的背压

在塑料熔融、塑化过程中，熔体不断移向料筒前端（计量室内），且越来越多，逐渐形成一个压力，推动螺杆向后退。为了阻止螺杆后退过快，确保熔体均匀压实，需要给螺杆提供一个反方向的压力，这个反方向阻止螺杆后退的压力称为背压，如图 2-6 所示。

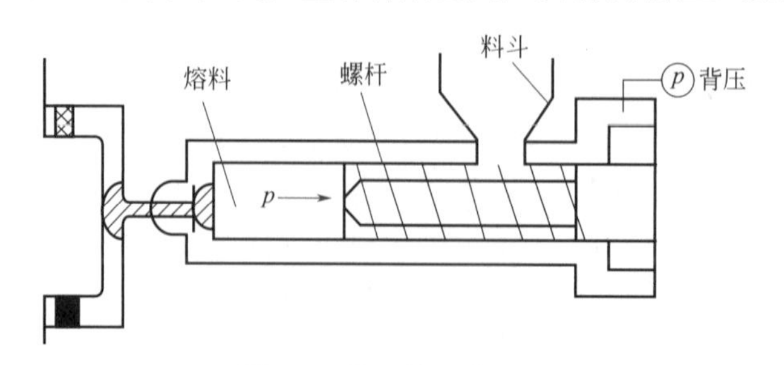

图 2-6　背压的形成原理

背压亦称塑化压力，它的控制是通过调节注射油缸之回油节流阀实现的。预塑化螺杆注射油缸后部都设有背压阀，调节螺杆旋转后退时注射油缸泄油的速度，使油缸保持一定的压力。全电动机的螺杆后移速度（阻力）是由 AC 伺服阀控制的。

适当调校背压对注塑质量有很大的好处。在注塑成型中，适当调整背压的大小，可以获得如下好处。

① 能将料筒内的熔体压实，增加密度，提高注射量、制品重量和尺寸的稳定性。

② 可将熔体内的气体“挤出”，减少制品表面的气花、内部气泡，提高光泽均匀性。

③ 减慢螺杆后退速度，使料筒内的熔体充分塑化，增加色粉、色母与熔体的混合均匀度，避免制品出现混色现象。

④ 适当提升背压，可改善制品表面的缩水和产品周边的走胶情况。

⑤ 能提升熔体的温度，使熔体塑化质量提高，改善熔体充模时的流动性，制品表面无冷胶纹。

2.2.4 锁模力

锁模力是为了抵抗塑料熔体对模具的胀力而设定的，其大小根据注射压力等具体情况决定。但实际上，塑料熔体从注塑机的料筒喷嘴射出后，要经过模具的主流道、分流道、浇口而进入模腔，途中的压力损失是很大的。图 2-7（a）表示注射压力在料筒至进入模具的整个过程中的变化情况，从图 2-7（b）中压力变化可知，到达模腔的末端时其压力将下降到仅相当于初始注射压力的 20%。

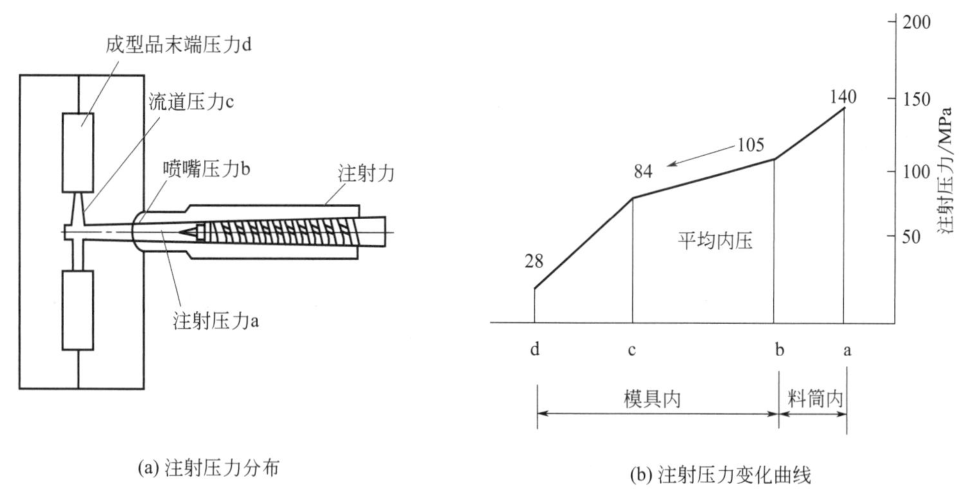

(a) 注射压力分布

(b) 注射压力变化曲线

图 2-7　注射压力和模具内压力示意图

2.2.5 料筒温度

熔体温度必须控制在一定的范围内，温度太低，熔体塑化不良影响成型件的质量，增加工艺难度；温度太高，原料容易分解。在实际的注塑成型过程中，熔体温度往往比料筒温度高，高出的数值与注塑速率和材料的性能有关，最高可达 30℃。这是由于熔体通过浇口时受到剪切而产生了很高的热量，如图 2-8 所示。

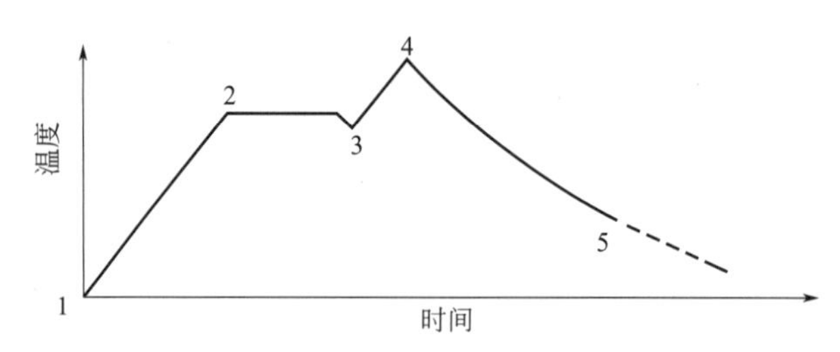

图 2-8　注塑过程中熔体温度的变化

1—料筒加热开始；2—螺杆塑化开始；3—熔体到达流道末端；4—熔体通过浇口；5—充填结束

料筒温度是影响注射压力的重要因素，注塑机料筒一般有 5 或 6 个加热段，每种原料都有其合适的成型温度，具体的成型温度可以参阅供应商提供的数据。表 2-3 是常用塑料的成型温度。

表 2-3　常用塑料的成型温度　　单位：℃

塑料	ABS	PP	PS	PC	POM	PVC
温度	235	225	235	300	205	190

关于注射温度（即喷嘴附近的温度）调整的大体原则，主要是根据塑料的基本情况来考虑。如具有活性原子团的聚合物（多为缩合物）的最佳注射温度一般离熔点较近，寻找和考察其最佳温度时，每次进行 2 ～ 3℃范围的小幅度调节即可。而对于不具有活性原子团的聚合物，其最佳注射温度比熔点要高得多（50℃前后），而且考察其最佳注射温度，要进行 5 ～ 10℃范围的较大幅度的调节，如图 2-9 所示。

2.2.6　模具温度

注塑成型时模具温度分布情况如图 2-10 所示。为了保证制品的质量，对模具温度的设定也存在着最佳温度，如制造对外观要求较高的 ABS 盒状制品时，可将模腔中制品的外表面侧（即固定模板侧）温度设定在 50 ～ 65℃，而将内表面侧（动模板侧）的温度设在低于外表面侧 10℃左右，此时得到的制品表面无缩痕，外观好。又如，模具温度较高的话，制品表面的转印性较好，特别是成型表面有花纹的制品时，更应适当地提高模具温度。

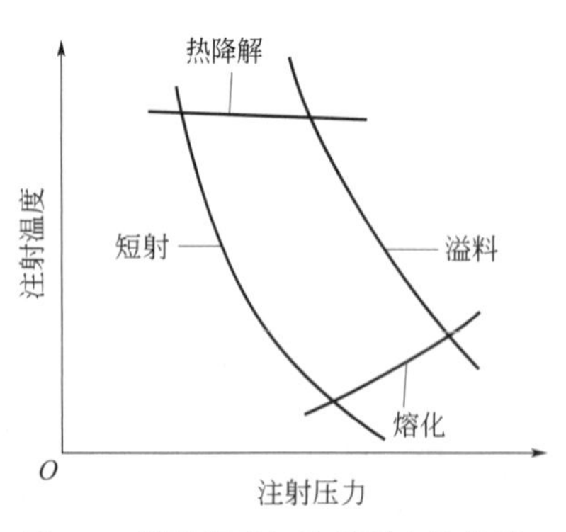

图 2-9　熔体温度与注射压力的关系

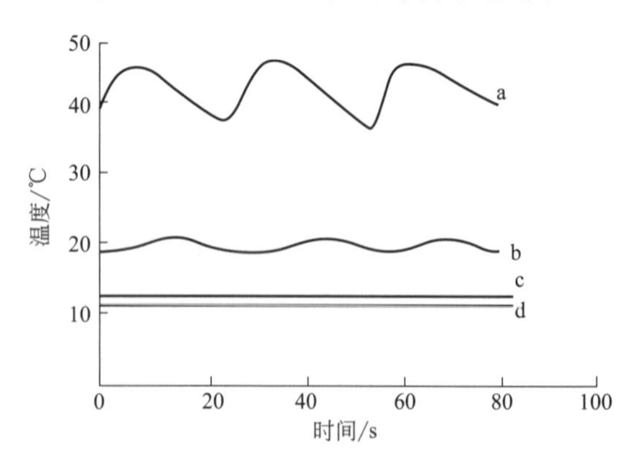

图 2-10　模具内不同位置的温度 - 时间曲线

a—模腔表面；b—冷却管路壁面；c—冷却管路出口；d—冷却管路进口

经验总结

对结晶型塑料而言，其结晶速度受冷却速度所支配，如果提高模具温度，由于冷却慢，可以使其结晶度变大，有利于提高和改善其制品的尺寸精度和力学性能等。如尼龙塑料、聚甲塑料、PBT 塑料等结晶型塑料，都因这样的缘由而需采用较高的模具温度。如表 2-4 所示为常见热塑性塑料注塑成型时的模具温度。

表 2-4 常见热塑性塑料注塑成型时的模具温度 单位：℃

塑料种类	模温	塑料种类	模温
HDPE	60 ～ 70	PA6	40 ～ 80
LDPE	35 ～ 55	PA610	20 ～ 60
PE	40 ～ 60	PA1010	40 ～ 80
PP	55 ～ 65	POM	90 ～ 120
PS	30 ～ 65	PC	90 ～ 120
PVC	30 ～ 60	氯化聚醚	80 ～ 110
PMMA	40 ～ 60	聚苯醚	110 ～ 150
ABS	50 ～ 80	聚砜	130 ～ 150
改性 PS	40 ～ 60	聚三氟氯乙烯	110 ～ 130

2.2.7 注射速度

注射速度是指螺杆前进将塑料熔体充填到模腔时的速度，一般用单位时间的注射质量（g/s）或螺杆前进的速度（m/s）表示，它和注射压力都是注射条件中的重要条件之一。注射速度的不同，可能出现不同的效果，图 2-11 表示低速和高速充模时的料流情况。

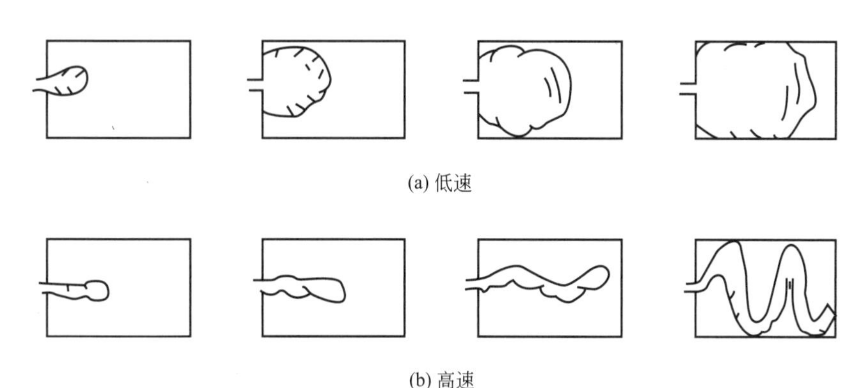

图 2-11 两种不同注射速度下的充模情况

低速注射时，料流速率慢，熔体从浇口开始渐向型腔远端流动，料流前端呈球形，先进入型腔的熔体先冷却而流速减慢，靠近型腔壁的部分冷却成高弹态的薄壳，而远离型腔壁的部分仍为黏流态的热流，料流前端仍呈球形，至完全充满型腔后，冷却壳的厚度加大而变硬。这种慢速充模由于熔体进入型腔的时间长、冷却慢，使得黏度增大，流动阻力也增大，需要用较高注射压力充模。

2.2.8 注射量

注射量为制品和主流道、分流道等加在一起时的总质量（g），如果其值小于注塑机最大注射量（g），在理论上是可以成型的。但是，一般情况下，注射量应小于注塑机的额定注射量的 85%。但实际使用的注射量如果太小的话，塑料会因在料筒中的滞留时间过长而产生热分解。为避免这种现象的发生，实际注射量应该在注塑机额定注射量的 30% 以上。因此，一般注射量最好设定在注塑机额定注射量的 30% ～ 85% 之间。

2.2.9 螺杆的射出位置

注射位置是注塑工艺中最重要的参数之一，注射位置一般是根据塑件和凝料（水口料）的总重量来确定的，有时要根据所用的塑料种类、模具结构、产品质量等来合理设定积压段注射的位置。

大多数塑料制品的注塑成型，均采用三段以上的注射方式。控制器注射方式的要点包括设置不同的注射开始位置、螺杆切换位置、保压体积、剩余缓冲量、压力释放量等，如图 2-12 所示。

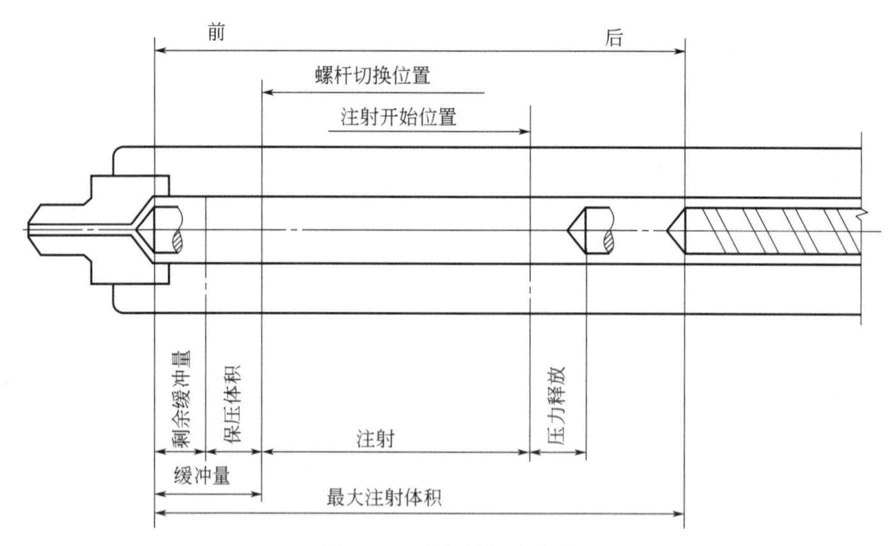

图 2-12　螺杆的射出位置

2.2.10 注射时间

注射时间就是施加压力于螺杆的时间，包含塑料的流动、模具充填、保压所需的时间，因此注射时间、注射速度和注射压力都是重要的成型条件。寻找正确的注射时间可以用两种方法进行：外观设定方法和重量设定方法。

尽管注射时间很短，对于成型周期的影响也很小，但是注射时间的调整对于浇口、流道和型腔等压力控制有着很大作用。合理的注射时间有助于熔体实现理想充填，而且对于提高制品的表面质量以及减小尺寸公差值有着非常重要的意义。

注射时间要远远低于冷却时间，大约为冷却时间的 1/10 ～ 1/15，这个规律可以作为预测塑件全部成型时间的依据，如图 2-13所示。

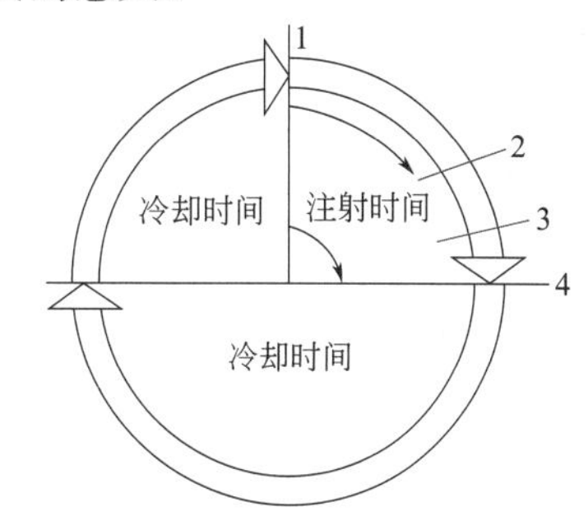

图 2-13 注射时间在成型周期中所占的比例

1—注射循环开始；2—注射充填；3—保压切换；4—型腔充满

2.2.11 冷却时间

冷却过程基本是由注塑开始而并不是注塑完成后开始，而冷却时间的长短，要求是在保证塑件顺利从模具取出的基础上，越短越好。一般冷却时间占周期的 70% ～ 80%，如图 2-14 所示。

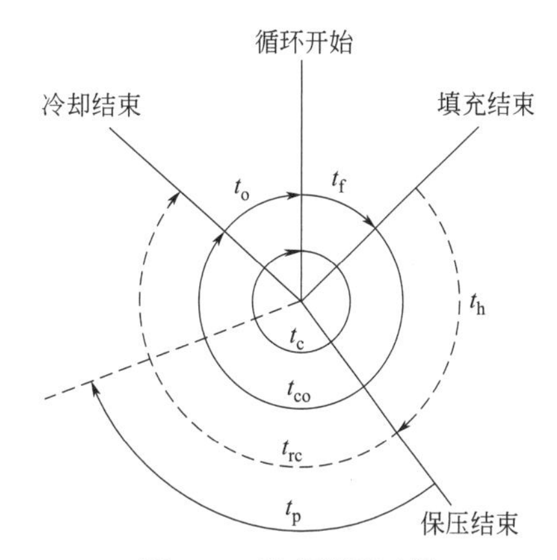

图 2-14 冷却循环时间

t_f—填充时间；t_h—保压时间；t_{rc}—剩余冷却时间；t_{co}—冷却时间；t_p—塑化时间；t_o—模具开合时间；t_c—循环时间（t_f+t_{co}+t_o）

2.2.12 螺杆转速

螺杆转速影响注塑物料在螺杆中输送和塑化的热历程和剪切效应，是影响塑化能力、塑化质量和成型周期等因素的重要参数。随着螺杆转速的提高，塑化能力、熔体温度及熔体温度的均匀性均提高，塑化作用有所下降。

对热敏性塑料（如 PVC、POM 等），也采用低螺杆转速，以防物料分解；对熔体黏度较高的塑料，也可以采用较低的螺杆转速。

2.2.13 防涎量（螺杆松退量）

螺杆计量（预塑）到位后，又直线地倒退一段距离，使计量室中熔体的空间增大，内压下降，防止熔体从计量室向外流出（通过喷嘴或间隙），这个后退动作称为防流涎，后退的距离称为防涎量或防流涎行程。防流涎还有一个目的就是在喷嘴不退回进行预塑时，降低喷嘴流道系统的压力，减少内应力，并在开模时容易抽出主流道。防涎量的设置要视塑料的黏度和制品的情况而定，过大的防涎量会使计量室中的熔体夹杂气泡，严重影响制品质量。黏度大的物料可不设防涎量（一般为 2 ～ 3mm）。

2.2.14 余料量

螺杆注射结束之后，并不希望把螺杆头部的熔体全部注射出去，还希望留存一些，形成一个余料量。这样，一方面可防止螺杆头部和喷嘴接触发生机械碰撞事故；另一方面可通过此余料量来控制注射量的重复精度，达到稳定注塑制品质量的目的（余料量过小，则达不到缓冲的目的；过大则使余料累积过多)。一般余料量为 5 ～ 10mm。

2.3 注塑工艺参数的设定

2.3.1 设定工艺参数的一般流程与要点

在设定注塑工艺参数时，一般按照以下流程进行，并注意其中的相应要点。

(1) 设置塑料的塑化温度

① 温度过低，塑料就可能不完全熔融或者流动比较困难；

② 熔融温度过高，塑料会降解；

③ 从塑料供应商那里获得准确的熔融温度和成型温度；

④ 料筒上有 3 ～ 5 个加热区域，最接近料斗的加热区温度最低，其后逐渐增温，在喷嘴处加热器需保证温度的一致性；

⑤ 实际的熔融温度通常高于加热器设定值，主要是因为背压的影响与螺杆的旋转而产生的摩擦热；

⑥ 探针式温度计可测量实际的熔体温度。

(2) 设置模具温度

①从塑料供应商那里获取模温的推荐值；

② 模温可以用温度计测量；

③ 应该将冷却液的温度设置为低于模温 10 ～ 20℃；

④ 如果模温是 40 ～ 50℃或者更高，就要考虑在模具与锁模板之间设置绝热板；

⑤ 为了提高零件的表面质量，有时较高的模温也是必要的。

(3) 设置螺杆的注射终点

注射终点就是由充填阶段切换到保压阶段时螺杆的位置，如图 2-15 所示，如果垫料不足，制品表面就有可能产生缩痕。一般情况下，垫料设定为 5 ～ 10mm。

经验表明，如在本步骤中设定注射终点位置为充填模腔 2/3，就可以防止注塑机和模具受到损坏。

(4) 设置螺杆转速

① 设置所需的转速来塑化塑料；

② 塑化过程不应该延长整个循环周期的时间，如果延长，就需提高速度；

③ 理想的螺杆转速是在不延长循环周期的情况下，设置为最小的转速。

(5) 设置背压压力值

① 推荐的背压是 5 ～ 10MPa；

② 背压太低会导致出现不一致的制品；

③ 增加背压会增加摩擦热并减少塑化所需的时间；

④ 采用较低的背压时，会增加材料停留在料筒内的时间。

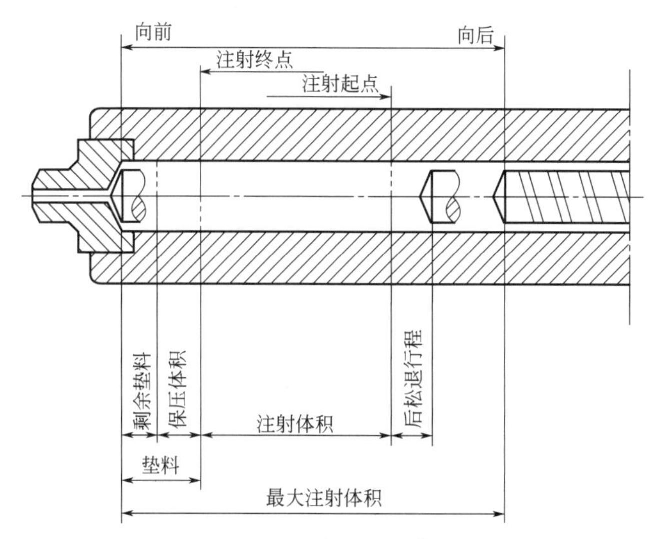

图 2-15　设置螺杆的注射终点

（6）设置注射压力值

① 设置注射压力为注塑机的最大值的目的是更好地利用注塑机的注射速度，所以压力设置将不会限制注射速度；

② 在模具充填满前，压力就会切换到保压压力阶段，因此模具不会受到损坏。

（7）设置初始保压压力值

① 设置保压压力为 0MPa，那么螺杆到达注射终点时就会停止，这样就可以防止注塑机和模具受到损坏；

② 保压压力将会逐渐增加，最终达到其设定值。

（8）设置注射速度为注塑机的最大值

① 采用最大的注射速度时，将会获得更小的流动阻力、更长的流动长度、更强的熔合纹强度。但是，这样就需要设置排气孔。排气不畅的话会困气，这样在型腔里产生非常高的温度和压力，导致灼痕、材料降解和短射。

② 显示熔接纹和困气出现的位置。应该设计合理的排气系统，以避免或者减小由困气引起的缺陷。

③ 还需要定期清洗模具表面和排气设施，尤其是对于 ABS/PVC 材料。

（9）设置保压时间

① 理想的保压时间取浇口凝固时间和零件凝固时间的最小值；

② 浇口凝固时间和零件凝固时间可以计算或估计出；

③ 对于首次试验，可以根据 CAE 软件预测充模时间，设置保压时间为此充模时间的 10 倍。

（10）设置足够的冷却时间

① 冷却时间可以估计或计算，包括保压时间和持续冷却时间；

② 开始可以估计持续冷却时间为10倍注射时间，例如，如果预测的注射时间是 0.85s，那么保压时间是 8.5s，而额外的冷却时间是 8.5s，这可以保证零件和流道系统充分固化以便脱模。

（11）设置开模时间

一般而言，开模时间设置为 2 ～ 5s，包括开模、脱模、合模等过程，生产循环周期是注射时间、保压时间、持续冷却时间和开模时间的总和，如图 2-16 所示。

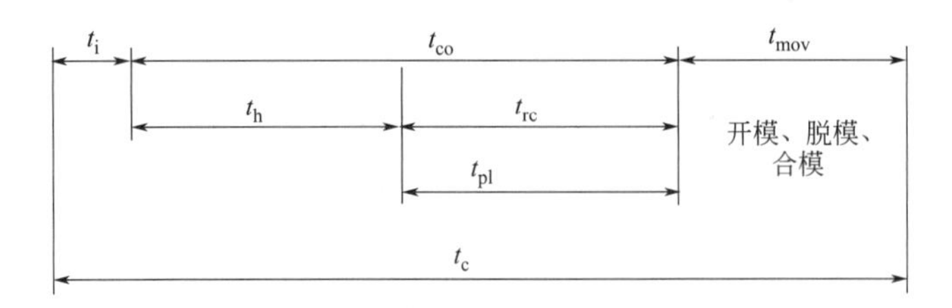

图 2-16　开模时间在注塑周期中的比例

t_i—注射时间；t_h—保压时间；t_{rc}—持续冷却时间；t_{pl}—塑化时间；
t_{mov}—开模时间；t_c—总时间；t_{co}—冷却总时间

（12）逐步增加注射体积直至型腔体积的 95%

① 通过 CAE 软件可以测出塑件和浇口流道等重量，有了这些信息，加上已知的螺杆直径或料筒的内径，每次注射的注射量和注射起点位置可以估计出。

② 因此，仅仅充填模具的 2/3，保压压力设定为 0MPa。这样，在螺杆到达注射终点位置时，充模会停止，这样可以保护模具。接下来，每步增加 5% ～ 10%，直到充满模具的 95%。

③ 为了防止塑料从喷嘴流涎，使用了压缩安全阀。在螺杆转动结束后，立即回退几毫米，以释放在塑化阶段建立的背压。

（13）切换到自动操作

为了获得加工过程的稳定性，需要切换到自动操作的模式。

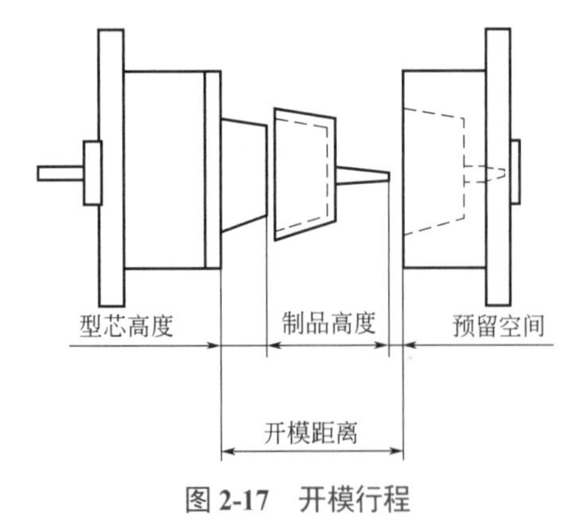

图 2-17　开模行程

（14）设置开模行程

开模行程设置包括了型芯高度、制品高度、预留空间，如图 2-17 所示。应当使开模行程最短，每次开模时，起始速度应当较低，然后加速，在快结束时，再次降低。合模与开模的顺序相似，即慢—快—慢。

（15）设置脱模行程、起始位置和速度

首先消除所有的滑动，最大的顶杆行程是型芯的高度。如果注塑机装有液压顶杆装置，那么开始位置设置在零件完全能从定模中取出的位置。当顶出的速度等于开模速度时，零件保留在定模侧。

（16）设置注射体积到充满型腔熔体容积的 99%

当工艺过程已经固定（每次生产出同样的零件）时，调节注射终点位置为充满型腔的

99%，这样可以充分利用最大的注射速度。

（17）逐步增加保压压力

① 逐步增加保压压力值，每次增加约 10MPa。如果模腔没有完全充满，就需要增加注射体积。

② 选择可接受的最低压力值，这样可使制品内部的压力最小，并且能够节约材料，也降低了生产成本。一个较高的保压压力会导致高的内应力，内应力会使零件翘曲。内应力可以通过将制品加热到热变形温度 10℃以下进行退火释放。

③ 如果垫料用尽了，那么保压的末期起不到作用。这就需要改变注射起点位置以增加注射体积。

④ 液压缸的液压可以通过注塑机的压力计读取。然而，螺杆前部的注射压力更为重要，为了计算注射压力，需要将液压乘上一个转换因子，转换因子通常可以在注塑机的注射部分或者用户指导手册中找到，转换因子通常为 10 ～ 15。

（18）得到最短的保压时间

① 最简单的获得最短保压时间的方法是开始设置一个较长的保压时间，然后逐步减少直到出现缩痕。

② 如果零件的尺寸较为稳定，可以利用图 2-18 获得更精确的保压时间，根据图中制品质量和保压时间关系曲线，得到浇口或制品凝固的时间。例如，在 9s 之后，保压时间对于零件的质量没有影响，这就是最短保压时间。

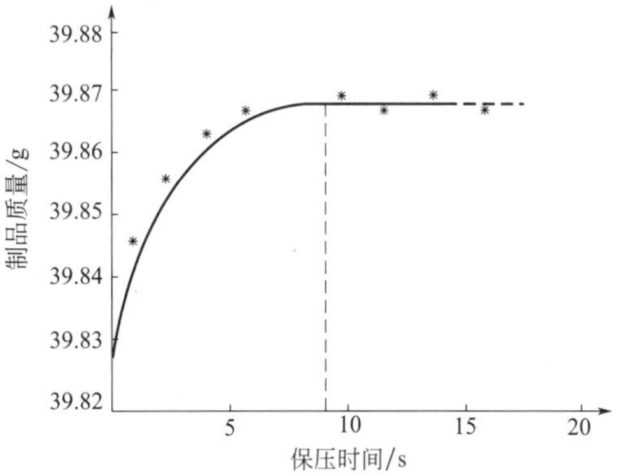

图 2-18　保压时间与制品质量关系

（19）得到最短的持续冷却时间

减少持续冷却时间直到零件的最大表面温度达到材料的热变形温度，热变形温度可以从供应商提供的塑料材料手册中查到。

在上述过程中，如果是新产品投产，对工艺参数值没有把握时，应注意以下几点：

① 温度：偏低设置塑料温度（防止分解）和偏高设置模具温度。

② 压力：注射压力、保压压力、背压均从偏低处开始（防止过量充填引起模具、机器损伤）。

③ 锁模力：从偏大处开始（防止溢料）。

④ 速度：注射速度，从稍慢开始（防止过量充填）；螺杆转速，从稍慢开始；开闭模速度，从稍慢开始（防止模具损伤）；计量行程，从偏小开始（防止过量充填）。

⑤ 时间：注射保压时间，从偏长开始（确认浇口密封）；冷却时间，从偏长开始。

2.3.2　注塑过程模腔压力的变化分析

模腔压力是能够清楚地表征注塑过程的唯一参数，只有模腔压力曲线能够真实地记录注塑过程中的注射、压缩和压力保持阶段。模腔压力变化是反映注塑件质量（如重量、形状、飞边、凹痕、气孔、收缩及变形等）的重要特征，模腔压力的记录不仅提供了质量检验的依据，而且可准确地预测塑件的公差范围。

（1）模腔压力特征

模腔压力曲线上的典型特征点如图 2-19 所示。表 2-5 所示为图上每一特征点或每一时间段的压力变化效应。

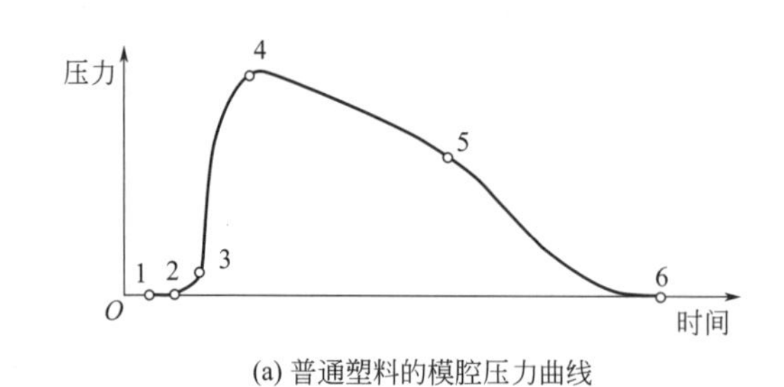

(a) 普通塑料的模腔压力曲线

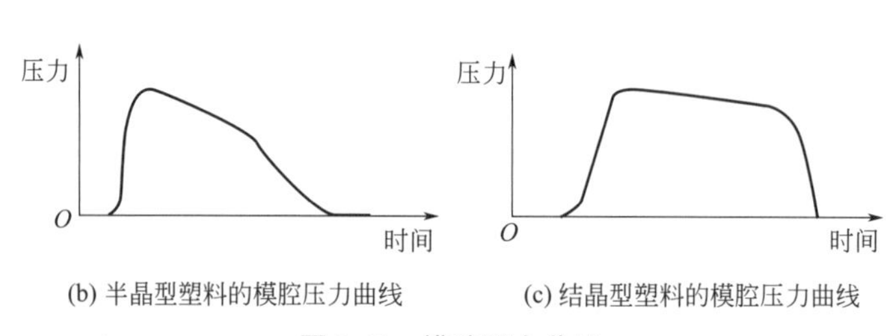

(b) 半晶型塑料的模腔压力曲线　　(c) 结晶型塑料的模腔压力曲线

图 2-19　模腔压力曲线

表 2-5　模腔压力曲线特征点的压力变化

特征点	动作	过程事件	熔体注入	对材料、压力曲线和注塑的影响
1	注射开始	液压上升，螺杆向前推进	—	—
1—2	熔体注入模腔	传感器所在位置的模腔压力为 1bar❶	—	—
2	熔体到达传感器	模腔压力开始上升	—	—
2—3	充填模腔	充填压力取决于流动阻力	平衡上升	①缓慢注入 ②无压力峰 ③内部应力低
			快速上升	①快速注入 ②出现压力峰 ③内部压力大 ④注塑件飞边
3	充满模腔	理想的 V-p 切换时刻	—	①注射控制适当 ②切换适时，注塑件内部压力适中

❶ 1bar=10^5Pa。

续表

特征点	动作	过程事件	熔体注入	对材料、压力曲线和注塑的影响
3—4 (3—5)	压缩熔体	体积收缩的平衡	平稳上升	①压缩率低 ②无压力峰 ③平稳过渡 ④注塑件内部应力低 ⑤可能产生气孔
			快速上升	①压缩率高 ②压力峰，过度注射 ③内部应力高 ④注塑件飞边
4	最大模腔压力	取决于保持压力和材料特性	—	—
4—6	压力持续下降	—	普通塑料	①保压时间适当 ②过程优化
	压力下降出现明显转折	晶态固化	半结晶型塑料	①保压时间适当 ②过程优化
	压力下降出现明显转折	熔体回流	结晶型塑料	①保压时间过短 ②浇口未密封 ③注塑件凹陷
5	凝固点	浇口处熔体冷却（模腔内体积不变）	—	—
6	大气压力为收缩过程开始时	保持尺寸稳定的重要监控依据	—	压力波动通常标志着注塑件尺寸不一致

（2）最大模腔压力

最大模腔压力取决于注塑机保持压力的设定值。如图 2-20 所示，保持压力的设定值越大，其所需的保压时间就越长。具体的保压时间会受到注射速度、注塑件的几何形状、塑料本身的特性、模具和熔体温度等因素的影响。

（3）压力的作用时间

保压时间应足够长，反之，如果保压时间过短，则可能出现模腔压力突然下降的现象。如图 2-21 所示，图中出现陡峭的“保压时间 - 模腔压力曲线”，原因是压力保持时间过短、熔体从尚未凝固的浇口回流，其结果是产品将出现缺料、充填不充分等缺陷。

（4）模腔压力的变化曲线

一般而言，流动阻力小，压力损耗小，保压较完全，浇口封闭时间晚，补偿收缩时间长，模腔压力较高。

① 保压时间的影响。保压时间越短，模腔压力下降越快（如图 2-22 所示）。

② 塑料熔体温度的影响。注塑机喷嘴入口的塑料温度越高，浇口越不易封口，补料时间越长，压降越小，因此模腔压力较高，如图 2-23 所示。

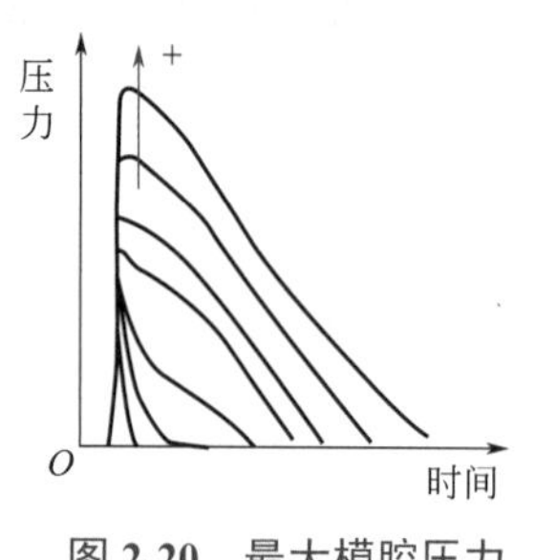

图 2-20　最大模腔压力

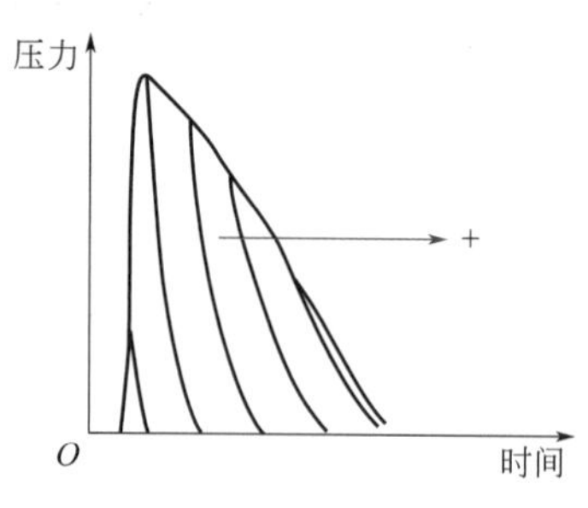

图 2-21　压力的作用时间

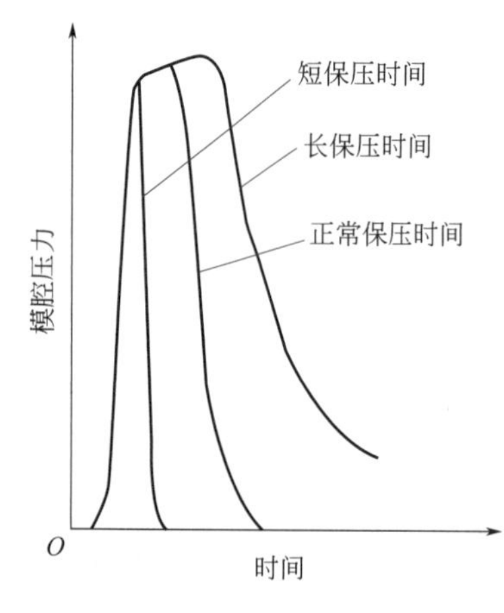

图 2-22　保压时间的影响

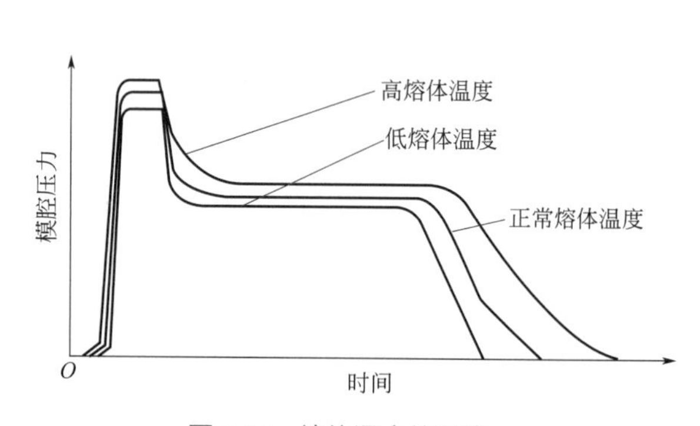

图 2-23　熔体温度的影响

③ 模具温度的影响。模具的模壁温度越高，与塑料的温度差越小，温度梯度越小，冷却速率越慢，塑料熔体传递压力时间越长，压力损失越小，因此模腔压力越高。反之，模温越低，模腔压力越小，如图 2-24 所示。

④ 塑料种类的影响。保压及冷却过程中，结晶型塑料的比体积变化较非结晶型塑料大，模腔压力曲线较低，如图 2-25 所示。

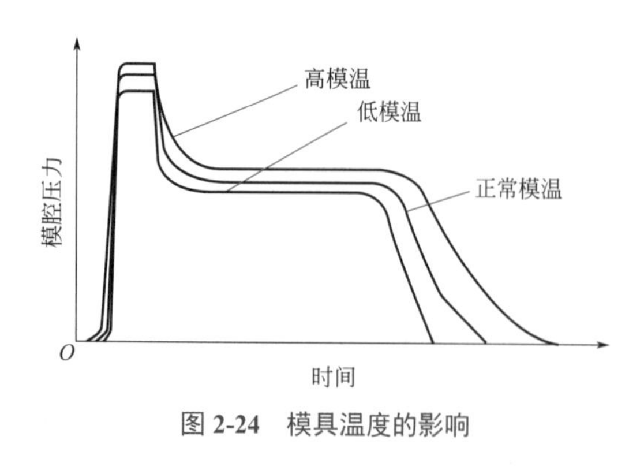

图 2-24　模具温度的影响

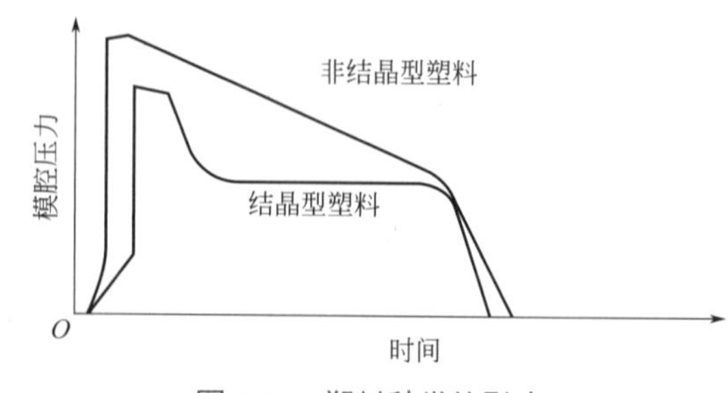

图 2-25　塑料种类的影响

⑤ 流道及浇口长度的影响。一般而言，流道越长，压降损耗越大，模腔压力越低。浇口长度也与模腔压力成反比，如图 2-26 所示。

⑥ 流道及浇口尺寸的影响。流道尺寸过小，造成压力损耗较大，将降低模腔压力；浇口尺寸增加，浇口压力损耗小，使模腔压力升高。但截面积超过某一临界值，塑料通过浇口发生的黏滞加热效应削弱，料温降低，黏度提高，使压力传递效果变差，反而降低模腔压力，如图 2-27 所示。

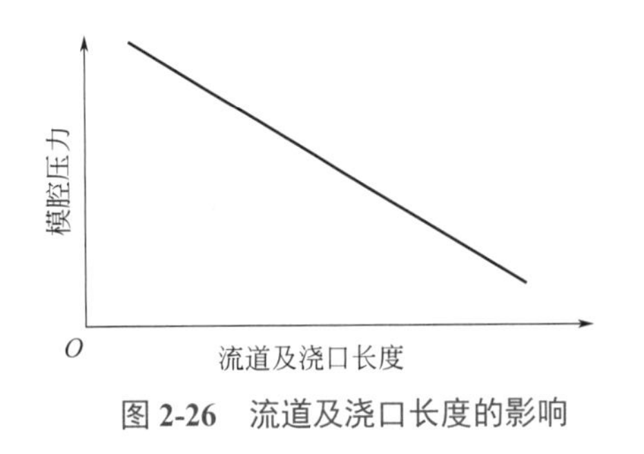

图 2-26　流道及浇口长度的影响

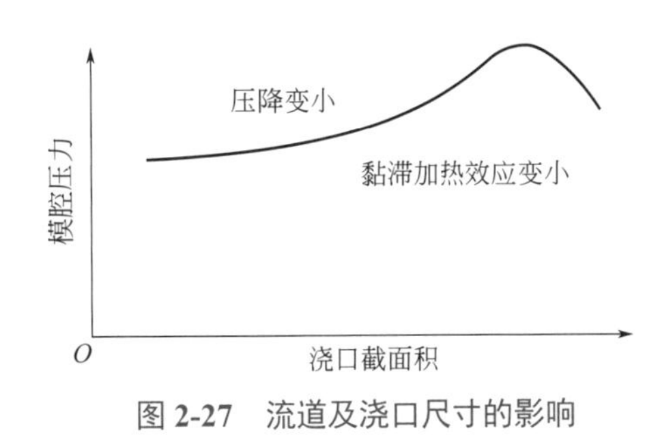

图 2-27　流道及浇口尺寸的影响

2.4 塑件的后期处理

2.4.1　退火处理

由于塑化不均匀或塑料在型腔中的结晶、定向和冷却不均匀，造成塑件各部分收缩不一致，或由于金属嵌件的影响和塑件的二次加工不当等原因，塑件内部不可避免地存在一些内应力。而内应力的存在往往导致塑件在使用过程中产生变形或开裂，因此塑件常需要退火处理，以消除残余应力。

退火的方法是把塑件放在一定温度的烘箱中或液体介质（如水、热矿物油、甘油、乙二醇和液体石蜡等）中一段时间，然后缓慢冷却至室温。利用退火时的热量，加速塑料中大分子松弛，从而消除或降低塑件成型后的残余应力。

退火的温度一般控制在高于塑件的使用温度 10 ～ 20℃或低于塑料热变形温度 1020℃。温度不宜过高，否则塑件会产生翘曲变形；温度也不宜过低，否则达不到后处理的目的。

退火的时间取决于塑料品种、加热介质的温度、塑件的形状和壁厚、塑件精度要求等因素。表 2-6 为常用热塑性塑料的热处理条件。

表 2-6　常用热塑性塑料的热处理条件

塑料名称	热处理温度 /℃	时间 /h	热处理方式
ABS	70	4	烘箱
聚碳酸酯	110 ～ 135	4 ～ 8	红外灯、烘箱
	100 ～ 110	8 ～ 12	

续表

塑料名称	热处理温度 /℃	时间 /h	热处理方式
聚甲醛	140 ～ 145	4	红外线加热、烘箱
聚酰胺	100 ～ 110	4	盐水
聚甲基丙烯酸甲酯	70	4	红外线加热、烘箱
聚砜	110 ～ 130	4 ～ 8	红外线加热、烘箱、甘油
聚对苯二甲酸丁二（醇）酯	120	1 ～ 2	烘箱

2.4.2 调湿处理

将刚脱模的塑件放在热水中隔绝空气，防止氧化，消除内应力，以加速达到吸湿平衡，稳定其尺寸，称为调湿处理。如聚酰胺类塑件脱模时，在高温下接触空气容易氧化变色，在空气中使用或存放又容易吸水而膨胀，经过调湿处理，既隔绝了空气，又使塑件快速达到吸湿平衡状态，使塑件尺寸稳定下来。

经过调湿处理，还可以改善塑件的韧度，使冲击韧度和抗拉强度有所提高。调湿处理的温度一般为 100 ～ 120℃，热变形温度高的塑料品种取上限；相反，取下限。

调湿处理的时间取决于塑料的品种、塑件形状、壁厚和结晶度大小。达到调湿处理时间后，缓慢冷却至室温。

第 3 章

注塑生产常见缺陷及解决方法

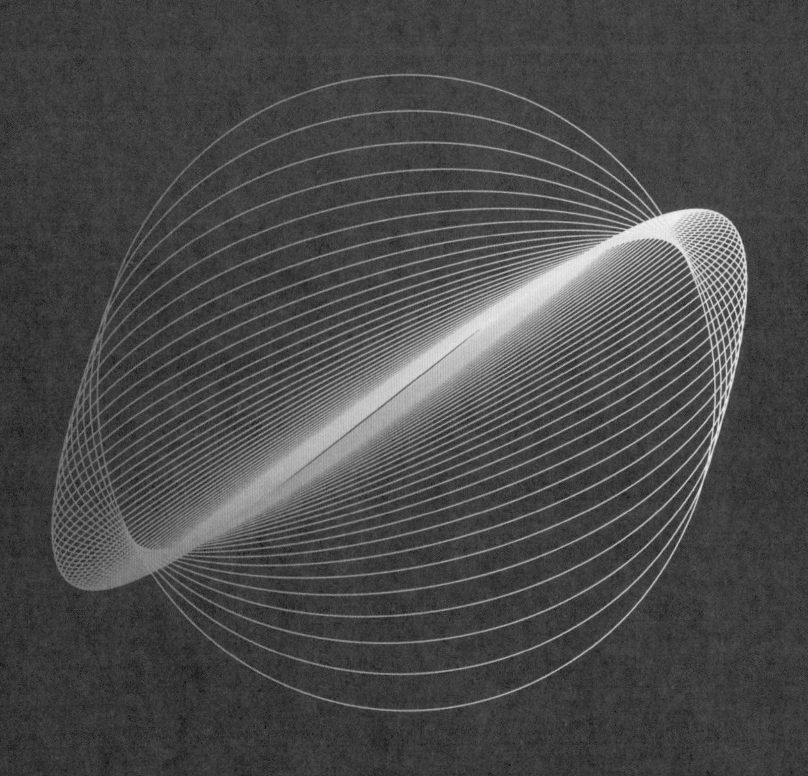

3.1 注塑产品常见缺陷及解决方法

3.1.1 缺料（欠注）及解决方法

缺料又称欠注、短射、充填不足等，是指塑料熔体进入型腔后未能完全充满模具的成型空间，如图 3-1 ～图 3-3 所示。

(a) 示意图

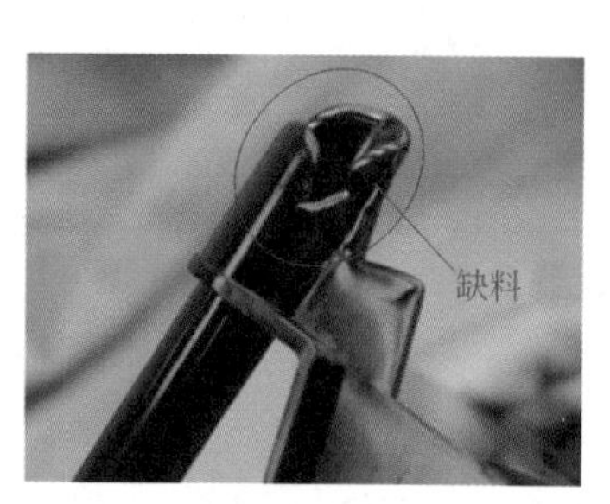

(b) 实物图(一)

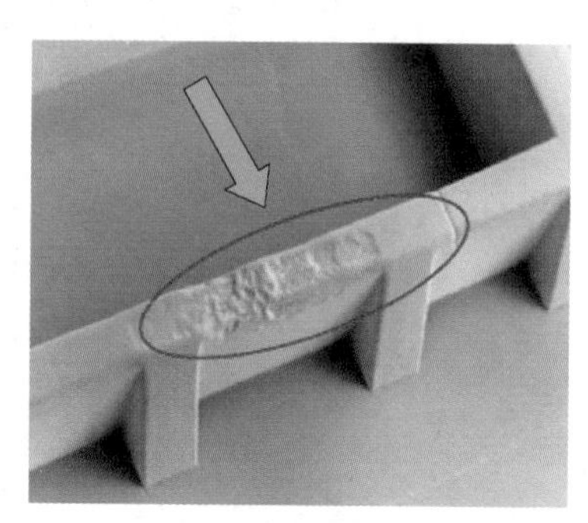

(c) 实物图(二)

图 3-1　缺料现象（一）

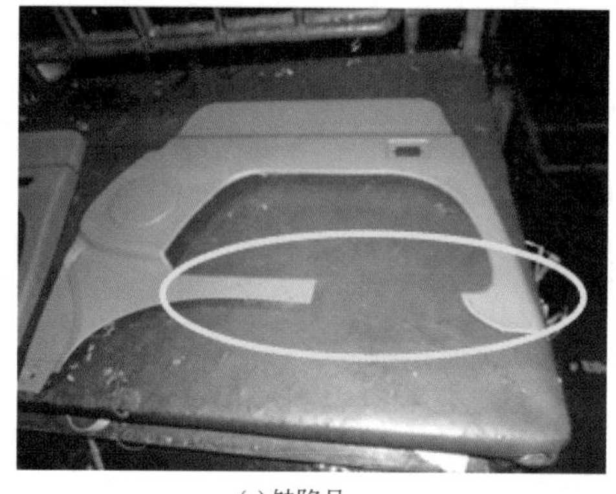

(a) 缺陷品

(b) 合格品

图 3-2　缺料现象（二）

（1）缺料缺陷的原因与解决方法

① 设备选型不当。因此，在选用注塑设备时，注塑机的最大注射量必须大于塑件质量。在校核时，所需的注射总量（包括塑件、流道凝料）不能超出注射机塑化量的 85%。

② 供料不足。即注塑机料斗的加料口底部可能有“架桥”现象，解决的方法是适当增加螺杆的注射行程，以增加供料量。

③ 原料流动性能太差。应设法改善模具浇注系统的滞流缺陷，如合理设置流道位置，扩大浇口、流道等的尺寸以及采用较大的喷嘴等。同时，可在原料配方中增加适量助剂，改善塑料的流动性能。

图 3-3 缺料现象（三）

④ 润滑剂超量。应减少润滑剂用量或调整料筒与螺杆间隙。

⑤ 冷料杂质阻塞流道。应拆卸清理喷嘴或扩大模具冷料穴和流道的截面。

⑥ 浇注系统设计不合理。设计浇注系统时，要注意浇口平衡，各型腔内塑件的重量要与浇口大小成正比，以保证各型腔能同时充满；浇口位置要选择在厚壁部位，也可采用分流道平衡布置的设计方案。如果浇口或流道小、薄、长，则熔体的压力在流动过程中沿程损失会非常大，流动受阻，容易产生充填不良的现象，如图 3-4 所示。对此现象，应扩大流道截面和浇口面积，必要时可采用多点进料的方法。

⑦ 模具排气不良，如图 3-5 所示。应检查有无冷料穴，或冷料穴的位置是否正确。对于型腔较深的模具，应在欠注部位增设排气沟槽或排气孔，在合理的分型面上，可开设深度为 0.02 ～ 0.04mm、宽度为 5 ～ 10mm 的排气槽，排气孔应设置在型腔的最终充填处。此外，使用水分及易挥发物含量超标的原料时也会产生大量气体，导致模具排气不良，此时应对原料进行干燥及清除易挥发物。在注塑成型工艺方面，可通过提高模具温度、降低注射速度、减小浇注系统流动阻力，以及减小合模力、加大模具间隙等辅助措施改善排气不良现象。

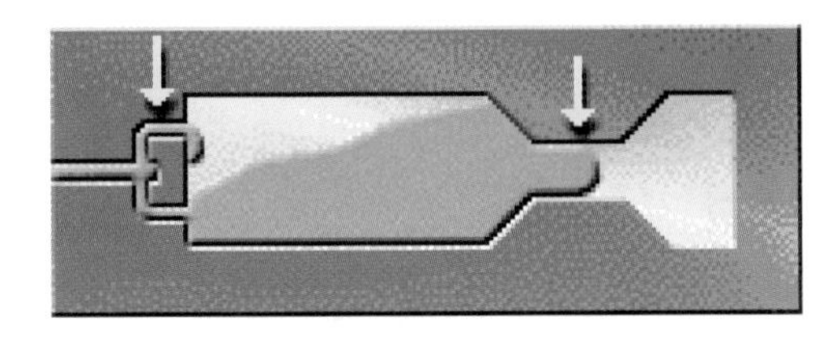

图 3-4 流道过小导致熔体提早凝固

图 3-5 困气导致熔体流动受阻

⑧ 模具温度太低。对此，开机前必须将模具预热至工艺要求的温度。刚开机时，应适当控制模具内冷却水的通过量，如果模具温度升不上去，应检查模具冷却系统的设计是否合理。

⑨ 熔体温度太低。在适当的成型范围内，熔体温度与充模流程接近于正比关系，低温

熔体的流动性能下降，充模流程将减短。同时，应注意将料筒加热到仪表温度后还需恒温一段时间才能开机，在此过程中，为了防止熔体分解不得不采取低温注射时，可适当延长注射时间，以克服可能出现的欠注缺陷。

⑩ 喷嘴温度太低。对此，在开模时应使喷嘴与模具分离，以减少模具对喷嘴温度的影响，使喷嘴处的温度保持在工艺要求的范围内。

⑪ 注射压力或保压不足。注射压力与充模流程接近于正比关系。注射压力太小，充模流程会变短，导致型腔充填不满。对此，可通过减慢螺杆前进速度、适当延长注射时间等办法来提高注射压力。

⑫ 注射速度太慢。注射速度与熔体充模速度直接相关，如果注射速度太慢，熔体充模就缓慢，因低速流动的熔体很容易冷却，所以熔体流动性能进一步下降而产生欠注现象。对此，应适当提高注射速度。

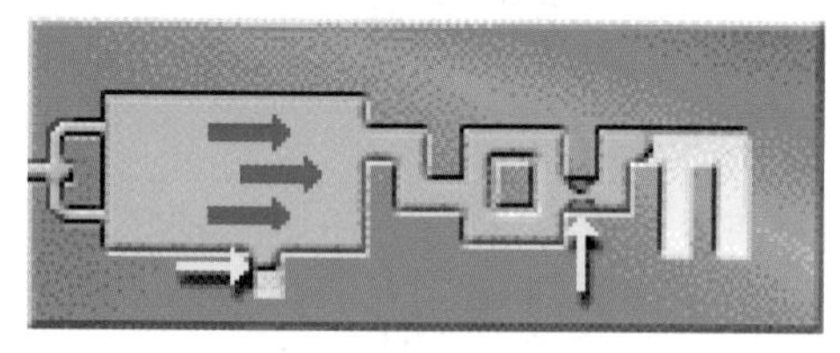

图 3-6　流程过长而产生欠注

⑬ 塑件结构设计不合理。如图 3-6 所示，当塑件的宽度与其厚度比例过大或形状十分复杂且成型面积很大时，熔体很容易在塑件薄壁部位的入口处流动受阻，致使型腔很难充满而产生欠注缺陷。因此，在设计塑件的形状和结构时，应注意塑件厚度与熔体极限充模长度的关系。

经验表明，注塑成型的塑件，壁厚大都采用 1 ～ 3mm，大型塑件的壁厚为 3 ～ 6mm，塑件厚度超过 8mm 或小于 0.5mm 都对注塑成型不利，设计时应避免采用这样的厚度。

（2）迟滞效应

迟滞效应也叫滞流。如图 3-7 所示，在距离浇口比较近的位置，或者在垂直于流动方向的位置有一个比较薄的结构，如加强筋、转接角部位等，那么在注塑过程中，熔体经过该位置时将会遇到比较大的前进阻力，而在其主体的流动方向上由于流动畅通而无法形成流动压力，只有当熔体在主体方向充填完成，或进入保压时才会形成足够的流动压力对滞流部位进行充填，而此时，由于该位置很薄，且熔体不再流动，没有热量补充而提前固化，从而造成欠注。材料中 PC/ABS 和 ABS/PVC 合金非常容易出现这种现象。

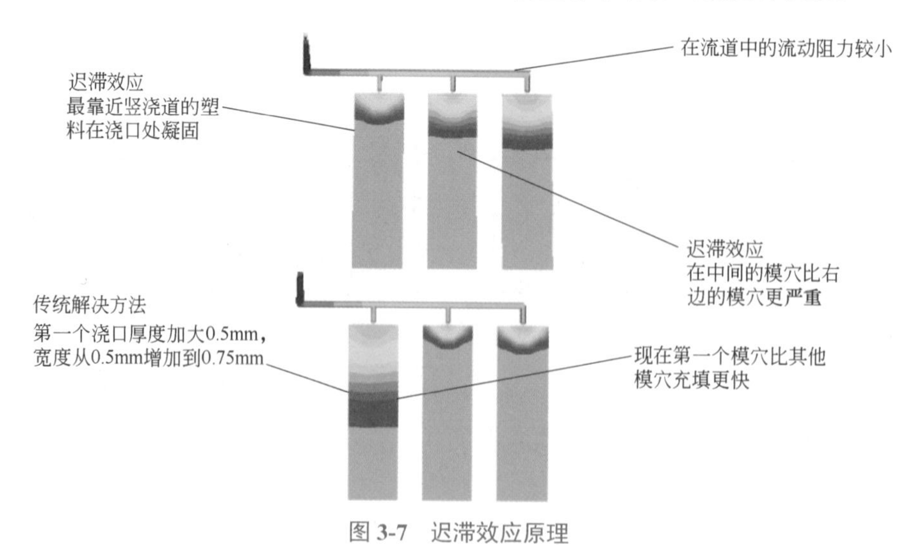

图 3-7　迟滞效应原理

解决滞流效应导致的欠注问题的措施有：

① 增加滞流效应部位厚度，塑件厚度差异不要太大，但该措施的缺点是容易引起缩痕；

② 改变浇口位置，使该部位为熔体充填的末端而形成足够的压力；

③ 注塑时首先降低速度和压力，使充填初期就在料流前锋形成较厚的固化层，人为增加熔体压力，这一方法是较为常用的措施；

④ 采用流动性好的塑料原料。

注塑过程中出现制品缺料的原因及改善方法如表 3-1 所示。

表 3-1　缺料原因及改善方法

原因分析	改善方法
①熔料温度太低	①提高料筒温度
②注射压力太低或油温过高	②提高注射压力或清理冷凝器
③熔胶量不够（注射量不足）	③增加计量行程
④注射时间太短或保压切换过早	④增加注射时间或延迟切换保压
⑤注射速度太慢	⑤加快注射速度
⑥模具温度不均	⑥重开模具运水道
⑦模具温度偏低	⑦提高模具温度
⑧模具排气不良（困气）	⑧恰当位置加适度的排气槽 / 针
⑨射嘴堵塞或漏胶（或发热圈烧坏）	⑨拆除 / 清理射嘴或重新对嘴
⑩浇口数量 / 位置不适，进胶不平均	⑩重新设置进浇口或调整平衡
⑪ 流道 / 浇口太小或流道太长	⑪ 加大流道 / 浇口尺寸或缩短流道
⑫ 原料内润滑剂不够	⑫ 酌情添加润滑剂（改善流动性）
⑬ 螺杆止逆环（过胶圈）磨损	⑬ 拆下止逆环并检修或更换
⑭ 机器容量不够或料斗内的树脂不下料	⑭ 更换较大的机器或检查 / 改善下料情况
⑮ 成品胶厚不合理或太薄	⑮ 改善胶件的胶厚或加厚薄位
⑯ 熔料流动性太差（FMI 低）	⑯ 改用流动性较好的塑料

3.1.2　缩水及解决方法

注塑成型过程中，由于模腔某些位置未能产生足够的压力，当熔体开始冷却时，塑件上壁厚较大处的体积收缩较慢而形成拉应力，如果制品表面硬度不够，而又无熔体补充，则制品表面便被应力拉陷，这种现象称为缩水，如图 3-8 所示。

缩水现象多出现在模腔上熔体聚集的部位和制品厚壁区，如加强筋、支撑柱等与制品表面的交界处。

注塑件表面出现缩水现象，不但影响塑件的外观，也会降低塑件的强度。缩水现象与使用的塑料种类、注塑工艺、塑件和模具结构等均有密切关系。

图 3-8 制品缩水现象

（1）塑料原料方面

不同塑料的缩水率不同，通常容易缩水的原料大都属于结晶型塑料（如尼龙、聚丙烯等）。在注塑过程中，结晶型塑料受热变成流动状态时，分子呈无规则排列；当被射入较冷的模腔时，塑料分子会逐步整齐排列而形成结晶，从而导致体积收缩较大，其尺寸小于规定的范围，即出现所谓的“缩水”。

（2）注塑工艺方面

在注塑工艺方面，出现缩水的情况有保压压力不足、注射速度太慢、模温或料温太低、保压时间不够等。

因此，在设定注塑工艺参数时，必须检查成型条件是否正确及保压是否足够，以防出现缩水问题。一般而言，延长保压时间，可确保制品有充足的时间冷却和补充熔体。

（3）塑件和模具结构方面

缩水产生的根本原因在于塑料制品的壁厚不均，典型的例子是塑件非常容易在加强筋和支撑柱表面出现缩水。此外，模具的流道设计、浇口大小及冷却效果对制品的影响也很大。由于塑料的传热能力较低，距离型腔壁越远，其冷却越慢，因此，该处应有足够的熔体填满型腔，这就要求注塑机的螺杆在注射或保压时，熔体不会因倒流而降低压力。另外，如果模具的流道过细、过长或浇口太小而冷却太快，则半凝固的熔体会阻塞流道或浇口而造成型腔压力下降，导致制品缩水。

事实上，不同的塑料，其缩水率是不一样的，表 3-2 所示为常见塑料的缩水率。

表 3-2 常见塑料的缩水率

代号	原料名称	缩水率	代号	原料名称	缩水率
GPPS	普通级聚苯乙烯（硬胶）	0.5	CAB	乙酸丁酸纤维素（酸性胶）	0.5 ～ 0.7
HIPS	不碎级聚苯乙烯（不碎硬胶）	0.5	PET	聚对苯二甲酸乙二醇酯	2 ～ 2.5
SAN	AS 胶	0.4	PBT	聚对苯二甲酸丁二醇酯	1.5 ～ 2.0
ABS	聚丙烯腈 - 丁二烯 - 苯乙烯	0.6	PC	聚碳酸酯（防弹胶）	0.5 ～ 0.7
LDPE	低密度聚乙烯（花胶）	1.5～4.5	PMMA	亚克力（有机玻璃）	0.5 ～ 0.8

续表

代号	原料名称	缩水率	代号	原料名称	缩水率
HDPE	高密度聚乙烯	2～5	PVC 硬	硬 PVC	0.1～0.5
PP	聚丙烯（百折胶）	1～4.7	PVC 软	软 PVC	1～5
PA66	尼龙 66	0.8～1.5	PU	PU 胶、乌拉坦胶	0.1～3
PA6	尼龙 6	1.0	EVA	EVA 胶（橡胶）	1.0
PPO	聚苯醚	0.6～0.8	PSE	聚砜	0.6～0.8
POM	聚甲醛（赛钢、特灵）	1.5～2.0			

缩水的原因及解决方法如表 3-3 所示。

表 3-3　缩水原因及解决方法

原因分析	解决方法
①模具进胶量不足 a. 熔胶量不足 b. 注射压力不足 c. 保压不够或保压切换位置过早 d. 注射时间太短 e. 注射速度太慢或太快（困气） f. 浇口尺寸太小或不平衡（多模腔） g. 射嘴阻塞或发热圈烧坏 h. 射嘴漏胶	①增强熔胶注射量 a. 增加熔胶计量行程 b. 提高注射压力 c. 提高保压压力或延长保压时间 d. 延长注射时间（采用预顶出动作） e. 加快注射速度或减慢注射速度 f. 加大浇口尺寸或使模具进胶平衡 g. 清理射嘴内异物或更换发热圈 h. 重新对嘴 / 紧固射嘴或降低背压
②料温不当（过低或过高）	②调整料温（适当）
③模温偏低或太高	③提高模温或适当降低模温
④冷却时间不够（筋 / 骨位脱模拉陷）	④酌情延长冷却时间
⑤缩水处模具排气不良（困气）	⑤在缩水处开设排气槽
⑥塑件骨位 / 柱位胶壁过厚	⑥使胶厚尽量均匀（改为气辅注塑）
⑦螺杆止逆环磨损（逆流量大）	⑦拆卸与更换止逆环（过胶圈）
⑧浇口位置不当或流程过长	⑧浇口开设于壁厚处或增加浇口数量
⑨流道过细或过长	⑨加粗主 / 分流道，减短流道长度

3.1.3　鼓包及解决方法

制品脱模后在某些特定的位置出现了局部体积变大、膨胀的现象，如图 3-9 所示。

图 3-9　塑件上出现的鼓包现象

塑件鼓包是因为未完全冷却硬化的塑料在内压的作用下释放气体，导致塑件膨胀。该缺陷的改善措施如下。

① 有效的冷却。方法是降低模温，延长开模时间，降低塑料的干燥与塑化温度。

② 降低充模速度，减少成型周期，减少流动阻力。

③ 提高保压压力和延长保压时间。

④ 改进塑件结构，避免塑件上出现局部太厚或厚薄变化过大的状况。

⑤ 塑件的结构设计方面：减少厚度的不一致，尽量保证壁厚均匀；避免制件尖角结构，避免困气。

⑥ 模具设计方面：在熔体最后填充的地方增设排气槽；重新设计浇口和流道系统；保证排气口足够大，使气体有足够的时间和空间排走。

⑦ 工艺条件：降低最后一级注射速度；设置合理的模具温度，延长开模时间；优化注射压力和保压压力；减小螺杆松退量，防止松退吸入空气而带入下一模次，降低料温。

3.1.4　缩孔（真空泡）及解决方法

制品缩孔，也称真空泡或空穴，一般出现在塑件上大量熔体积聚的位置，是因熔体在冷却收缩时未能得到充分的熔体补充而引起的。如图 3-10 所示，缩孔现象常常出现在塑件的厚壁区，如加强筋或支撑柱与塑件表面的相交处。

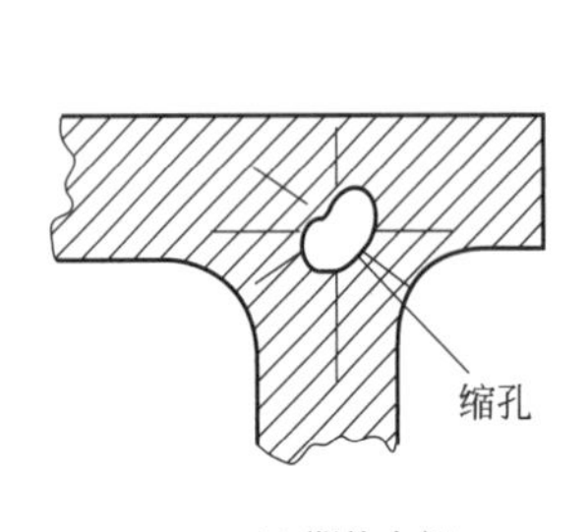

(a) 塑件内部

(b) 塑件表面

图 3-10　塑件上出现的缩孔现象

塑件出现缩孔的原因是熔体转为固体时，壁厚处体积收缩慢，形成拉应力，此时如果制品表面硬度不够，而又无熔体补充，则制品内部便形成空洞。塑件产生缩孔的原因与缩水相似，区别是缩水在塑件的表面凹陷，而缩孔是在内部形成空洞。缩孔通常产生在厚壁部位，主要与模具冷却快慢有关。熔体在模具内的冷却速度不同，不同位置的熔体的收缩程度就会不一样，如果模温过低，熔体表面急剧冷却，将壁厚部分内较热的熔体拉向四周表面，内部就会出现缩孔。

塑件出现缩孔现象会影响塑件的强度和力学性能，如果塑件是透明制品，缩孔还会影响制品的外观。改善制品缩孔的重点是控制模具温度。

缩孔的原因及解决方法如表 3-4 所示。

表 3-4　缩孔原因及解决方法

原因分析	解决方法
①模具温度过低	①提高模具温度（使用模温机）
②成品断面、筋或柱位过厚	②改善产品的设计，尽量使壁厚均匀
③浇口尺寸太小或位置不当	③改大浇口或改变浇口位置（厚壁处）
④流道过长或太细（熔料易冷却）	④缩短流道长度或加粗流道
⑤注射压力太低或注射速度过慢	⑤提高注射压力或注射速度
⑥保压压力或保压时间不足	⑥提高保压压力，延长保压时间
⑦流道冷料穴太小或不足	⑦加大冷料穴或增开冷料穴
⑧熔料温度偏低或射胶量不足	⑧提高熔料温度或增加熔胶行程
⑨模内冷却时间太长	⑨减少模内冷却，使用热水浴冷却
⑩水浴冷却过急（水温过低）	⑩提高水温，防止水浴冷却过快
⑪ 背压太小（熔料密度低）	⑪ 适当提高背压，增大熔料密度
⑫ 射嘴阻塞或漏胶（发热圈会烧坏）	⑫ 拆除 / 清理射嘴或重新对嘴

3.1.5　溢边（飞边、批锋）及解决方法

塑料熔体从模具的分型面挤压并在制品边缘产生薄片，该现象被称为溢边，也称飞边，俗称批锋，如图 3-11 ～图 3-13 所示。

溢边是注塑生产中较为严重的质量问题，如果溢边脱落并粘在模具分型面上且没有及时清理掉，后续机器直接锁模，将会严重损伤模具的分型面，该损伤部位又会导致新的溢边产生。因此，注塑过程需特别注意是否出现溢边现象。

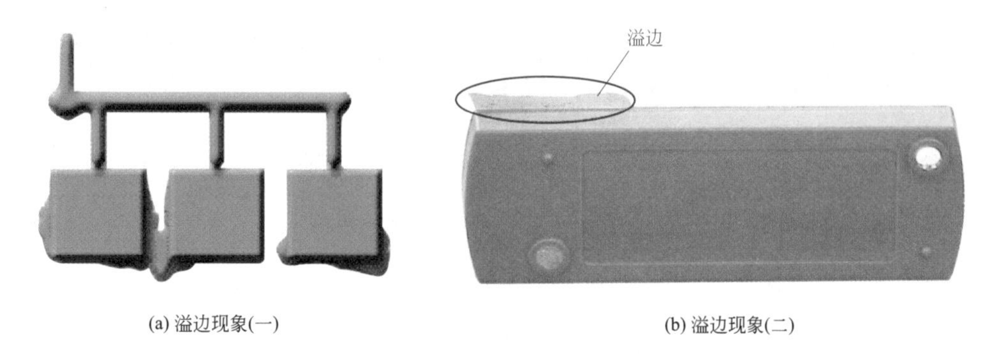

(a) 溢边现象(一)　　(b) 溢边现象(二)

图 3-11　塑件上出现的溢边现象（一）

(a) 缺陷品

(b) 合格品

图 3-12　塑件上出现的溢边现象（二）

图 3-13　塑件上出现的溢边现象（三）

注塑生产过程中，导致溢边的原因较多，如注射压力过大、末端注射速度过快、锁模力不足、顶针孔或滑块磨损、合模面不平整（有间隙）、塑料的黏度太低（如尼龙料）等，具体分析如表 3-5 所示。

表 3-5　溢边原因及解决方法

原因分析	解决方法
①熔料温度或模温太高	①降低熔料温度及模具温度
②注射压力太高或注射速度太快	②降低注射压力或降低注射速度
③保压压力过大（胀模力大）	③降低保压压力
④合模面贴合不良或合模精度差	④检修模具或提高合模精度
⑤锁模力不够（产品周边均有批锋）	⑤加大锁模力
⑥制品投影面积过大	⑥更换锁模力较大的机器

续表

原因分析	解决方法
⑦进浇口不平衡，造成局部批锋	⑦重新平衡进浇口
⑧模具变形或机板变形（机铰式机）	⑧模具加装撑头或加大模具硬度
⑨保压切换（位置）过迟	⑨将注射转换到保压的位置提前
⑩模具材质差或易磨损	⑩选择更好的钢材并进行热处理
⑪ 塑料的黏度太低（如 PA、PP 料）	⑪ 改用黏度较大的塑料或加填充剂
⑫ 合模面有异物或机铰磨损	⑫ 清理模面异物或检修 / 更换机铰

3.1.6 熔接痕及解决方法

在塑料熔体充填模具型腔时，如果两股或多股熔体在相遇时前锋部分熔体的温度没有完全相同，则这些熔体无法完全融合，在汇合处会产生线性凹槽，从而形成熔接痕，如图 3-14 ～图 3-16 所示。

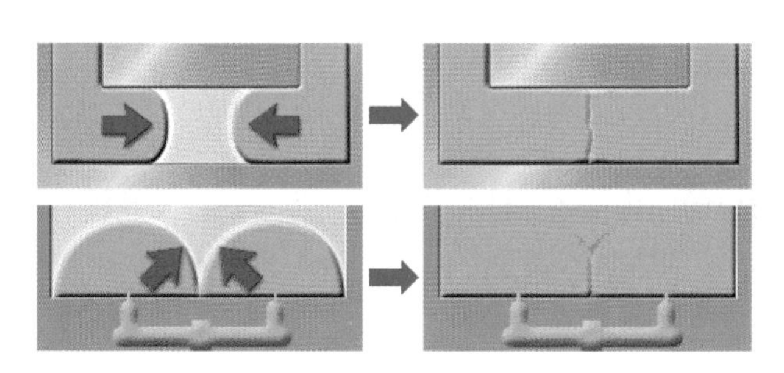

图 3-14　熔接痕形成示意图

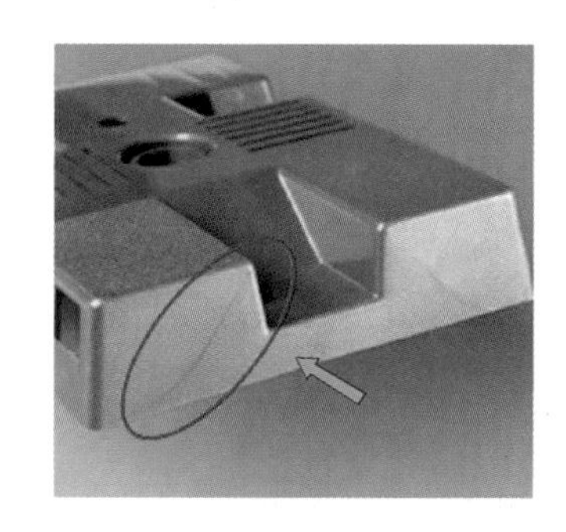

图 3-15　塑件上产生的熔接痕（一）

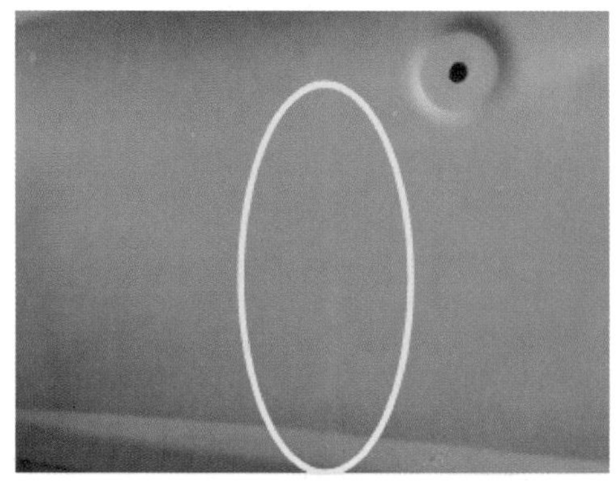

(a) 缺陷品

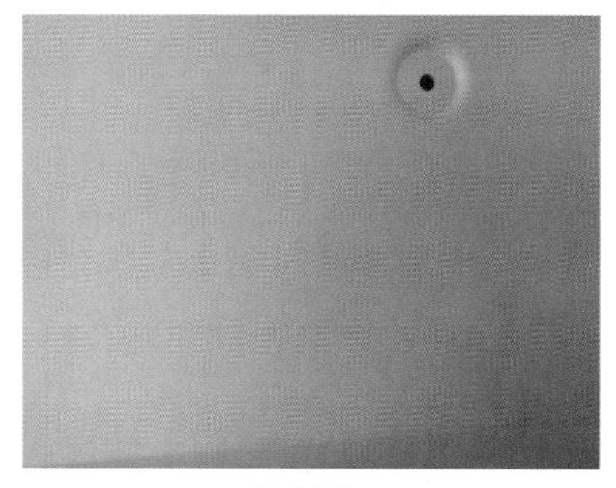

(b) 合格品

图 3-16　塑件上产生的熔接痕（二）

熔接痕的产生原因与解决方法如下。

（1）熔体温度太低

低温熔体的分流汇合性能较差，容易形成熔接痕。如果塑件的内外表面在同一部位产生熔接细纹，往往是由于料温太低引起的熔接不良。对此，可适当提高料筒及喷嘴的温度，或者延长注射周期，促使料温上升。同时，应控制模具内冷却水的通过量，适当提高模具温度。一般情况下，塑件熔接痕处的强度较差，如果对模具中产生熔接痕的相应部位进行局部加热，提高成型件熔接部位的局部温度，往往可以提高塑件熔接处的强度。如果由于特殊需要，必须采用低温成型工艺时，可适当提高注射速度及注射压力，从而改善熔体的汇合性能。也可在原料配方中适当采用少量润滑剂，提高熔体的流动性能。

如图 3-17 所示，应尽量采用分流少的浇口形式并合理选择浇口位置，尽量避免充模速度不一致及充模料流中断。在可能的条件下，应选用单点进料。为了防止低温熔体注入模腔产生熔接痕，可在提高模具温度的同时，在模具内设置冷料穴。

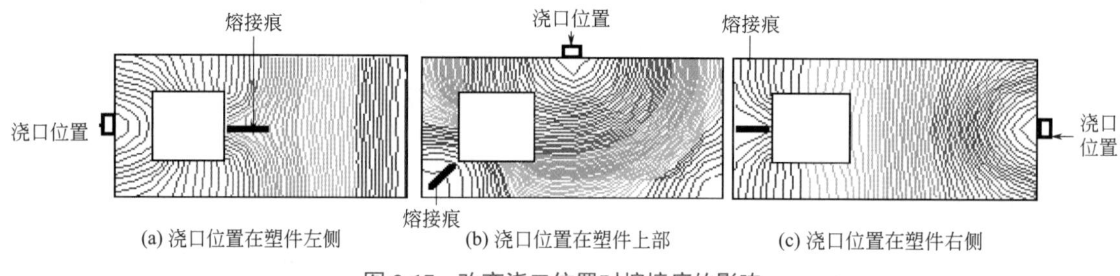

图 3-17　改变浇口位置对熔接痕的影响

（2）模具排气不良

首先应检查模具排气孔是否被熔体的固化物或其他物体阻塞，浇口处有无异物。如果阻塞物清除后仍出现炭化点，应在模具汇料点处增加排气孔，也可通过重新定位浇口，或适当降低合模力、增大排气间隙来加速汇料合流。在注塑工艺方面，可采取降低料温及模具温度、缩短高压注射时间、降低注射压力等辅助措施。

（3）脱模剂使用不当

在注塑成型中，一般只在螺纹等不易脱模的部位才均匀地涂用少量脱模剂，原则上应尽量减少脱模剂的用量。

（4）塑件结构设计不合理

塑件壁厚设计太薄、厚薄悬殊或嵌件太多，都会引起熔体熔接不良，如图 3-18 所示。在设计塑件形状和结构时，应确保塑件的最薄部位必须大于成型时允许的最小壁厚。此外，应尽量减少嵌件的使用且壁厚尽可能趋于一致。

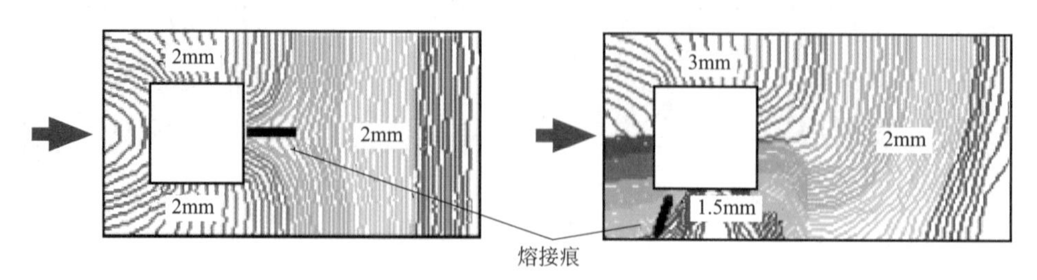

图 3-18　塑件壁厚对熔接痕的影响示例

（5）其他原因

如使用的塑料原料中水分或易挥发物含量太高，模具中的油渍未清除干净，模腔中有冷料或熔体内的纤维填料分布不均，模具冷却系统设计不合理，熔体冷却太快，嵌件温度太低，喷嘴孔太小，注射机塑化能力不够，柱塞或注射机料筒中压力损失大，等等，都可能导致不同程度的熔体汇合不良而出现熔接痕迹，如图 3-19 所示。因此，在生产过程中，应针对不同情况，有针对性地采取原料干燥、定期清理模具、改变模具冷却水道的大小和位置、控制冷却水的流量、提高嵌件温度、换用较大孔径的喷嘴、改用较大规格的注射机等措施予以解决。

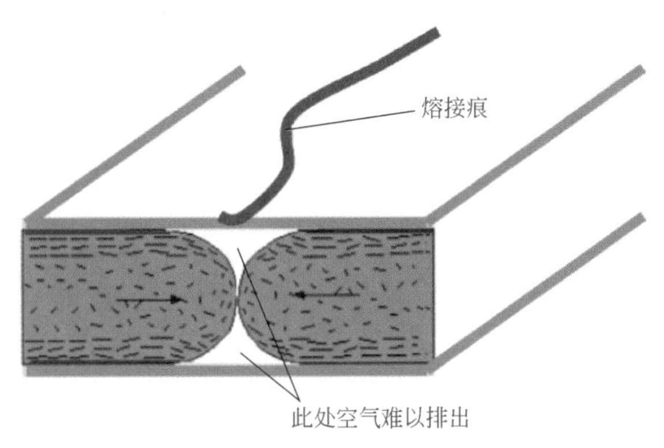

图 3-19　熔体汇合形成熔接痕

实际案例

塑件产生熔接痕

某中型塑件，其流道和浇口系统如图 3-20 所示，由于注塑中形成了 4 股熔体料流且料流在流动过程中受模具特征影响而发生翻滚，导致各自的温度不再一致，汇合后在塑件表面形成了两条明显的熔接痕。

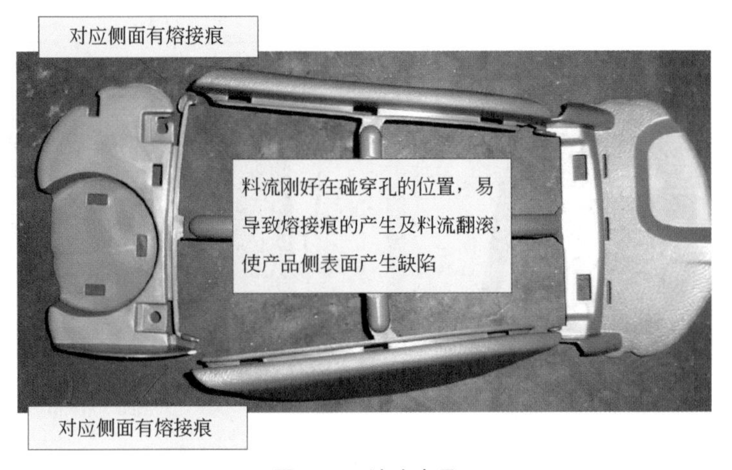

图 3-20　缺陷产品

注塑成型过程中，熔接痕出现后的另外一个伴随问题是熔接痕（熔接线）两侧的色差问题。事实上，熔接线不可怕，可怕的是熔接线两侧的颜色不一致，光泽的差异太大，从而使熔接线更加清晰，如图 3-21 所示。在实际的成型过程中，经常遇到制件的表面在熔接线两侧光泽、颜色鲜艳度、色泽有明显的区别，该差别将进一步放大熔接痕的缺陷。

图 3-21　熔接痕两侧色差大

造成熔接痕两侧色差的原因有以下几点：

• 从喷嘴到熔接痕产生处的料流的路径长度差异大；

• 熔体在流道或者型腔内的流速差异大；

• 熔体在熔接痕处汇合时的排气不通畅；

• 熔体流动方向的差异对分子链取向、填充物分布、色粉分布等造成较大的差异；

• 对于多浇口成型的塑件，浇口尺寸差异影响剪切热多少的差异；

• 模具温度过低；

• 充填时熔体流动速率过慢。

利用 CAE 技术，可以通过模流分析预测塑件熔接痕两侧的色差，举例如下。

图 3-22 是一汽车车门内饰板在注塑成型时熔体流动前锋（前沿）的温度分布图，从中可以发现，该塑件共开设 3 个浇口。注塑时，通过上侧两个浇口进入的熔体与通过下侧浇口进入的熔体，在中部汇合位置，两侧存在明显的温度差，该温度差高达 8 ～ 14℃，该温度差过大，虽然两侧的熔体以较高的温度进行熔接，熔接线强度问题不大，但是导致熔接位置两侧的光泽差异明显，而使熔接痕清晰可见。

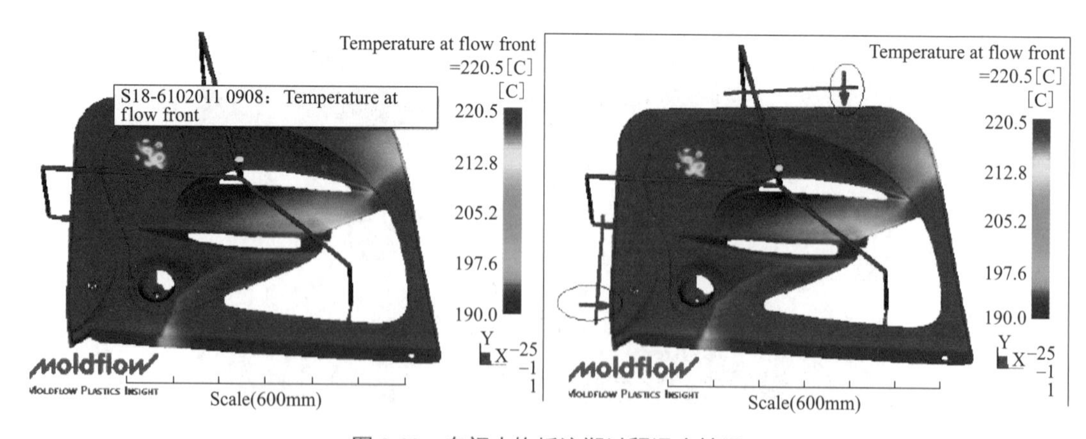

图 3-22　车门内饰板注塑过程温度情况

此外，对于温度下降较多的一侧，主要是因为熔体流动截面突然增大或者与迎面熔体截面差异过大，导致两股熔体流速差异明显，流速慢的一侧与模具的热交换多，热量损失大，温度下降大，固化层或冷料层多，流动阻力大，因此易于形成波浪状流痕。针对该类型，如果采用的是热流道而改变浇口位置难度较大，最常用的方法是增加浇口数量。

熔接痕两侧色差大的原因主要有以下几点。

（1）熔体剪切造成的熔接痕两侧色差大

在实际生产中，如果注塑成型一些含有弹性体的塑料，往往会发现在熔接线一侧发白，另一侧则非常光亮，如图 3-23 所示，特别是某些高光型的塑件，如高光 ABS 最为明显。有时候 HIPS、增韧高光 PP 等也有类似现象。

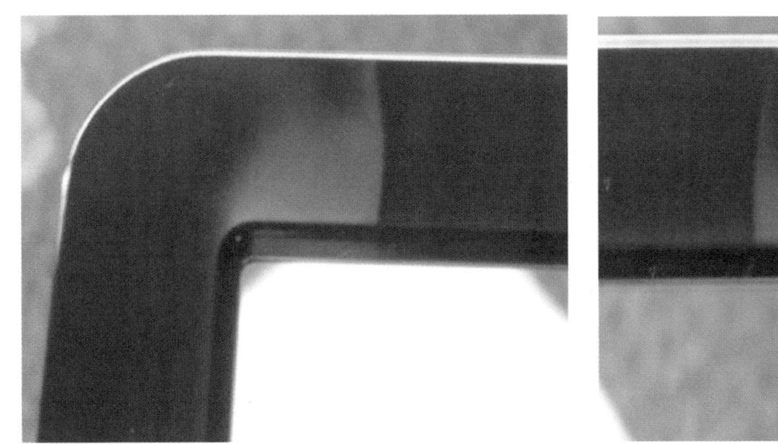

图 3-23　熔体剪切导致熔接痕两侧色差大

采取欠注注塑成型来分析该缺陷产生的原因。注塑时，设法让两股熔体没有相遇，而且相距很远，也往往成型后的塑件某些地方有发白的现象，而另一处则很光亮。

进一步试验，有如下现象：

① 采用蒸汽冷热成型的塑件不会出现这类发白现象；

② 边框很宽的塑件不会出现这类发白现象；

③ 如果动模不接冷水，注射 2h 后，这类现象逐渐消失；

④ 动模温度低的时候，特别是有冷却水的时候，这类现象非常严重；

⑤ 发白总是出现在熔体流经塑件转角的位置之后，如果熔体不转角度，外观十分光亮；

⑥ 如果熔接线正好调整到转角的位置而且呈 45°，则没有发白，但是考虑到装配强度，不允许这种熔接线位置出现。

为此，采取如下方式：给动模也加热，提高到 70℃以上；通过工艺调整，在熔体通过转角的位置时把速度迅速降低。结果是，非常好地消除了发白的现象。分析该现象，其原因如下：由于模温低，而且流经通道很窄，导致熔体前沿温度下降很快，固化层较厚，该固化层一旦因制件结构发生较大转向，就会受到很大的剪切力，其再对高温态的固化层进行拉扯，从而产生应力剪切而发白，该发白现象本质上是很多微细银纹造成的。

（2）模温过低造成的熔接痕两侧色差大

注塑成型时，由于不同的浇口在模具中充填的区域大小有很大差异，所以导致来自不同浇口的熔体相遇时，熔体流动的速度差异较大，此时如果模温过低，导致流速慢的熔体前沿降温过大，造成前沿固化层的冷胶过多，固化层被积压或者推拉产生雾痕，因此塑件的两侧会产生很大的色差，如图 3-24 所示。

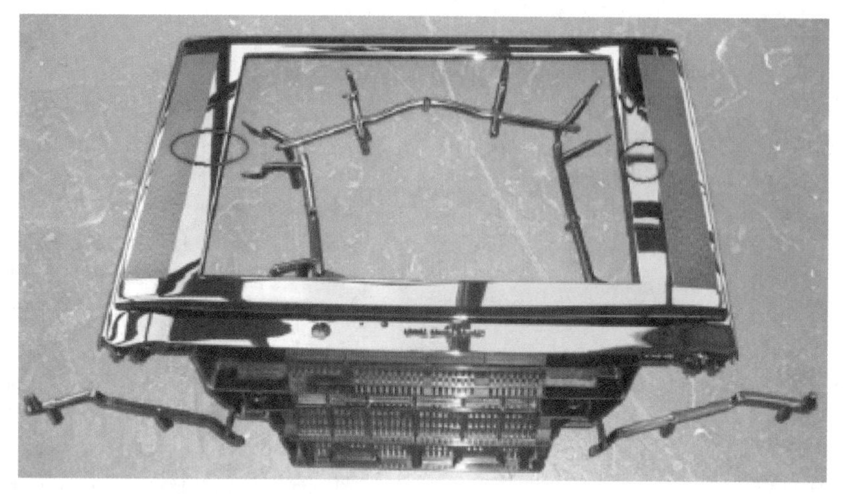

图 3-24　模温过低造成熔接痕两侧色差大

（3）熔体流经过窄的通道后造成熔接痕两侧色差大

熔体在型腔内流动时，由于格栅或者狭长流动空间的存在，导致流经该部分的熔体有更充分的冷却，温差明显，该部分熔体与其他方向熔体汇合后的熔痕，就会出现严重色差，如图 3-25 所示，该塑件出现两条色差。

图 3-25　熔接痕两侧色差大

（4）混色造成熔接痕两侧色差大

如图 3-26 所示，该车门内饰板熔接痕两侧出现严重的色差，究其原因，是由于成型前，注塑机成型了熔融指数（MI）更低、黏度更大的黑色料，无法用流动性好的塑料彻底清洗机器，一直无法消除熔接痕两侧的色差。后来采用另一款黏度更大的米黄色材料后，才将机器清洗干净，更换回正式材料后，色差消失。

图 3-26　车门内饰板熔接痕的两侧色差大

（5）排气不畅造成熔接痕色差大

如图 3-27所示的车门内饰板，该塑件原设计采用 3个侧浇口，但是由于比较容易看到在边框两侧出现的两个熔接线，就将上面的浇口封死了，但是导致圆圈部位熔接线非常清晰，后来通过增加排气和溢料槽，取得了良好的效果。

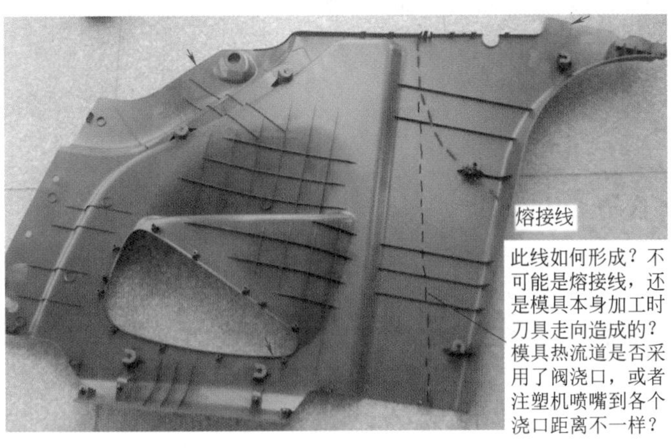

图 3-27　车门内饰板照片

(6) 浇口充填区域差异大造成熔接痕色差大

如图 3-28、图 3-29 所示为某型号车门内饰板模流分析图，从分析结果可以看出，塑件的中间比较容易先充满，两侧熔体还在流动，结果是塑件表面将产生明显的熔接痕（动静分界线），并导致色粉沉淀，从而造成混色现象。

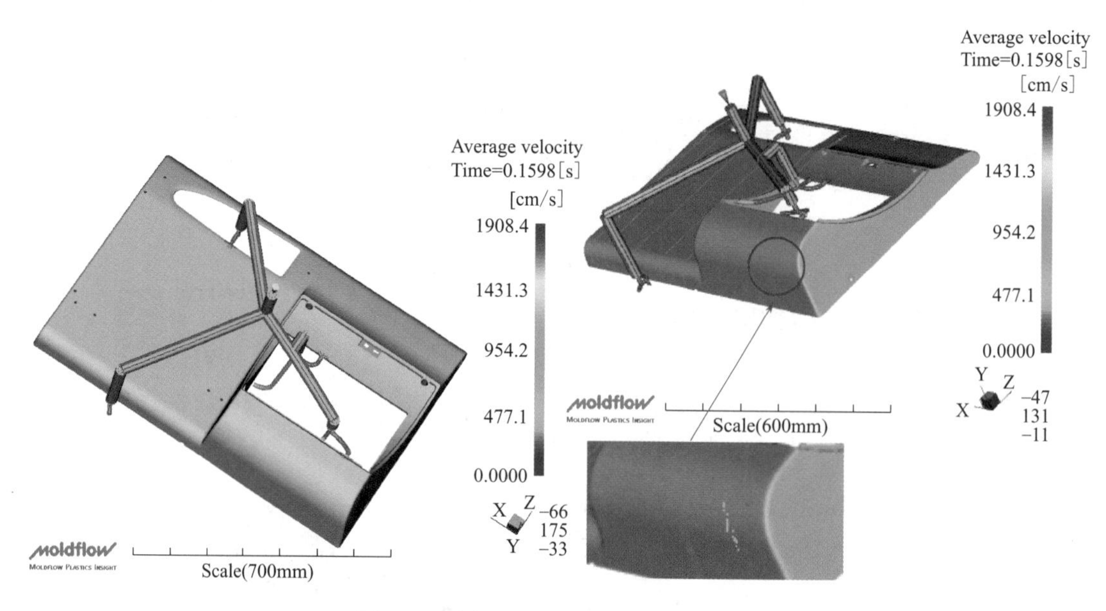

图 3-28　车门内饰板模流分析结果（一）

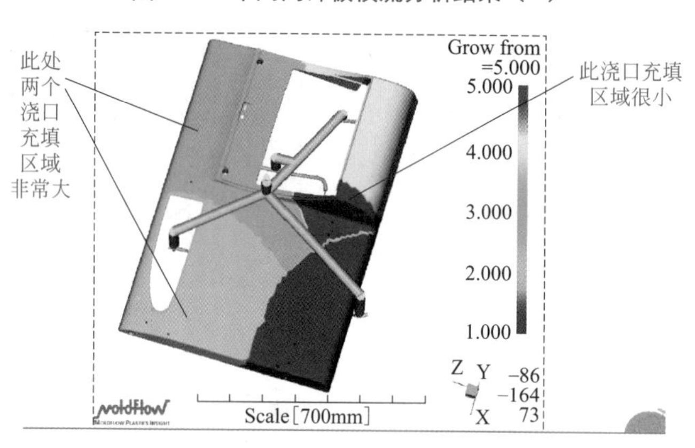

图 3-29　车门内饰板模流分析结果（二）

塑件产生熔接痕的原因及解决方法如表 3-6 所示。

表 3-6　熔接痕产生的原因及解决方法

原因分析	解决方法
①原料熔融不佳或干燥不充分	①充分熔融、干燥原料 a. 提高料筒温度 b. 提高背压 c. 加快螺杆转速 d. 充分干燥原料

续表

原因分析	解决方法
②模具温度过低	②提高模具温度（蒸汽模可改善夹水纹）
③注射速度太慢	③增加注射速度（顺序注塑技术可改善之）
④注射压力太低	④提高注射压力
⑤原料不纯或掺有杂料	⑤检查或更换原料
⑥脱模剂太多	⑥少用脱模剂（尽量不用）
⑦流道及进浇口过小或浇口位置不适当	⑦增大浇道及进浇口尺寸或改变浇口的位置
⑧模具内空气排除不良（困气）	⑧正确排除空气 a. 在产生夹水纹的位置增大排气槽 b. 检查排气槽是否堵塞或用抽真空注塑
⑨主、分流道过细或过长	⑨加粗主、分流道尺寸（加快一段速度）
⑩冷料穴太小	⑩加大冷料穴或在夹水纹部位开设溢料槽

3.1.7 气泡（气穴）及解决方法

在塑料熔体充填型腔时，多股熔体前锋包裹形成的空穴或者熔体充填末端由于气体无法排出导致气体被熔体包裹，其结果就是在塑件上形成了气泡，也称气穴，如图 3-30 所示。

气泡与鼓包、真空泡（缩孔）不相同，气泡是指塑件内存在的细小气泡；而真空泡是排空了气体的空洞，是熔体冷却定型时，收缩不均而产生的空穴，穴内并没有气体存在。注塑成型过程中，如果材料未充分干燥、注射速度过快、熔体中夹有空气、模具排气不良、塑料的热稳定性差，塑件内部就可能出现细小的气泡（透明塑件可以看到，如图 3-31 所示）。塑件内部有细小气泡时，塑件表面往往会伴随有银纹（料花）现象，透明件的气泡会影响外观质量，同时也属塑件材质不良，会降低塑件的强度。

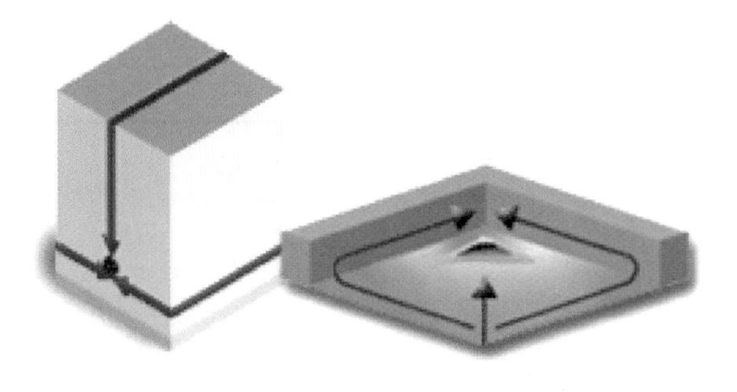

图 3-30 气泡形成示意图

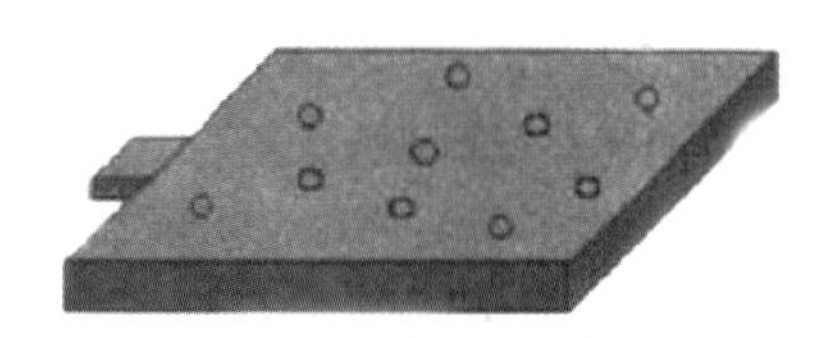

图 3-31 透明塑件内出现的气泡

气泡产生的主要原因是，流动的熔体因为塑件结构或模具设计上的各种阻碍，被分流前进，并在一定位置相遇，导致气体被困入型腔内，如果不及时排除，或者气体不断产生，就导致困气的地方无法充满，或者烧焦而出现欠注。

气泡产生的因素如表 3-7 所示。

表 3-7　气泡产生的因素

注塑工艺	①注射速度过快 ②熔体温度过高 ③螺杆松退过大	注塑设备	①螺杆剪切太强 ②温控精度差
模具设计	①浇口数量或位置不当 ②排气针或者顶杆过少	材料方面	①材料流动性差 ②材料有耐热性差的成分或者水分 ③材料结晶速度快，致使流动前沿提前固化
制件结构	①壁厚差异大 ②结构起伏大，有台阶或曲面而起伏剧烈 ③太多孔或者网格		

塑件出现气泡的原因及解决方法如表 3-8 所示。

表 3-8　产生气泡的原因及解决方法

原因分析	解决方法
①背压偏低或熔料温度过高	①提升背压或降低料温
②原料未充分干燥	②充分干燥原料
③螺杆转速或注射速度过快	③降低螺杆转速或注射速度
④模具排气不良	④增加或加大排气槽，改善排气效果
⑤残量过多，熔料在料筒内停留时间过长	⑤减少料筒内熔料残留量
⑥浇口尺寸过大或形状不适	⑥减小浇口尺寸或改变浇口形状，让气体滞留在流道内
⑦塑料或色粉的热稳定性差	⑦改用热稳定性较好的塑料或色粉
⑧熔胶筒内的熔胶夹有空气	⑧降低下料口段的温度，改善脱气情况

实际案例

如图 3-32 所示的塑件上有若干格栅孔，格栅孔上的模具会对熔体的流动产生很大的流动阻力，导致熔体包流，造成困气，这是由浇口位置和塑件结构造成的困气缺陷。解决该缺陷的措施是利用顺序阀控制熔体的充填顺序，从而避免熔体产生的困气现象。

图 3-32　熔体包流造成困气产生的缺陷

3.1.8　翘曲（变形）及解决方法

翘曲指的是塑件的形状与图纸的要求不一致，如图 3-33 ～图 3-35 所示，也称变形。翘曲通常因塑件的不均匀收缩而引起，但不包括脱模时造成的变形。

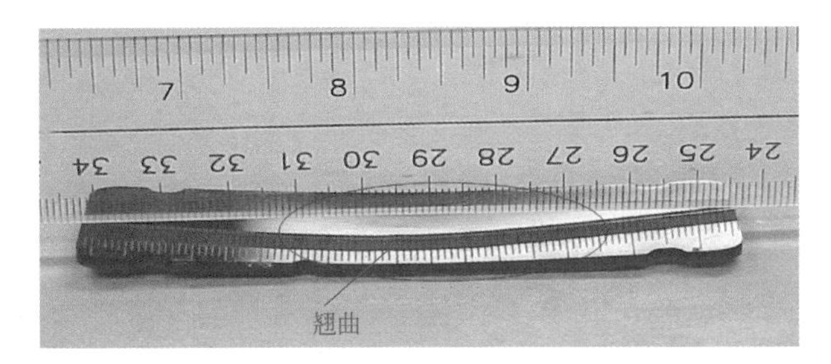

图 3-33　翘曲现象（一）

(a) 缺陷品

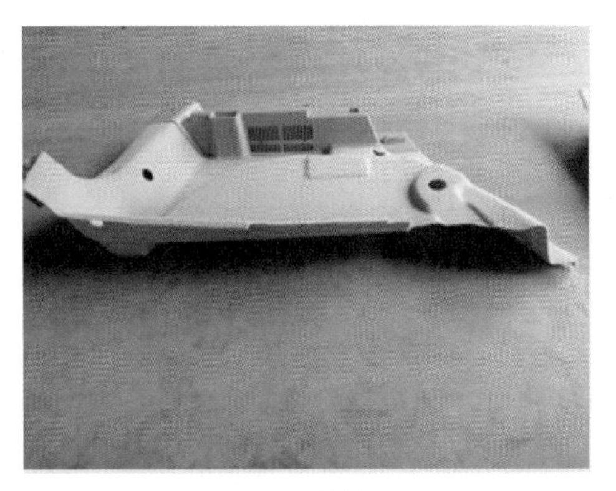

(b) 合格品

图 3-34　翘曲现象（二）

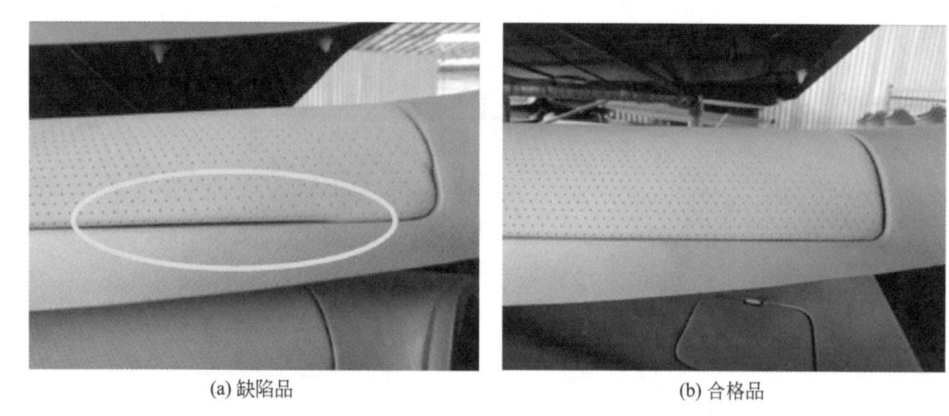

(a) 缺陷品　　(b) 合格品

图 3-35　翘曲现象（三）

导致塑件成型后翘曲的原因及相应的解决方法有以下几点。

① 分子取向不均衡，如图 3-36 所示。为了尽量减少由于分子取向差异产生的翘曲变形，应创造条件减少流动取向或减少取向应力，有效的方法是降低熔体温度和模具温度，在采用这一方法时，最好与塑件的热处理结合起来，否则，减小分子取向差异的效果往往是短暂的。热处理的方法是：塑件脱模后将其置于较高温度下保持一定时间再缓冷至室温，即可大量消除塑件内的取向应力。

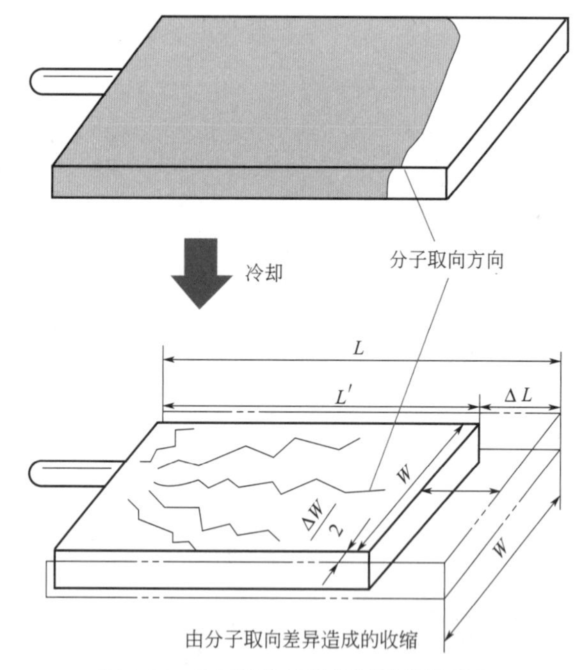

图 3-36　分子取向不均衡导致塑件翘曲

② 冷却不当。塑件在成型过程冷却不当极易产生变形现象，如图 3-37 所示。设计塑件结构时，各部位的断面厚度应尽量一致。塑件在模具内必须保持足够的冷却定型时间。对于模具冷却系统的设计，应注意将冷却管道设置在温度容易升高、热量比较集中的部位，对于那些比较冷却的部位，应尽量进行缓冷，以使塑件各部分的冷却均衡。

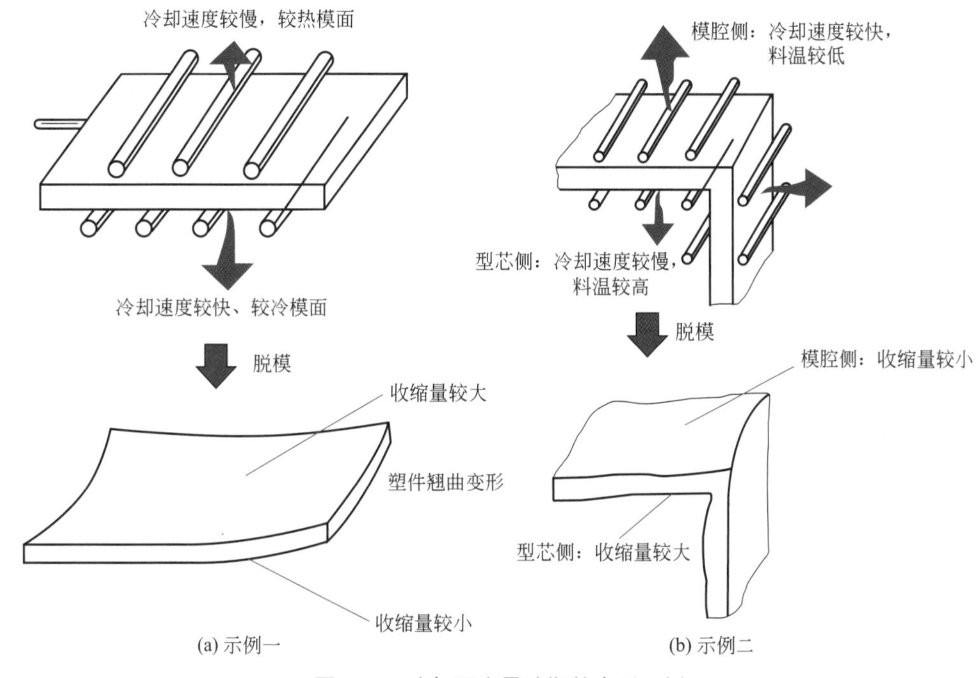

图 3-37　冷却不当导致塑件变形示例

③ 模具浇注系统设计不合理。在确定浇口位置时，不应使熔体直接冲击型芯，应使型芯两侧受力均匀；对于面积较大的矩形或扁平塑件，当采用分子取向及收缩大的塑料原料时，应采用薄膜式浇口或多点式浇口，尽量不要采用侧浇口；对于环型塑件，应采用盘型浇口或轮辐式浇口，尽量不要采用侧浇口或点浇口；对于壳型塑件，应采用直浇口，尽量不要采用侧浇口。

④ 模具脱模及排气系统设计不合理。在模具设计方面，应合理设计脱模斜度、顶杆位置和数量，提高模具的强度和定位精度；对于中小型模具，可根据翘曲规律来设计和制造反翘模具。在模具操作方面，应适当减慢顶出速度或顶出行程。

⑤ 工艺设置不当。具体的表现有：模具、机筒温度太高；注射压力太高或注射速度太快；保压时间太长或冷却时间太短。应针对具体情况，分别调整对应的工艺参数。

⑥ 塑件结构不合理，如：壁厚不均，变化突然或壁厚过小；制品结构造型不当，没有加强结构来约束变形。

⑦ 原料方面：酞氰系颜料会影响聚乙烯的结晶度而导致制品变形；采用增强加粉体填充共同作用，可以有效减少塑件的变形程度。

塑件翘曲的原因及解决方法如表 3-9 所示。

表 3-9　翘曲的原因及解决方法

原因分析	解决方法
①成品顶出时尚未冷却定型	①冷却 a. 降低模具温度 b. 延长冷却时间 c. 降低原料温度

续表

原因分析	解决方法
②成品形状及厚薄不对称	②修改形状 a. 脱模后用定型架（夹具）固定 b. 变更成品设计
③填料过饱形成内应力	③减少保压压力、保压时间
④多浇口进料不平均	④更改进浇口（使其进料平衡）
⑤顶出系统不平衡	⑤改善顶出系统或改变顶出方式
⑥模具温度不均匀	⑥改善模温使之各局部温度合适
⑦胶件局部粘模	⑦检修模具，改善粘模
⑧注射压力或保压压力太高	⑧减小注射压力或保压压力
⑨注射量不足导致收缩变形	⑨增加射胶量，提高背压
⑩前后模温不适（温差大或不合理）	⑩调整前后模温差
⑪ 塑料收缩率各向异性较大	⑪ 改用收缩率各向异性小的塑料
⑫ 取货方式或包装方式不当	⑫ 改善包装方式，增强保护能力

实际案例

盒状塑件翘曲缺陷的解决方法

如图 3-38 所示，该塑件的模具在四角采用串接的冷却管道来加强模具的冷却。同时，在动模镶块的四个转角处，采用热传导系数高的金属（如铍铜合金）镶件，以增加长方体模具内角的冷却效率，平衡内外角的热量传导，从而让塑件收缩均匀。

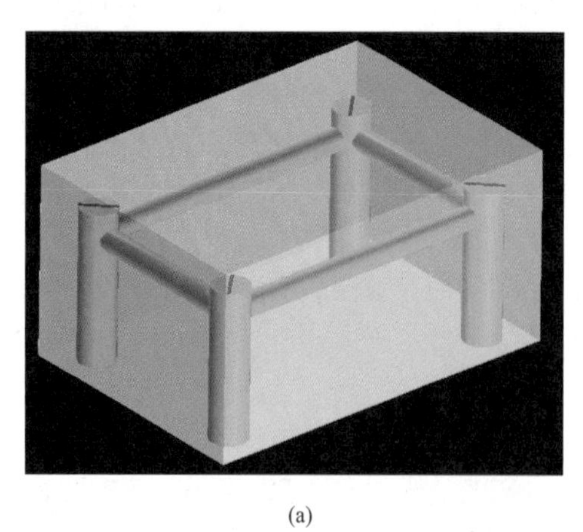

(a)

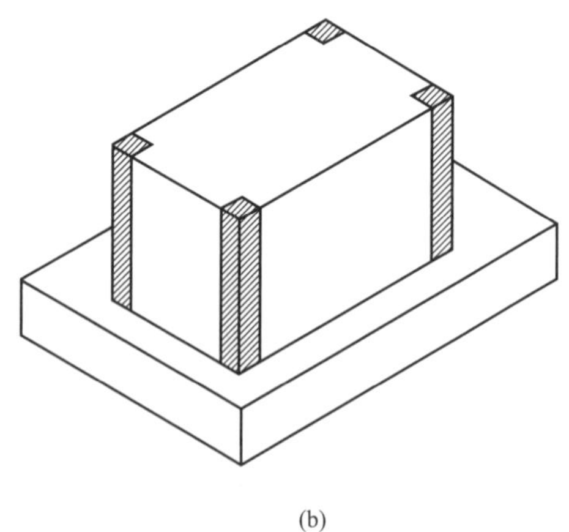

(b)

图 3-38　矩形型芯

实际生产中，铍铜合金的厚度一般取塑件平均壁厚的 3 ～ 4 倍即可，如果铍铜合金的镶件与模具本体焊接有困难，只需固定镶件的底部即可。如图 3-39 所示，铍铜合金和钢的间隙会因为铍铜的热膨胀而消失。

图 3-39　34in[①] 电视机边框的注塑模具

3.1.9　收缩痕及解决方法

塑件中在壁厚差别较大的特征分界位置，由于两处特征厚度收缩不均匀而产生的明显痕迹就是收缩痕，如图 3-40 所示。

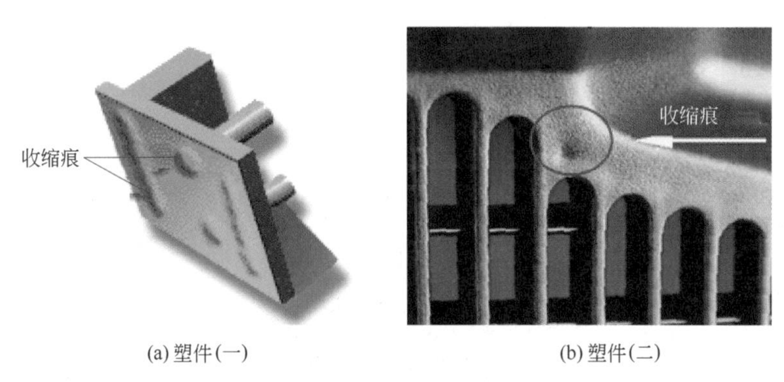

(a) 塑件(一)　(b) 塑件(二)

图 3-40　塑件上的收缩痕

塑件产生收缩痕的原因及相应的解决方法有以下几点。

① 成型工艺控制不当。对此，应适当提高注射压力及注射速度，增加熔料的压缩密度，延长注射和保压时间，补偿熔体的收缩，增加注射缓冲量。但保压不能太高，否则会

① 英寸，1in=25.4mm。

引起凸痕。如果凹陷和缩痕发生在浇口附近，可以通过延长保压时间来解决；当塑件在壁厚处产生凹陷时，应适当延长塑件在模内的冷却时间；如果嵌件周围由于熔体局部收缩引起凹陷及缩痕，这主要是嵌件的温度太低造成的，应设法提高嵌件的温度；如果由于供料不足引起塑件表面凹陷，应增加供料量。此外，塑件在模内的冷却必须充分。

② 模具缺陷。对此，应结合具体情况，适当扩大浇口及流道截面，浇口位置尽量设置在对称处，进料口应设置在塑件厚壁的部位。如果凹陷和缩痕发生在远离浇口处，一般是由于模具结构中某一部位熔体流动不畅，妨碍压力传递。对此，应适当扩大模具浇注系统的结构尺寸，最好让流道延伸到产生凹陷的部位。对于壁厚塑件，应优先采用翼式浇口。

③ 原料不符合成型要求。对于表面要求比较高的塑件，应尽量采用低收缩率的塑料，也可在原料中增加适量润滑剂。

④ 塑件形状结构设计不合理。设计塑件形状结构时，壁厚应尽量一致。如果塑件的壁厚差异较大，可通过调整浇注系统的结构参数或改变壁厚分布来解决，如图 3-41 所示。

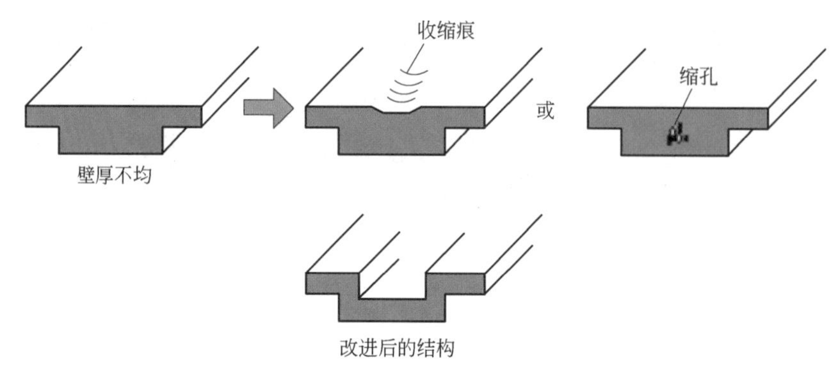

图 3-41　改变壁厚减小缩痕示意图

3.1.10　银纹（银丝、料花）及解决方法

如图 3-42 所示，在塑件表面沿着熔体流动方向形成的喷溅状线条称为银纹，也叫银丝或料花。

(a) 银纹现象(一)

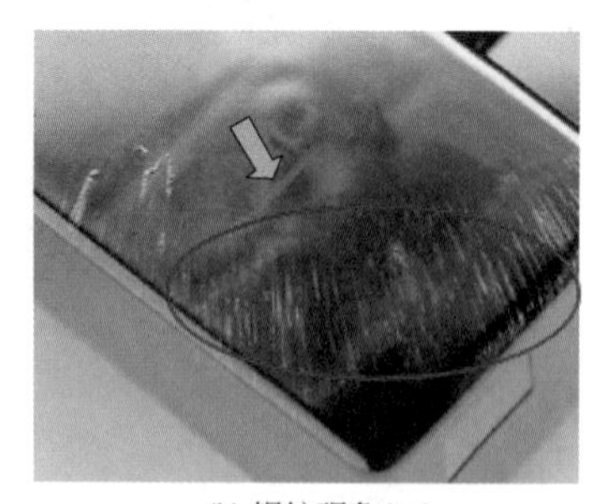

(b) 银纹现象(二)

(c) 银纹现象(三)

图 3-42　塑件上产生的银纹现象

银纹的产生，一般是由于注射时螺杆启动过快，使熔体及模腔中的空气无法排出，空气夹混在熔体内，致使塑件表面产生了银色丝状纹路。银纹不但影响塑件外观，而且使塑

件的强度降低许多。银纹的形成主要是塑料熔体中含有气体，查找这些气体产生的根源即可找出解决缺陷的方法，相应的原因及解决的方法主要有以下几点。

（1）塑料本身含有水分或油剂

由于塑料在制造过程时暴露于空气中，吸入水气 / 油剂或者在混料时掺入了错误的比例成分，使这些挥发性物质在熔胶时，受高温而变成气体。

（2）熔体受热分解

如果熔体筒温度、背压及熔体速度调得太高，或成型周期太长，则对热敏感的塑料（如 PVC、赛钢及 PC 等），容易因高温受热分解产生气体。

（3）空气

塑料颗粒与颗粒之间均含有空气，如果熔体筒在近料斗处的温度调得很高，使塑料粒的表面在未压缩前便熔化而粘在一起，则塑料粒之间的空气便不能完全排除出来（脱气不良）。

（4）熔体塑化不良

对此，适当提高料筒温度和延长成型周期，尽量采用内加热式注料口或加大冷料井及加长流道。

（5）材料

① 注塑前先根据原料商提供数据干燥原料；
② 提高材料的热稳定性；
③ 粉体太多，造成夹气；
④ 材料中使用的助剂稳定性差，易分解。

（6）模具设计

① 增大主流道、分流道和浇口尺寸；
② 检查是否有充足的排气位置；
③ 避免浇注系统出现比较尖锐的拐角，造成热敏性材料高温分解。

（7）成型工艺

① 选择适当的注塑机，增大注塑机背压；
② 切换材料时，把旧料完全从料筒中清洗干净；
③ 螺杆松退时避免吸入气体；
④ 改进排气系统；
⑤ 降低熔体温度、注塑压力或注塑速度；
⑥ 注塑 PVC、POM 类材料结束时，要用 ABS 或者 AS 等清洗，避免残留产生分解气体。

塑件产生银纹的原因及解决方法如表 3-10 所示。

表 3-10 银纹产生的原因及解决方法

原因分析	解决方法
①原料含有水分	①原料彻底烘干（在允许含水率以内）
②料温过高（熔料分解）	②降低熔料温度

续表

原因分析	解决方法
③原料中含有其他添加物（如润滑剂）	③减小其使用量或更换其他添加物
④色粉分解（色粉耐温性较差）	④选用耐温性较好的色粉
⑤注射速度过快（剪切分解或夹入空气）	⑤降低注射速度
⑥料筒内夹有空气	⑥排出空气 a. 减慢熔胶速度 b. 提高背压
⑦原料混杂或热稳定性不佳	⑦更换原料或改用热稳定性好的塑料
⑧熔料从薄壁流入厚壁时膨胀，挥发物气化与模具表面接触激化成银丝	⑧去除银丝 a. 改良模具结构设计（平滑过渡） b. 调节射胶速度与位置互配关系
⑨进浇口过大 / 过小或位置不当	⑨改善进浇口大小或调整进浇口位置
⑩模具排气不良或模温过低	⑩改善模具排气或提高模温
⑪ 熔料残量过多（熔料停留时间长）	⑪ 减少熔料残量
⑫ 下料口处温度过高	⑫ 降低其温度，并检查下料口处冷却水
⑬ 背压过低（脱气不良）	⑬ 适当提高背压
⑭ 抽胶位置（倒索量）过大	⑭ 减少倒索量

3.1.11　水波纹及解决方法

水波纹是指熔体流动的痕迹在成型后无法去除而以浇口为中心呈现的水波状纹路，多见于用光面模具注塑成型的塑件上，如图 3-43 和图 3-44 所示。

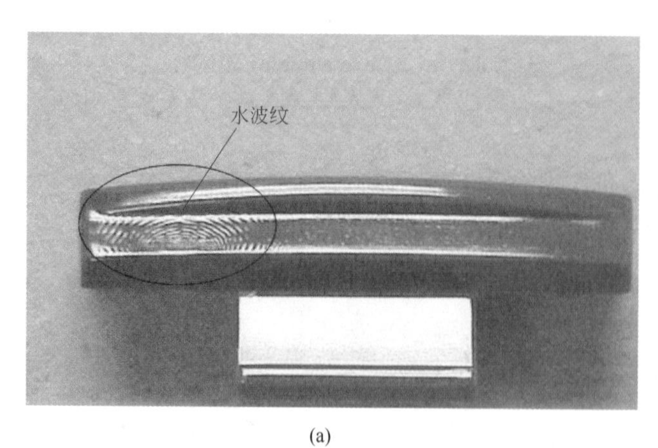

(a)

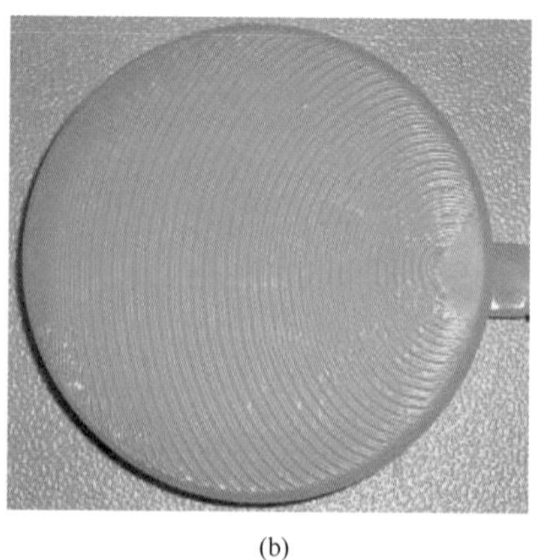

(b)

图 3-43　塑件上产生的水波纹（一）

(a) 缺陷品

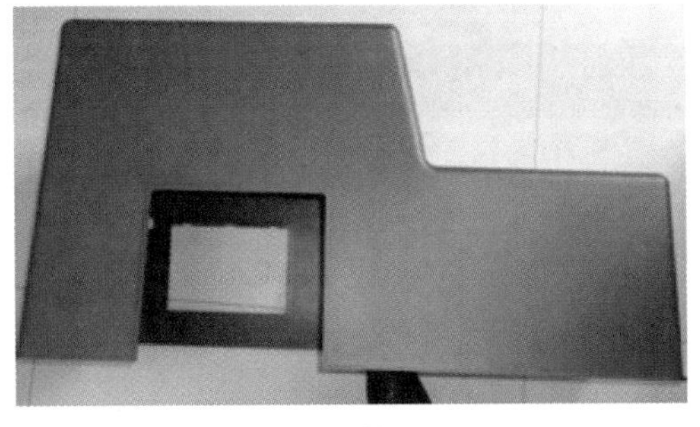

(b) 合格品

图 3-44　塑件上产生的水波纹（二）

水波纹是最初流入型腔的熔体冷却过快，而其后射入的热熔体推动前面的熔体滑移而形成的水波状纹路，其形成过程如图 3-45 ～图 3-47 所示。对此，可通过提高熔体温度和模具温度、加快注射速度、提高保压压力等途径来改善。残留于喷嘴前端的冷料，如果直接进入成型模腔内，也会造成水波纹，因此在主流道的末端开设冷料井可有效防止水波纹的发生。

水波纹的产生原因及解决方法如表 3-11 所示。

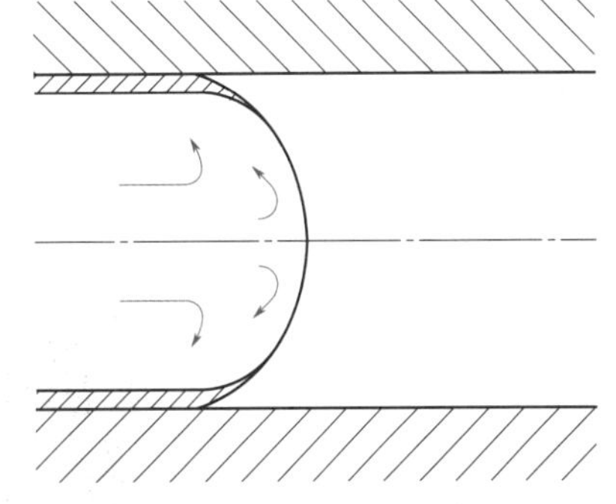

图 3-45　水波纹的成因图解（一）

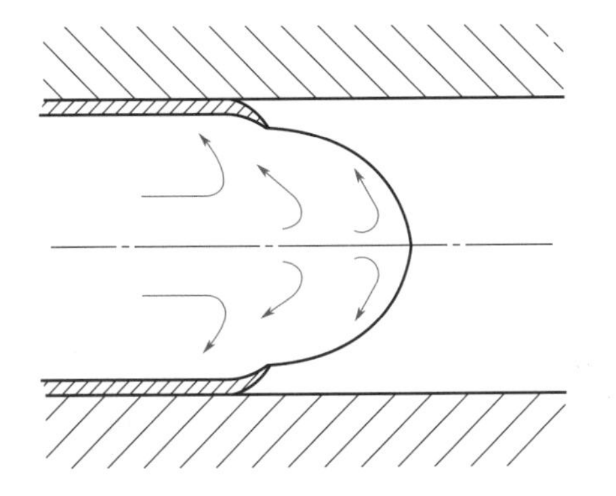

图 3-46　水波纹的成因图解（二）

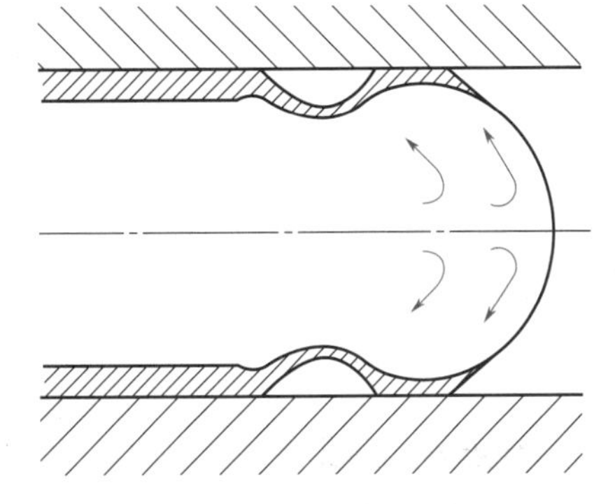

图 3-47　水波纹的成因图解（三）

表 3-11　水波纹产生原因及解决方法

原因分析	解决方法
①原料熔融塑化不良	①方法如下 a. 提高料筒温度 b. 提高背压 c. 提高螺杆转速
②模温或料温太低	②提高模温或料温
③水波纹处注射速度太慢	③适当提高水波纹处的注射速度
④一段注射速度太慢（太细长的流道）	④提高一段注射速度

续表

原因分析	解决方法
⑤进浇口过小或位置不当	⑤加大进浇口或改变浇口位置
⑥冷料穴过小或不足	⑥增开或加大冷料穴
⑦流道太长或太细（熔料易冷）	⑦缩短或加粗流道
⑧熔料流动性差（FMI 低）	⑧改用流动性好的塑料
⑨保压压力过小或保压时间太短	⑨增加保压压力及保压时间

3.1.12 喷射纹（蛇形纹）及解决方法

注塑成型过程中，如果熔体在经过浇口处的注射速度过快，则塑件表面（侧浇口前方）会产生蛇形状的纹路，其形成原理如图 3-48 所示，具体的产品如图 3-49 和图 3-50 所示。

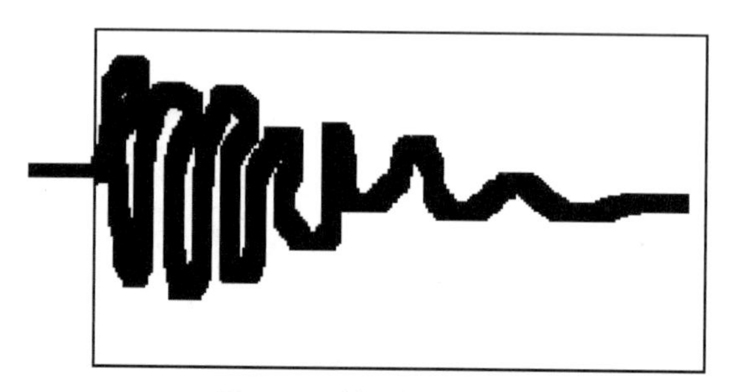

图 3-48 蛇形纹示意图

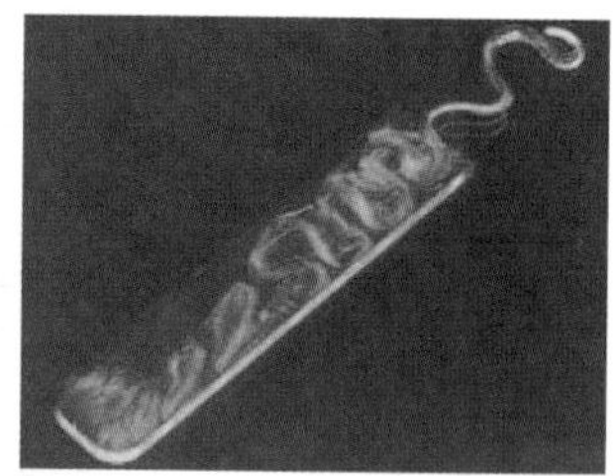

图 3-49 出现蛇形纹的塑件

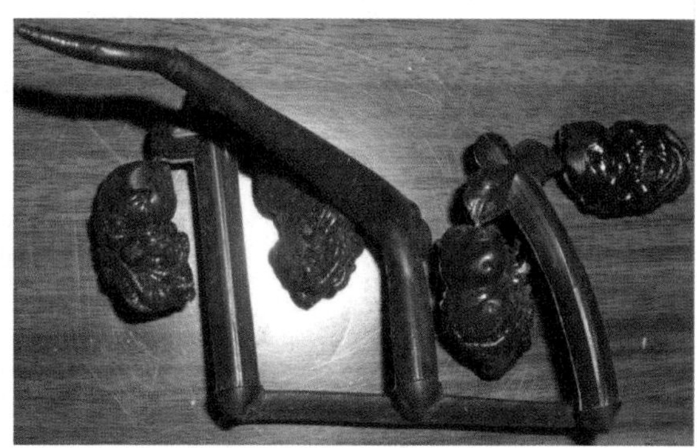

图 3-50　塑件上的蛇形纹现象

蛇形纹多在模具的浇口类型为侧浇口时出现。当塑料熔体高速流过喷嘴、流道和浇口等狭窄区域时，突然进入开放的、相对较宽的区域后，熔融物料会沿着流动方向如蛇一样弯曲前进，与模具表面接触后迅速冷却，如图 3-51 所示。由于这部分材料不能与后续进入型腔的树脂很好地融合，就在制品上形成了明显的纹。在特定的条件下，熔体在开始阶段以一个相对较低的温度从喷嘴中射出，接触型腔表面之前，熔体的黏度变得非常大，因此产生了蛇形流动，而接下来随着温度较高的熔体不断地进入型腔，最初的熔体就被挤压到模具中较深的位置处，因此留下了上述的蛇形纹路。

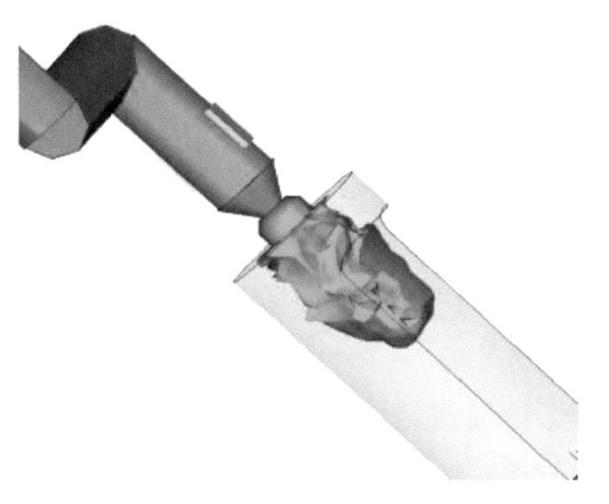

图 3-51　用 Moldflow 模拟产生的蛇形纹

塑件产生蛇形纹的原因及解决方法如表 3-12 所示。

表 3-12　蛇形纹产生的原因及解决方法

原因分析	解决方法
①浇口位置不当（直接对着空型腔注射）	①改变浇口位置（移到角位）
②料温或模温过高	②适当降低料温或模温
③注射速度过快（进浇口处）	③降低注射速度（进浇口处）
④浇口过小或形式不当（侧浇口）	④改大浇口或做成护耳式浇口（亦可在浇口附近设阻碍柱）
⑤塑料的流动性太好（FMI 高）	⑤改用流动性较差的塑料

实际案例

将潜伏式浇口改为侧浇口可以有效消除蛇形纹；改变浇口位置，使熔接线的夹角变大，也可以消除熔接痕，或使熔接痕变弱，如图 3-52 所示。

图 3-52　电表箱产生的蛇形纹

3.1.13　虎皮纹及解决方法

虎皮纹是对大尺寸塑件上出现的类似虎皮状花纹缺陷的称呼，比较容易出现在诸如仪表板、保险杠、门板和流程较长的较大面积的塑件上，也被称为虎皮斑，如图 3-53 所示。

高分子材料具有黏弹性，在压力作用下会收缩体积，当压力释放的时候，就会因体积恢复而膨胀。当聚合物熔体经口模挤出时，挤出物的截面面积比口模出口截面面积大，这种现象叫作出模膨胀。1893 年美国生物学家 Barus 首先观察到了这一现象，所以又称 Barus 效应。

在注塑成型时，当塑料熔体通过较小的浇口时，会在浇口处遇到较大的阻力而使塑料在分流道中发生较大的体积收缩，一旦通过浇口就会马上体积膨胀，从而导致熔体流动前沿发生膨胀跳跃现象，表观上就会形成虎皮纹。

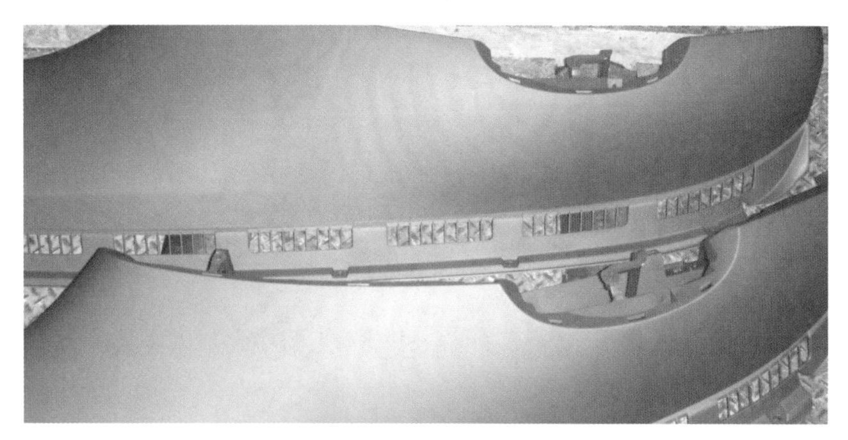

图 3-53　塑件上产生的虎皮纹

同样，熔体在流动过程中，如果制件较薄，型腔空隙较小，模具温度较低，流动过程中制件结构造成流动困难或流程过长，就会造成熔体前沿阻力增大，熔体流动明显减速或出现停滞，此时充填的区域，其制品外观会出现光泽差的现象。但此后，后续较热的熔体不断从浇口涌进来，橡胶体系开始吸收并储备能量，当能量积聚到一定程度时，即可突破熔体前沿的阻力，熔体开始急速膨胀并出现跳跃推进的现象，此时新充填的区域，其外观光泽则会较好。

塑料中的橡胶弹性体越多，上述现象越容易出现。韧性差的材料很少会出现虎皮纹现象。比如增强材料、非增韧的尼龙、PBT 等材料成型过程中很少有虎皮纹现象，而 ABS、HIPS 以及添加了 EPDM、POE 等橡胶成分的 PP 材料，则非常容易出现虎皮纹缺陷。

如图 3-54 所示为虎皮纹的产生机理示意图。

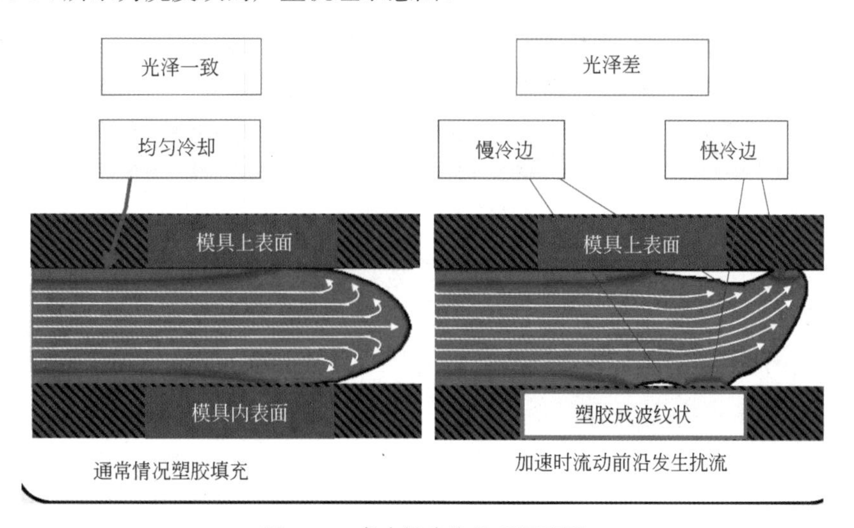

图 3-54　虎皮纹产生机理示意图

消除或降低虎皮纹现象，主要从成型工艺上解决，方法有提高料温，提高模温，降低注射速率，等等。

实际案例

【案例 1】 卡车仪表板虎皮纹缺陷

某卡车仪表板，材料为 ABS+PP。开始试模时，模温设定为 40℃，实测模温为 50℃，如图 3-55 和图 3-56 所示，浇口分布如图 3-57 所示。试模后仪表板的虎皮纹明显，如图 3-58 所示。

图 3-55 原设定的料温

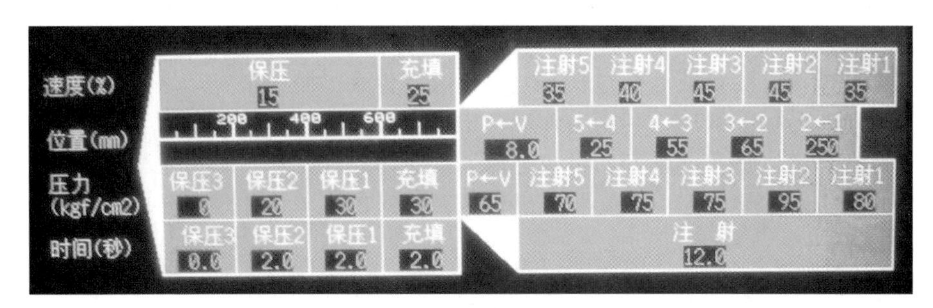

图 3-56 其他主要工艺参数

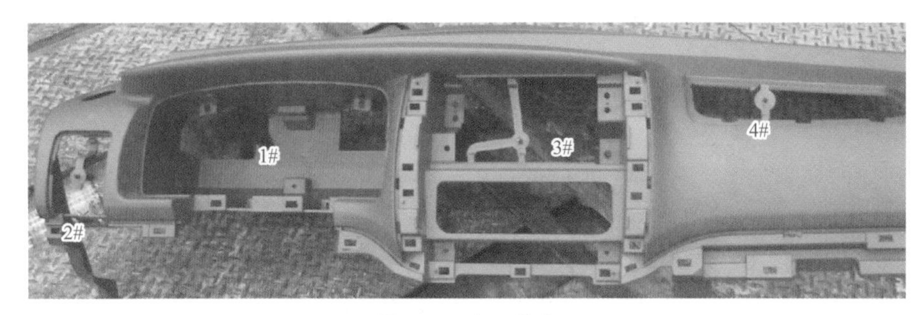

图 3-57 浇口分布

图 3-58 试模后出现的虎皮纹

经分析后，模温设定 53℃，实测模温为 63℃，料温及其他工艺参数设定如图 3-59 和图 3-60 所示，采用该工艺后，仪表板的虎皮纹大部分消失。

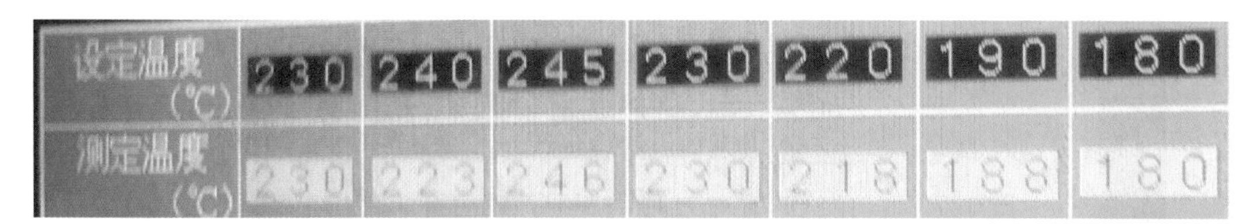

图 3-59　料温

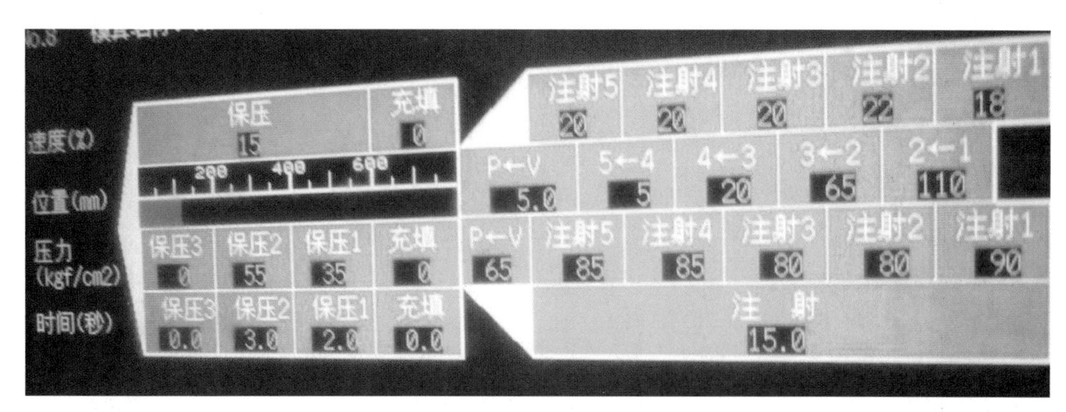

图 3-60　调整后的工艺参数

【案例 2】　液晶电视机后壳虎皮纹缺陷

某 46in 液晶电视机后壳，其产品结构如图 3-61 所示，材料为阻燃 ABS。该模具为 6 个进浇点，试模后出现明显的虎皮纹。

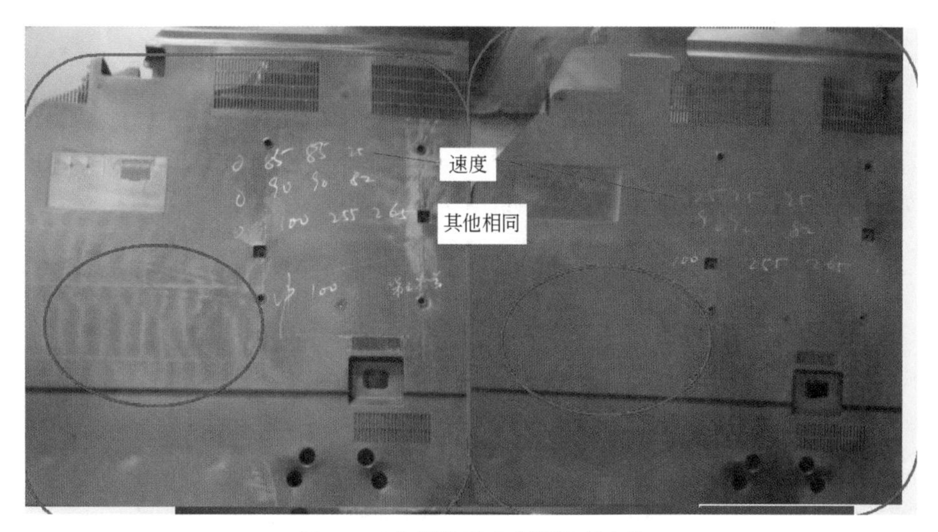

图 3-61　电视机后壳出现的虎皮纹

而后提高水温，无法有效提高模具温度。利用 3# 浇口作为主浇口，2#、1# 只作保压，4# 延时调整接合线；在 50℃的模温下，降低射速不能有效消除虎皮纹；提高料筒温度和热流道温度 30℃，从而有效提高模温至 63℃，其他工艺参数如图 3-62 所示，降低注射速度，最后有效消除了该虎皮纹。

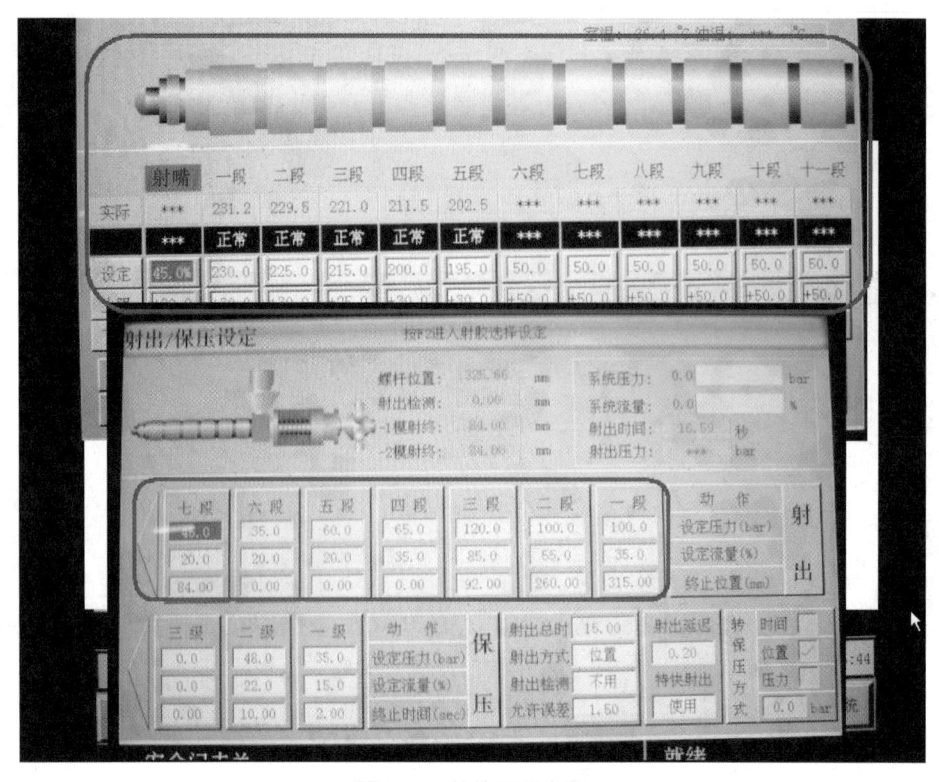

图 3-62　其他工艺参数

3.1.14　气纹（阴影）及解决方法

注塑成型过程中，如果浇口太小而注射速度过快，熔体流动变化剧烈且熔体中夹有空气，则在塑件的浇口位置、转弯位置和台阶位置等处会出现明显的阴影，该阴影被称为气纹，如图 3-63 和图 3-64 所示。ABS、PC、PPO 等塑料的制品，在浇口位置较容易出现气纹。

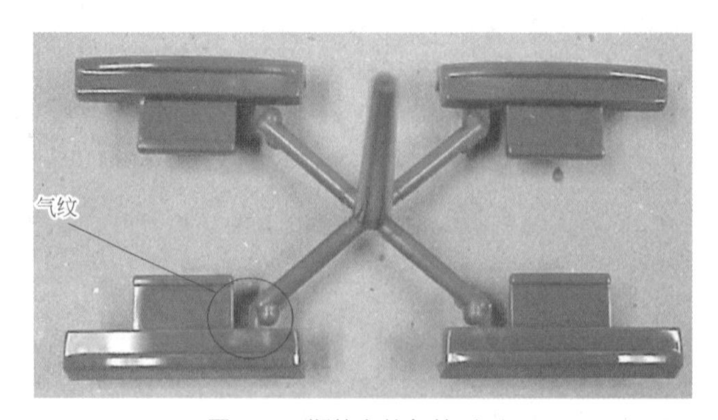

图 3-63　塑件上的气纹（一）

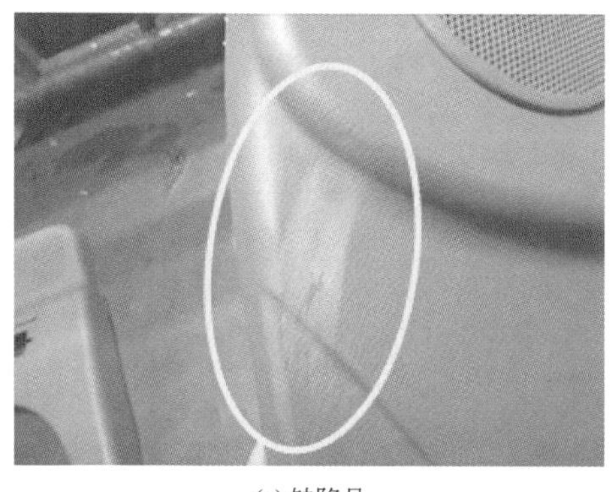

(a) 缺陷品

(b) 合格品

图 3-64　塑件上的气纹（二）

气纹产生的原因及解决方法如表 3-13 所示。

表 3-13　气纹产生原因及解决方法

原因分析	解决方法
①熔料温度过高或模具温度过低	①降低料温（以防分解）或提高模温
②浇口过小或位置不当	②加大浇口尺寸或改变浇口位置
③产生气纹部位的注射速度过快	③多级射胶，减慢相应部位的注射速度
④流道过长或过细（熔料易冷）	④缩短或加粗流道尺寸
⑤产品台阶 / 角位无圆弧过渡	⑤产品台阶 / 角位加圆弧
⑥模具排气不良（困气）	⑥改善模具排气效果
⑦流道冷料穴太小或不足	⑦加大或增开冷料穴
⑧原料干燥不充分或过热分解	⑧充分干燥原料并防止熔料过热分解
⑨塑料的黏度较大，流动性差	⑨改用流动性较好的塑料

3.1.15　黑纹（黑条）及解决方法

黑纹是塑件表面出现的黑色条纹，也称黑条，如图 3-65 所示。

黑纹产生的主要原因是成型材料的热分解，常见于热稳定性差的塑料（如 PVC 和 POM 等）。有效防止黑条产生的对策是防止料筒内的熔体温度过高，并减慢注射速度。料筒或螺杆如果有伤痕或缺口，则附着于此部分的材料会过热，引起热分解。此外，止逆环开裂亦会因熔体滞留而引起热分解，所以黏度高的塑料或容易分解的塑料要特别注意防止黑条的产生。

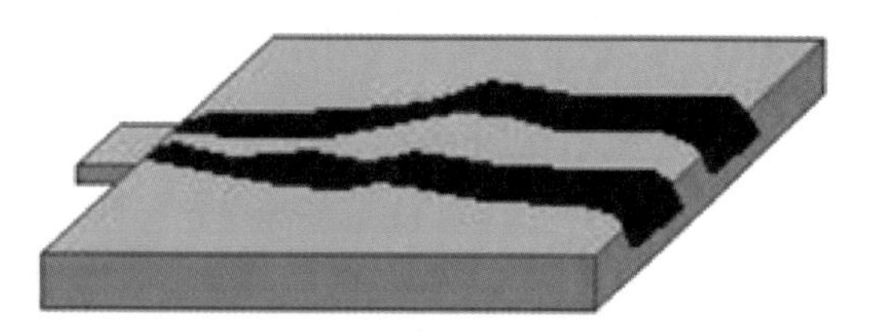

图 3-65　塑件上的黑条现象

黑条产生的原因及解决方法如表 3-14 所示。

表 3-14　黑条产生的原因及解决方法

原因分析	解决方法
①熔料温度过高	①降低料筒 / 喷嘴温度
②螺杆转速太快或背压过大	②降低螺杆转速或背压
③螺杆与炮筒偏心而产生摩擦热	③检修机器或更换机台
④射嘴孔过小或温度过高	④适当改大射嘴孔径或降低其温度
⑤色粉不稳定或扩散不良	⑤更换色粉或添加扩散剂
⑥射嘴头部黏滞有残留的熔料	⑥清理射嘴头部余胶
⑦止逆环 / 料管内有使原料过热的死角	⑦检查螺杆、止逆环或料管有无磨损
⑧回用水口料（浇注系统燃料）中有杂色料（被污染）	⑧检查或更改水口料
⑨进浇口太小或射嘴有金属堵塞	⑨改大进浇口或清除射嘴内的异物
⑩残量过多（熔料停留时间过长）	⑩减少残量以缩短熔料停留时间

3.1.16　发脆及解决方法

注塑成型后的塑件，其冲击性能比原材料出现了大幅度的下降，该现象称为发脆，如图 3-66 所示。塑件发脆的直接原因是塑件内应力过大。

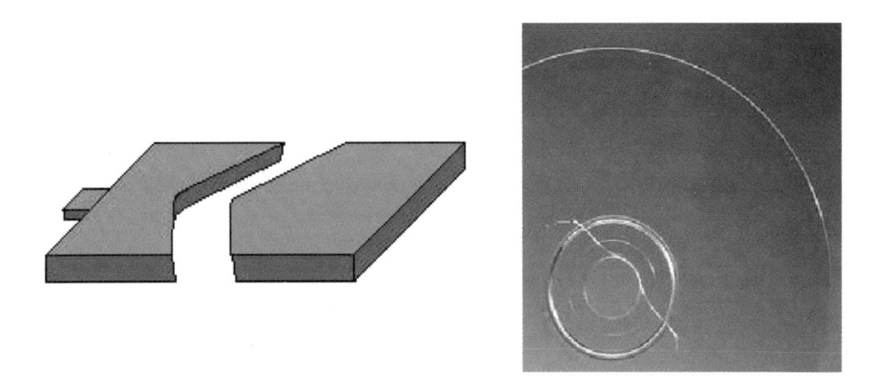

图 3-66　塑件发脆现象

塑件发脆的原因及应对措施如下。

（1）材料

① 注塑前设置适当的干燥条件，塑胶如果连续干燥几天或干燥温度过高，尽管可以除去挥发分等物质，但同时也易导致材料降解，特别是热敏性塑料；

② 应减少使用回收料，增加原生料的比例；

③ 应选用合适的材料，选用高强度的塑胶。

（2）模具设计

增大主流道、分流道和浇口尺寸，流道避免出现尖锐的角，过小的主流道、分流道或浇口尺寸以及尖锐的拐角容易导致过多的剪切热，从而导致聚合物的分解。

（3）注塑机

选择合适的螺杆，塑化时温度分配更加均匀。如果材料温度不均，在局部容易积聚过多热量，导致材料的降解。

（4）工艺条件

① 降低料筒和喷嘴的温度；

② 降低背压、注塑压力、螺杆转速和注射速度，减少过多剪切热的产生，避免聚合物分解；

③ 如果是熔接痕强度不足导致的发脆，则可以通过增加熔体温度、加大注塑压力的方法，提高熔接痕强度；

④ 降低开模速度、顶出速度和顶出压力。

（5）塑件设计

塑件中部流体要流经的部位不要出现过薄的壁厚；同时，避免制品上出现尖角、嵌件、缺口等容易导致应力开裂或者厚度相差悬殊的结构。

3.1.17 裂纹（龟裂）及解决方法

注塑成型后，塑件表面开裂并形成的若干条长度和大小不等的裂缝叫裂纹，如图 3-67 和图 3-68 所示。

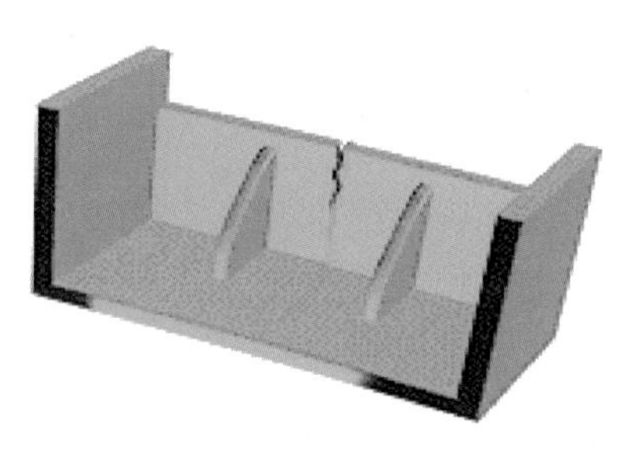

图 3-67 裂纹现象（一）

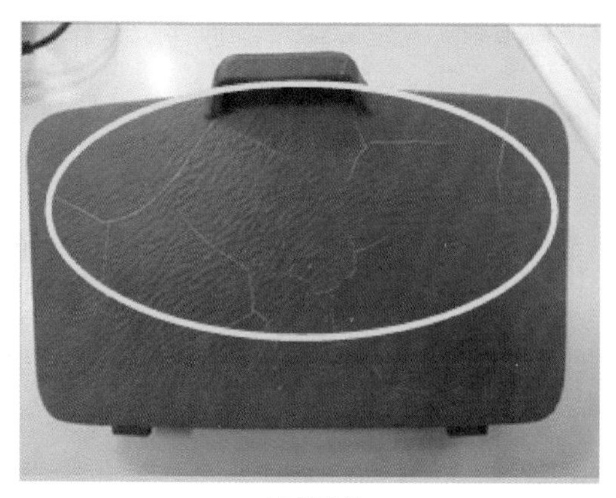

(a) 缺陷品

(b) 合格品

图 3-68 裂纹现象（二）

塑件的浇口形状和位置设计不当，注射压力 / 保压压力过大，保压时间过长而导致塑件脱模不顺（强行顶出），塑件内应力过大或分子取向应力过大等，均可能产生裂纹缺陷，具体分析如下。

（1）残余应力太高

对此，在模具设计和制造方面，可以采用压力损失最小，而且可以承受较高注射压力的直接浇口，可将正向浇口改为多个针点状浇口或侧浇口，并减小浇口直径。设计侧浇口时，可采用成型后可将破裂部分除去的凸片式浇口。在工艺操作方面，通过降低注射压力来减小残余应力是一种最简便的方法，因为注射压力与残余应力呈正比例关系。应适当提高料筒及模具温度，减小熔体与模具的温度，控制模内型胚的冷却时间和速度，使发生取向现象的分子链有较长的恢复时间。

（2）外力导致残余应力集中

一般情况下，这类缺陷总是发生在顶杆的周围。出现这类缺陷后，应认真检查和调校顶出装置，顶杆应设置在脱模阻力最大部位，如凸台、加强筋等处。如果设置的顶杆数由于推顶面积受到条件限制不可能扩大，则可采用小面积多顶杆的方法。如果模具型腔脱模斜度不够，塑件表面也会出现擦伤形成褶皱花纹。

（3）成型原料与金属嵌件的热胀系数存在差异

金属嵌件应进行预热，特别是当塑件表面的裂纹发生在刚开机时，大部分是嵌件温度太低造成的。另外，在嵌件材质的选用方面，应尽量采用线胀系数接近塑料特性的材料。在选用成型原料，也应尽可能采用高分子量的塑料，如果必须使用低分子量的成型原料，嵌件周围的塑料厚度应设计得厚一些。

（4）原料选用不当或不纯净

实践表明，低黏度疏松型塑料不容易产生裂纹。因此，在生产过程中，应结合具体情况选择合适的成型原料。在操作过程中，要特别注意不要把聚乙烯和聚丙烯等塑料混在一起使用，这样很容易产生裂纹。在成型过程中，脱模剂对于熔体来说也是一种异物，如用量不当也会引起裂纹，应尽量减少其用量。

（5）塑件结构设计不合理

塑件形状结构中的尖角及缺口处最容易产生应力集中，导致塑件表面产生裂纹及破裂。因此，塑件形状结构中的外角及内角都应尽可能采用最大半径做成圆弧。试验表明，最佳过渡圆弧半径与转角处壁厚的比值为 1 ∶ 1.7。

（6）模具上的裂纹复映到塑件表面上

在注射成型过程中，由于模具受到注射压力反复的作用，型腔中具有锐角的棱边部位会产生疲劳裂纹，尤其在冷却孔附近特别容易产生裂纹。当模具型腔表面上的裂纹复映到塑件表面上时，塑件表面上的裂纹总是以同一形状在同一部位连续出现。出现这种裂纹时，应立即检查裂纹对应的型腔表面有无相同的裂纹。如果是由于复映作用产生裂纹，应以机械加工的方法修复模具。

经验表明，PS、PC 的制品较容易出现裂纹现象。而由于内应力过大所引起的裂纹可以通过退火处理的方法来消除。

塑件产生裂纹的原因及解决方法如表 3-15 所示。

表 3-15 裂纹产生的原因及解决方法

原因分析	解决方法
①注射压力过大或末端注射速度过快	①减小注射压力或末端注射速度
②保压压力太大或保压时间过长	②减小保压压力或缩短保压时间
③熔料温度或模具温度过低 / 不均	③提高熔料温度或模具温度（可用较小的注射压力成型），并使模温均匀
④浇口太小，形状及位置不适	④加大浇口，改变浇口形状和位置
⑤脱模斜度不够，模具不光滑或有倒扣	⑤增大脱模斜度，修整模具，消除倒扣
⑥顶针太小或数量不够	⑥增大顶针或增加顶针数量
⑦顶出速度过快	⑦降低顶出速度
⑧金属嵌件温度偏低	⑧预热金属嵌件
⑨水口料回用比例过大	⑨减小添加水口料比例或不用回收料

3.1.18 烧焦（碳化）及解决方法

烧焦是指注塑过程中由于模具排气不良或注射太快，模具内的空气来不及排出，空气在瞬间高压下急剧升温（极端情况下温度可高达 300℃），而将熔体在某些位置烧黄、烧焦的现象，如图 3-69 所示。

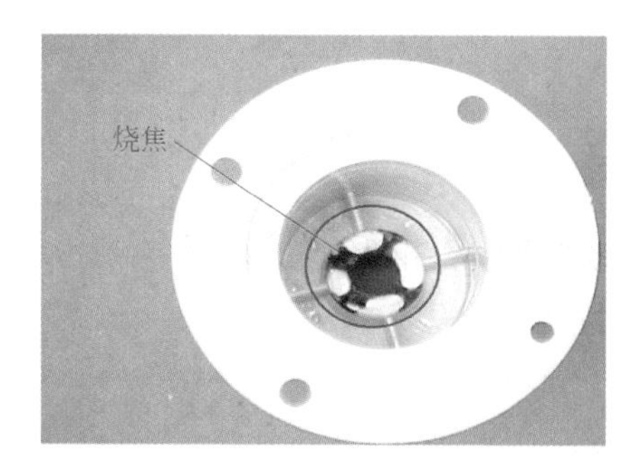

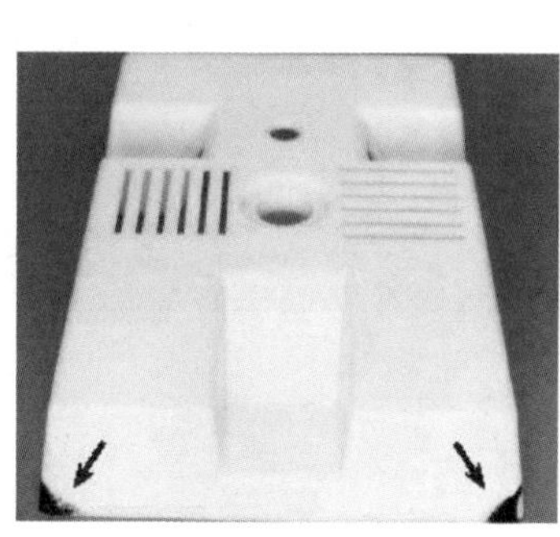

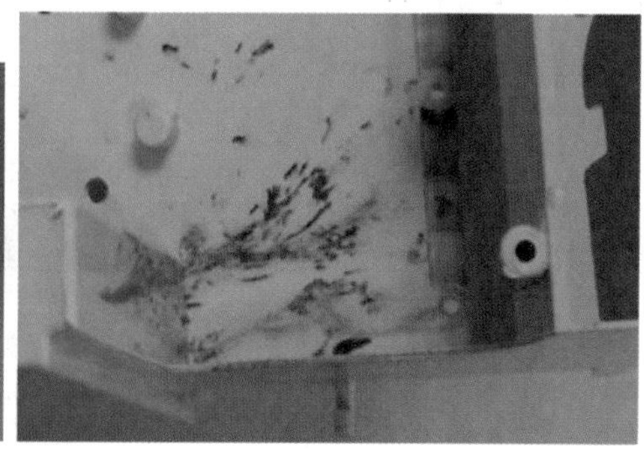

图 3-69 烧焦现象

塑件烧焦的具体原因及解决方法如表 3-16 所示。

表 3-16 烧焦原因及解决方法

原因分析	解决方法
①末端注射速度过快	①降低最后一级注射速度
②模具排气不良	②加大或增开排气槽（抽真空注塑）
③注射压力过大	③减小注射压力（可减轻压缩程度）
④熔料温度过高（黏度降低）	④降低熔料温度，降低其流动性
⑤浇口过小或位置不当	⑤改大浇口或改变其位置（改变排气）
⑥塑胶材料的热稳定性差（易分解）	⑥改用热稳定性更好的塑料
⑦锁模力过大（排气缝变小）	⑦降低锁模力或边锁模边射胶
⑧排气槽或排气针阻塞	⑧清理排气槽内的污渍或清洗顶针

3.1.19 黑点及解决方法

透明塑件、白色塑件或浅色塑件，在注塑生产时常常会出现黑点，如图 3-70 所示。塑件表面出现的黑点会影响制品的外观质量，造成生产过程中废品率高、浪费大、成本高。

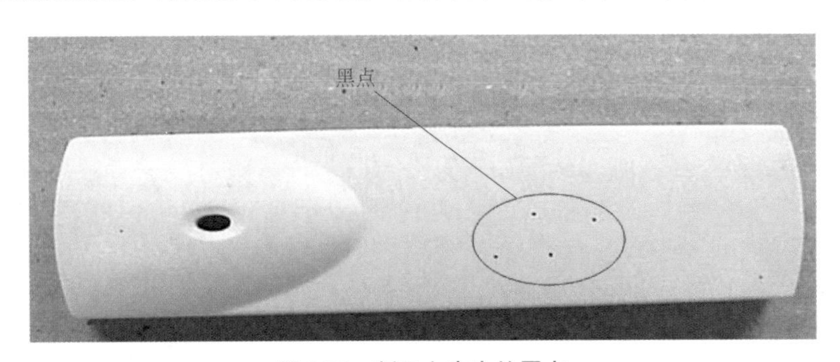

图 3-70 制品上产生的黑点

黑点问题是注塑成型中的难题，需要从水口料（流道凝料）、碎料、配料、加料、环境、停机及生产过程中的各个环节加以控制，才能减少黑点。

塑件出现黑点的直接原因是混有污料或塑料熔体在高温下降解，从而在制品表面产生黑点，具体原因及解决方法如表 3-17 所示。

表 3-17 黑点原因及解决方法

原因分析	解决方法
①原料过热分解物附着在料筒内壁上	①解决方法如下 a. 彻底射空余胶 b. 彻底清理料管 c. 降低熔料温度 d. 减少残料量

续表

原因分析	解决方法
②原料中混有异物（黑点）或烘料桶未清理干净	②解决方法如下 a. 检查原料中是否有黑点 b. 需将烘料桶彻底清理干净
③热敏性塑料浇口过小，注射速度过快	③解决方法如下 a. 加大浇口尺寸 b. 降低注射速度
④料筒内有引起原料过热分解的死角	④检查射嘴、止逆环与料管有无磨损 / 腐蚀现象或更换机台
⑤开模时模具内落入空气中的灰尘	⑤调整机位风扇的风力及风向（最好关掉风扇），用薄膜盖住注塑机
⑥色粉扩散不良，造成凝结点	⑥增加扩散剂或更换优质色粉
⑦空气内的粉尘进入烘料桶内	⑦烘料桶进气口加装防尘罩
⑧喷嘴堵塞或射嘴孔太小	⑧清除喷嘴孔内的不熔物或加大孔径
⑨水口料不纯或污染	⑨控制好水口料（最好采用无尘车间）
⑩碎料机 / 混料机未清理干净	⑩彻底清理碎料机 / 混料机

3.1.20 顶白（顶爆）及解决方法

塑件从模具上脱模时，如果采用了顶杆顶出的方式，顶杆往往会在塑件上留下或深或浅的痕迹，如果这些痕迹过深，就会出现所谓的顶白现象，严重的会发生顶穿塑件的情况，即所谓的顶爆，如图 3-71 ～图 3-73 所示。

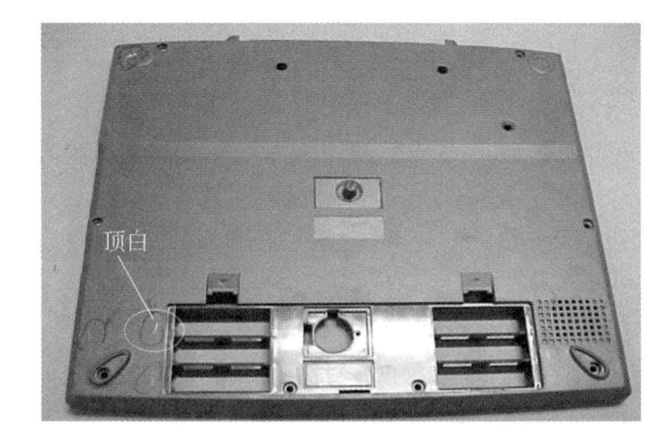

图 3-71　顶白现象（一）

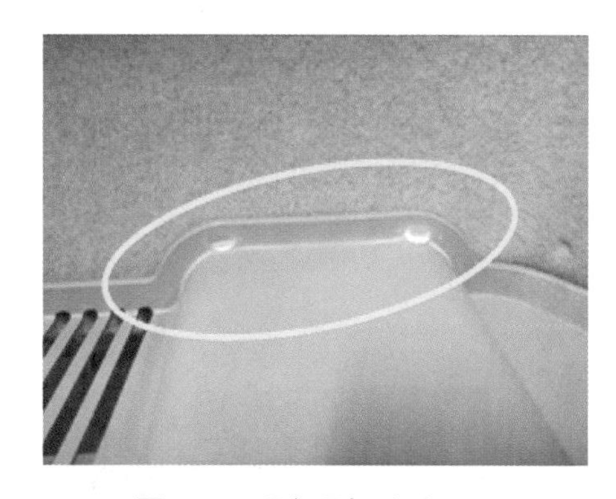

图 3-72　顶白现象（二）

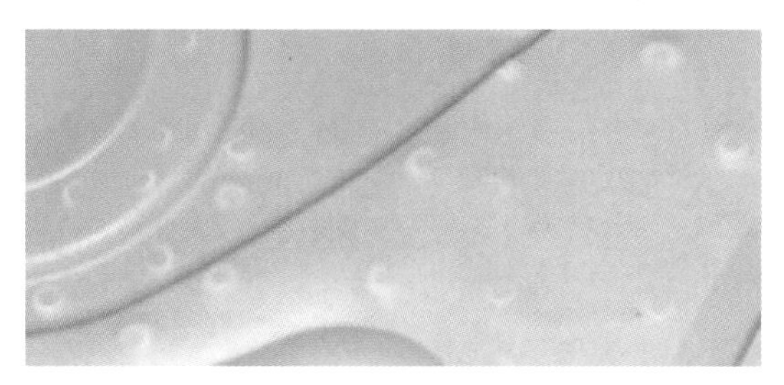

图 3-73　顶白现象（三）

塑件出现顶白现象的原因主要是制品粘模力较大，而塑件上顶出部位的强度不够，导致顶杆顶出位置产生白痕。具体的原因及解决方法如表 3-18 所示。

表 3-18　顶白产生的原因及解决方法

原因分析	解决方法
①后模温度太低或太高	①调整合适的模温
②顶出速度过快	②减慢顶出速度
③有脱模倒角	③检修模具（抛光）
④成品顶出不平衡（断顶针板弹簧）	④检修模具（使顶出平衡）
⑤顶针数量不够或位置不当	⑤增加顶针数量或改变顶针位置
⑥脱模时模具产生真空现象	⑥清理顶针孔内污渍，改善进气效果
⑦成品骨位、柱位粗糙（倒扣）	⑦抛光各骨位及柱位
⑧注射压力或保压压力过大	⑧适当降低其压力
⑨成品后模脱模斜度过小	⑨增大后模脱模斜度
⑩侧滑块动作时间或位置不当	⑩检修模具（使抽芯动作正常）
⑪ 顶针面积太小或顶出速度过快	⑪ 增大顶针面积或减慢顶出速度
⑫ 末段的注射速度过快（毛刺）	⑫ 减慢最后一段注射速度

在实际生产过程中，塑件注塑成型结束后，即使顶杆没有进行顶出动作，顶杆头部的制件表面依然会产生光泽非常好的亮斑，如图 3-74 所示，该现象在侧抽机构成型的制件表面位置也会出现。这种现象的产生是由于成型时，顶杆或者侧抽机构受力较大，或者顶杆和侧抽机构的装配间隙过大，或者顶杆和侧抽机构选用的金属材料硬度不足，刚性不够，当熔体以一定的压力作用在顶杆和侧抽机构的表面时，引起其发生振动，该振动过大时，会导致其表面与熔体产生较大的摩擦热，从而引起熔体在该位置局部温度上升，结果就是塑件的外观质量与周围的表面不一致，表现出亮斑特征，严重时，可见底部存在烧焦现象。

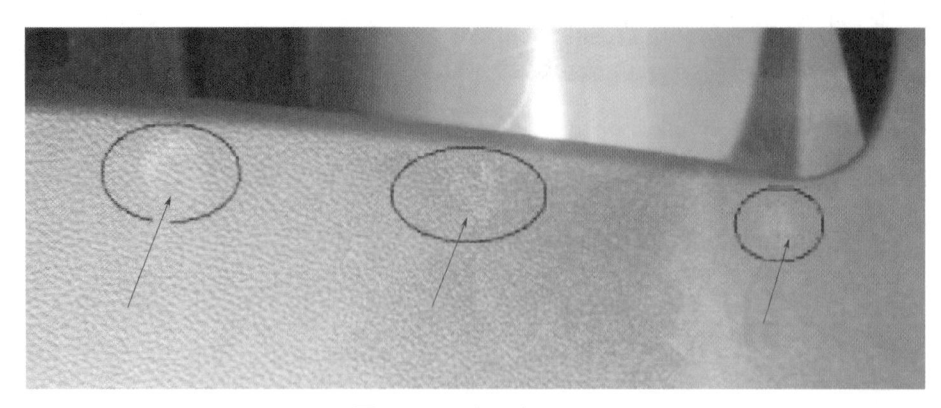

图 3-74　顶白现象（四）

上述现象的原因主要是制品粘模力较大，而顶出部位强度不够，导致顶杆顶出位置产生白痕。按造成该类型缺陷的因素进行归类，其相应的原因及应对措施如表 3-19 所示。

表 3-19 顶白现象的因素分析

项目	原因及应对措施
注塑工艺	①在不出现缩痕的前提下，降低最后一段的注塑压力和保压压力 ②提高模具温度和熔体温度 ③顶出至制件脱离模具初始时刻，将初始顶出速度降低到 5% 以下
模具设计	①提高筋位的脱模斜度，降低筋位表面的粗糙度 ②制件若存在凹坑和桶状的结构，则要提高脱模斜度 ③使用拉料杆或拉料顶针来保证制件留在动模，因为这些机构会在顶出时跟随制件一起动作，不会产生脱模阻力；尽量少用通过降低脱模斜度或者设置砂眼结构的方法，因为这些方法会产生脱模阻力 ④顶杆要均匀分布，在脱模困难的位置顶杆要多 ⑤顶杆头面积要大，减少应力集中 ⑥顶杆要选用刚性好的钢材 ⑦顶杆、嵌件以及抽芯机构的装配间隙不宜过大，否则引起振动发热
制件设计	①在保证变形要求的情况下，尽量减少筋位数量 ②筋位不宜太厚或太薄，最好在制件厚度的 1/3 左右 ③筋位的深度不宜太深
材料配方	①提高材料的润滑性或脱模性，减少材料与模具的摩擦系数 ②提高材料流动性，减少充模压力 ③对于筋位多的制件，材料收缩率大有利于减小脱模力 ④对于桶形制件，材料收缩率小可以减小制件对型芯的包紧力

3.1.21 拉伤（拖花）及解决方法

塑件脱模时，如果模具的型腔侧面开设有较深的纹路，但模具型腔的脱模斜度不够大，则塑件在脱离型腔后会出现纹路模糊的现象，此现象被称为拉伤或拖花，如图 3-75 所示。

塑件拉伤的原因主要是注射压力或保压压力过大，模具型腔内侧纹路过深等，具体的原因及解决方法如表 3-20 所示。

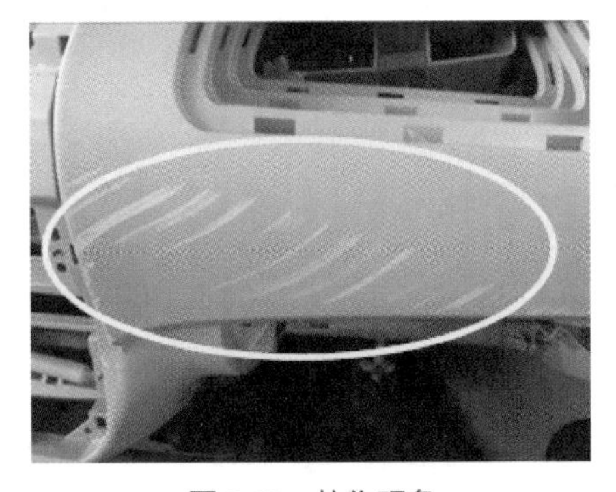

图 3-75 拉伤现象

表 3-20 拉伤的原因及解决方法

原因分析	解决方法
①模腔内侧边有毛刺（倒扣）	①省顺模腔内侧的毛刺（倒扣）
②注射压力或保压压力过大	②降低注射压力或保压压力
③模腔脱模斜度不够	③加大模腔的脱模斜度
④模腔内侧面蚀纹过粗	④将粗纹改为细纹或改为光面台阶结构

续表

原因分析	解决方法
⑤锁模力过大（模腔变形）	⑤酌情减小锁模力，防止模腔变形
⑥前模温度过高或冷却时间不够	⑥降低模腔温度或延长冷却时间
⑦模具开启速度过快	⑦减慢开模启动速度
⑧锁模末端速度过快（模腔冲撞压塌）	⑧减慢末端锁模速度，防止型腔撞塌

3.1.22 色差及解决方法

塑件成型后在同一表面出现颜色不一致或光泽相同的现象，被称为色差或光泽差别，如图 3-76 和图 3-77 所示。

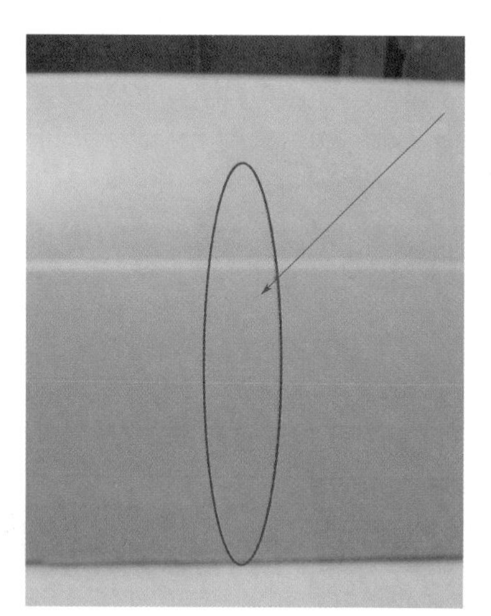
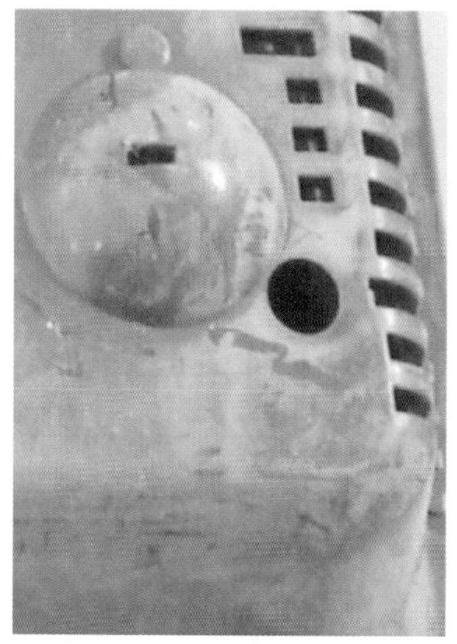

图 **3-76** 色差现象（一）

(a) 缺陷品

(b) 合格品

图 **3-77** 色差现象（二）

色差是塑件着色分布不均，或者是着色剂与熔体流动方向不同，从而引起热效应破坏和塑件的严重变形导致的。此外，使用过大的脱模力，也可导致颜色不均匀而产生色差。

注塑过程中，如果原料、色粉发生了变化，水口料回收量未严格控制，注塑工艺（料温、背压、残量、注射速度及螺杆转速等）发生了变化，注塑机台发生了变更，混料时间不同，原料干燥时间过长，颜色需配套的产品分开进行开模（多套模具），样板变色及库存产品颜色不一样，等等，都可能出现色差现象。具体原因及解决方法如表 3-21 所示。

表 3-21　色差的原因及解决方法

原因分析	解决方法
①原料的牌号 / 批次不同	①使用同一供应商 / 同一批次的原料生产同一订单的产品
②色粉的质量不稳定（批次不同）	②改用稳定性好的色粉或同一批色粉
③熔料温度变化大（忽高或忽低）	③合理设定熔料温度并稳定料温
④水口料的回用次数 / 比例不一致	④严格控制水口料的回用量及次数
⑤料筒内残留料过多（过热分解）	⑤减少残留量
⑥背压过大或螺杆转速过快	⑥降低背压或螺杆转速
⑦需颜色配套的产品不在同一套模内	⑦模具设计时将有颜色配套的产品尽量放在一同套模具内注塑
⑧注塑机大小不相同	⑧尽量使用同一台或同型号的注塑机
⑨配料时间及扩散剂用量不同（未控制）	⑨控制配料工艺及时间（需相同）
⑩产品库存时间过长	⑩减少库存量，以库存产品为颜色板
⑪ 烤料时间过长或不一致	⑪ 控制烤料时间，不要变化或时间太长
⑫ 颜色板污染变色	⑫ 保管好颜色板（同胶袋密封好）
⑬ 色粉量不稳定（底部多、顶部少）	⑬ 使用色浆、色母粒或拉粒料

需要特别注意的是，塑件出现色差是注塑成型中经常发生的问题，也是最难控制的问题之一。解决色差现象是一项系统工程，需要从注塑生产过程中的各个工序（各环节）加以控制，才可能得到有效改善。

3.1.23　混色及解决方法

塑件表面或在熔体流动方向发生改变的部位，如果出现局部区域颜色偏差较明显现象，该现象被称为混色，如图 3-78 ～图 3-80 所示。

混色的原因很多，如注塑过程中色粉扩散不均（相容性差）、料筒未清洗干净、原料中混有其他颜色的水口料、回料比例不稳定、熔体塑化不良等。具体的原因及解决方法如表 3-22 所示。

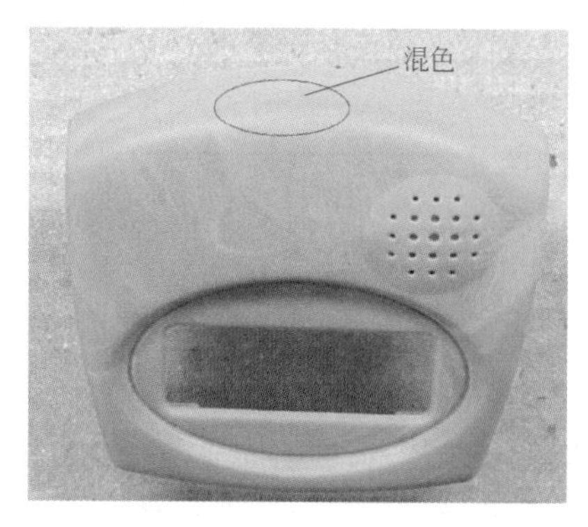

图 3-78　混色现象（一）

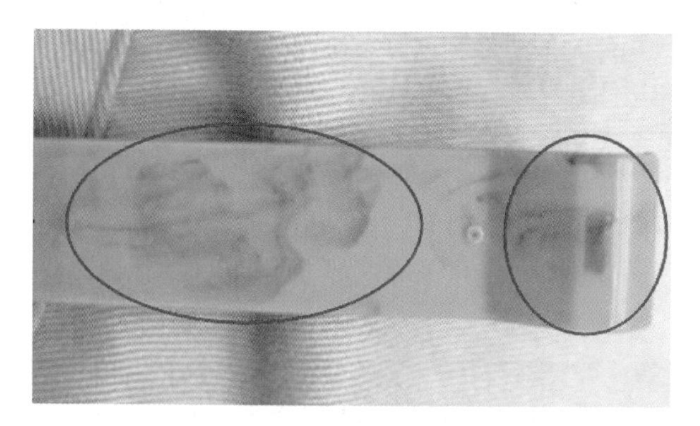

图 3-79　混色现象（二）

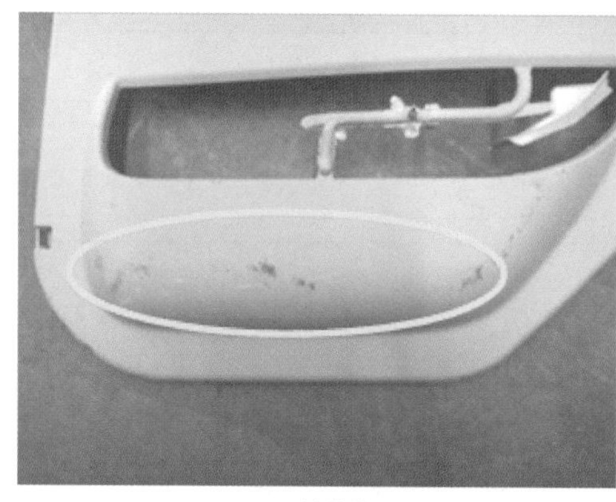

(a) 缺陷品

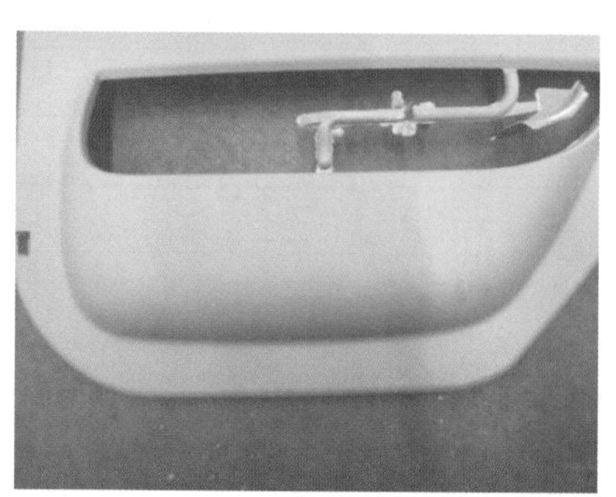

(b) 合格品

图 3-80　混色现象（三）

表 3-22　混色原因及解决方法

原因分析	解决方法
①熔料塑化不良	①改善塑化状况，提高塑化质量
②色粉结块或扩散不良	②研磨色粉或更换色粉（混色头射嘴）
③料温偏低或背压太小	③提高料温、背压及螺杆转速
④料筒未清洗干净（含有其他残料）	④彻底清洗熔胶筒（必要时使用螺杆清洗剂）
⑤注射机螺杆、料筒内壁损伤	⑤检修或更换损伤的螺杆 / 料筒或机台
⑥扩散剂用量过少	⑥适当增加扩散剂用量或更换扩散剂
⑦塑料与色粉的相容性差	⑦更换塑料或色粉（可适量添加水口料）
⑧回用的水口料中有杂色料	⑧检查 / 更换原料或水口料
⑨射嘴头部（外面）滞留有残余熔胶	⑨清理射嘴外面的余胶

3.2 注塑过程常见缺陷及解决方法

3.2.1 下料不顺畅及解决方法

下料不顺畅是指注塑过程中，烘料筒（料斗）内的塑料原料有时会发生不下料的现象，从而导致进入注塑机料筒的塑料不足，影响产品质量。导致下料不顺畅的原因及解决方法如表 3-23 所示。

表 3-23 下料不顺畅的原因及解决方法

原因分析	解决方法
①回用水口料的颗粒太大（大小不均）	①将较大颗粒的水口料重新粉碎（调小碎料机刀口的间隙）
②料斗内的原料熔化结块（干燥温度失控）	②检修烘料加热系统，更换新料
③料斗内的原料出现“架桥”现象	③检查 / 疏通烘料桶内的原料
④水口料回用比例过大	④减少水口料的回用比例
⑤熔料筒下料口段的温度过高	⑤降低送料段的料温或检查下料口处的冷却水
⑥干燥温度过高或干燥时间过长（熔块）	⑥降低干燥温度或缩短干燥时间
⑦注塑过程中射台振动大	⑦控制射台的振动
⑧烘料筒下料口或机台的入料口过小	⑧加大下料口孔径或更换机台

3.2.2 塑化时噪声过大及解决方法

塑化噪声是指在注塑过程中，螺杆转动对塑料进行塑化时，料筒内出现“叽叽”或“咯吱咯吱”的摩擦声音（在塑化黏度高的 PMMA、PC 料时噪声更为明显）。

塑化时噪声过大主要是螺杆的旋转阻力过大，导致螺杆与塑料原料在压缩段和送料段发生强烈的干摩擦所引起的。导致该现象的原因及解决方法如表 3-24 所示。

表 3-24 塑化时噪声过大的原因及解决方法

原因分析	解决方法
①背压过大	①降低背压
②螺杆转速过快	②降低螺杆转速
③料筒（压缩段）温度过低	③提高压缩段的温度
④塑料的黏度大（流动性差）	④改用流动性好的塑料
⑤树脂的自润滑性差	⑤在原料中添加润滑剂（如滑石粉）
⑥螺杆压缩比较小	⑥更换螺杆压缩比较大的注塑机

3.2.3 螺杆打滑及解决方法

注塑过程中，螺杆无法塑化塑料原料而只产生空运转的现象称为螺杆打滑。螺杆打滑时，螺杆只有转动行为，没有后退动作。导致该现象的原因及解决方法如表 3-25 所示。

表 3-25 螺杆打滑的原因及解决方法

原因分析	解决方法
①料管后段温度太高，料粒熔化结块（不落料）	①检查入料口处的冷却水，降低后段熔料温度
②树脂干燥不良	②充分干燥树脂及适当添加润滑剂
③背压过大且螺杆转速太快（螺杆抱胶）	③减小背压和降低螺杆转速
④料斗内的树脂温度高（结块不落料）	④检修烘料筒的加热系统，更换新料
⑤回用水口料的料粒过大，产生“架桥”现象	⑤将过大的水口料粒挑拣出来，重新粉碎
⑥料斗内缺料	⑥及时向烘料筒添加塑料
⑦料管内壁及螺杆磨损严重	⑦检查或更换料管 / 螺杆

3.2.4 喷嘴堵塞及解决方法

注塑过程中，熔体无法进入模具流道的现象称为喷嘴堵塞。导致该现象的原因及解决方法如表 3-26 所示。

表 3-26 喷嘴堵塞的原因及解决方法

原因分析	解决方法
①射嘴中有金属及其他不熔物质	①拆卸喷嘴，清除射嘴内的异物
②水口料中混有金属粒	②检查 / 清除水口料中的金属异物或更换水口料（使用离心分类器处理）
③烘料筒内未放磁力架	③将磁力架清理干净后放入烘料筒中
④水口料中混有高熔点的塑料杂质	④清除水口料中的高熔点塑料杂质
⑤结晶型树脂（如 PA、PBT）嘴温偏低	⑤提高喷嘴温度
⑥喷嘴头部的加热圈烧坏	⑥更换喷嘴头部的加热圈
⑦长喷嘴加热圈数量过少	⑦增加喷嘴加热圈数量
⑧射嘴内未装磁力管	⑧射嘴内加装磁力管

3.2.5 喷嘴流涎及解决方法

在对塑料进行塑化时，喷嘴内熔体流出的现象称为喷嘴流涎。接触式注塑生产中，如果喷嘴流涎，熔体流到主流道内，冷却的塑料会影响注塑的顺利进行（堵塞浇口或流道）

或在塑件表面造成外观缺陷（如冷斑、缩水、缺料等），特别是流动性能好的塑料，如PA料，极容易产生喷嘴流涎现象。导致喷嘴流涎的原因及解决方法如表3-27所示。

表3-27　流涎原因及解决方法

原因分析	解决方法
①熔料温度或喷嘴温度过高	①降低熔料温度或喷嘴温度
②背压过大或螺杆转速过高	②减小背压或螺杆转速
③抽胶量不足	③增大抽胶量（熔前或熔后抽胶）
④喷嘴孔径过大或喷嘴结构不当	④改用孔径小的喷嘴或自锁式喷嘴
⑤塑料黏度过低	⑤改用黏度较大的塑料
⑥接触式注塑成型方式	⑥改为射台移动式注塑成型

3.2.6　喷嘴漏胶及解决方法

在注塑过程中，热的塑料熔体从喷嘴头部或喷嘴螺纹与料筒连接处流出来的现象称为喷嘴漏胶。喷嘴漏胶现象会影响注塑生产的正常进行，轻者造成产品重量或质量不稳定，重者会造成塑件出现缩水、缺料、烧坏发热圈等不良现象，从而影响产品的外观质量。导致喷嘴漏胶的原因及解决方法如表3-28所示。

表3-28　喷嘴漏胶原因及解决方法

原因分析	解决方法
①射嘴与模具唧嘴贴合不紧密	①重新对嘴或检查射嘴头与模具的匹配性
②射嘴的紧固螺纹松动或损伤	②紧固射嘴螺纹或更换射嘴
③背压过大或螺杆转速过高	③减小背压或螺杆转速
④熔料温度过高或嘴温过高（黏度低）	④降低射嘴及料筒温度
⑤抽胶行程不足	⑤适当增加抽胶距离
⑥塑料黏度过低（FMI指数较高）	⑥改用熔融指数（FMI）低的塑料

3.2.7　制品粘前模及解决方法

注塑过程中，制品在开模时整体粘在前模（定模）的模腔内而导致无法顺利脱模，这种现象称为制品粘前模。导致该现象的原因及解决方法如表3-29所示。

表3-29　制品粘前模的原因及解决方法

原因分析	解决方法
①射胶量不足（产品未注满），塑件易粘在模腔内	①增大射胶量

续表

原因分析	解决方法
②注射压力及保压压力太高	②降低注射压力和保压压力
③保压时间过长（过饱）	③缩短保压时间
④末端注射速度过快	④减慢末端注射速度
⑤料温太高或冷却时间不足	⑤降低料温或延长冷却时间
⑥模具温度过高或过低	⑥调整模温及前、后模温度差
⑦进料不均使部分过饱	⑦变更浇口位置或浇口大小
⑧前模柱位及碰穿位有倒扣	⑧检修模具，消除倒扣
⑨前模表面不光滑或模边有毛刺	⑨抛光模具或省顺模边毛刺
⑩前模脱模斜度不足（太小）	⑩增大前模脱模斜度
⑪ 前模腔形成真空（吸力大）	⑪ 延长冷却时间或改善进气效果
⑫ 启动时开模速度过快	⑫ 减慢一段开模速度

3.2.8 水口料（流道凝料）粘模及解决方法

注塑过程中，开模后水口料（流道凝料）粘在模具流道内不能脱离出来的现象称为水口料粘模。水口料粘模主要是注塑机喷嘴与浇口套（主流道衬套）的孔径不匹配，水口料产生毛刺（倒扣）而无法顺利脱出模具所致。该现象的原因及解决方法如表 3-30 所示。

表 3-30 水口料粘模的原因及解决方法

原因分析	解决方法
①射胶压力或保压压力过大	①减小射胶压力或保压压力
②熔料温度过高	②降低熔料温度
③主流道入口与射嘴孔配合不好	③重新调整主流道入口与射嘴配合状况
④主流道内表面不光滑或有脱模倒角	④抛光主流道或改善其脱模倒角
⑤主流道入口处的口径小于喷嘴口径	⑤加大主流道入口孔径
⑥主流道入口处圆弧 R 比喷嘴头部的 R 小	⑥加大主流道入口处圆弧 R
⑦主流道中心孔与喷嘴孔中心不对中	⑦调整两者孔中心在同一条直线上
⑧流道口外侧损伤或喷嘴头部不光滑	⑧检修模具，修缮损伤处，清理喷嘴头（防止产生飞边倒扣）
⑨主流道无拉料扣	⑨水口顶针前端做成 Z 形扣针
⑩主流道尺寸过大或冷却时间不够	⑩减小主流道尺寸或延长冷却时间
⑪ 主流道脱模斜度过小	⑪ 加大主流道脱模斜度

3.2.9 开模困难及解决方法

注塑生产过程中，如果出现锁模力过大、模芯错位、导柱磨损、模具长时间处于高压锁模状态等现象而造成模具变形而产生“咬合力”，就会出现打不开模具的现象，这种现象统称为开模困难。尺寸较大的塑件、型腔较深的模具及或注塑机采用肘节式锁模机构时，上述不良现象较容易出现。导致该现象的原因及解决方法如表 3-31 所示。

表 3-31　开模困难原因及解决方法

原因分析	解决方法
①锁模力过大造成模具变形，产生“咬合”	①重新调模，减小锁模力
②导柱 / 导套磨损，摩擦力过大	②清洁 / 润滑导柱或更换导柱、导套
③停机时模具长时间处于高压锁紧状态	③停机时手动合模（勿升高压）
④单边模具压板松脱，模具移位	④重新安装模具，拧紧压板螺钉
⑤注塑机的开模力不足	⑤增大开模力或将模具拆下更换较大的机台
⑥模具排气系统阻塞，出现“闭气”	⑥清理排气槽 / 顶针孔内的油污或异物（疏通进气道）
⑦三板模拉钩的拉力（强度）不够	⑦更换强度较大的拉钩

注意：一般的铰链式合模机构的注塑机，其开模力只能达到额定锁模力的 80% 左右。

3.2.10 热流道引起的困气及解决方法

采用针阀式浇口的热流道进行注塑成型时，如果采用的是半热半冷流道，如图 3-81 所示，熔体在从针阀式热嘴流入冷流道过程中，冷流道中的空气必须能够顺畅、充分地排出，否则气体将会被该针阀式浇口流出的熔体包裹，从而导致制品产生气泡。

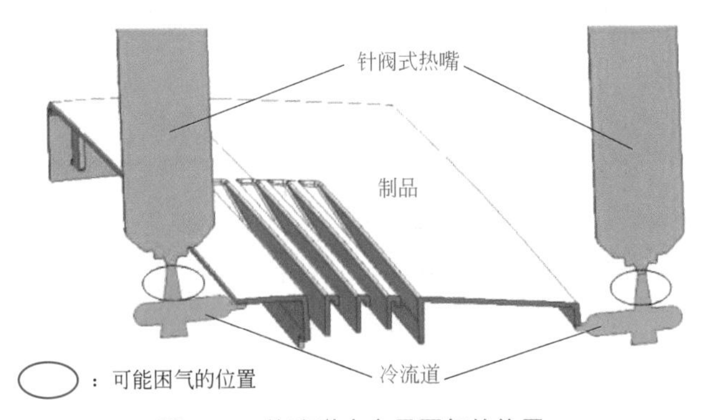

图 3-81　热流道中容易困气的位置

长时间生产的热流道模具，由于温度较高或者小分子挥发物积聚等原因，与热流道相连接的冷流道的排气很可能受到影响，如果冷流道本身没有排气或者排气效果很差，也可能导致气体进入模具型腔而在制品上产生气泡。

3.2.11 成型周期过长及解决方法

注塑生产过程中，成型周期非正常延长的原因及相应措施有以下几点：

① 塑料温度高，制品的冷却时间过长。因此，应降低料筒温度，降低螺杆转速或背压压力，调节好料筒各段温度。

② 模具温度高，熔体固化时间长。但是模具温度高往往有利于成型，并取得良好制品外观，因此，应有针对性地加强水道的冷却。

③ 成型时间不稳定。应采用自动或半自动模式进行成型。

④ 料筒供热量不足，造成塑化时间过长。应采用塑化能力大的机器或加强对塑料原料的预热。

⑤ 喷嘴流涎。注塑过程中，机器射料不稳定。应控制好料筒和喷嘴的温度或换用自锁式喷嘴。

⑥ 塑件壁厚过厚，塑件固化时间过长。应改进模具结构，尽量减少塑件的壁厚。

⑦ 减少材料中的矿物质填充比例，材料的热导率低、结晶速率低也会造成成型周期过长。

⑧ 其他缩短成型周期的有效措施：采用热流道模具，从而缩短成型周期。如图 3-82 所示为某大型塑件，采用 CAE 进行模流分析，原模具采用普通流道，需要 51.28s；改为热流道模具后，其成型周期仅需要 25.63s。

(a) 实物照片

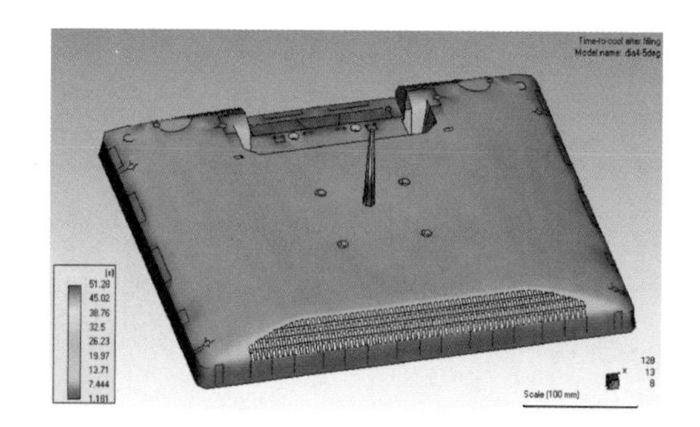

(b) 采用普通冷流道所需成型周期

(c) 采用热流道所需成型周期

图 3-82 采用热流道缩短成型周期

3.2.12 其他异常现象及解决方法

注塑生产过程中，由于受塑料原料、模具、注塑机器、成型工艺、操作方法、车间环境、生产管理等多方面因素的影响，注塑过程的异常现象会很多。除了上述一些不良现象外，还有可能出现诸如断柱、多胶等一种或多种异常现象，这些异常现象的原因及解决方法如表 3-32 所示。

表 3-32 其他异常现象及解决方法

异常现象	缺陷原因	解决方法
断柱	①注射压力或保压压力过大 ②柱孔的脱模斜度不够或不光滑，冷却时间不够 ③熔胶材质发脆	①减小注射压力或保压压力 ②增大柱孔的脱模斜度，省光（抛光）柱孔 ③降低料温，干燥原料，减少水口料比例
多胶	模具（模芯或模腔）塌陷、模芯组件零件脱落、成型针 / 顶针折断等	检修模具或更换模具内相关的脱落零件
模印	模具（模芯或模腔）上产生凸凹点、花纹、烧焊痕、锈斑、顶针印及模具碰伤等	检修模具，改善模具上存在的此类问题，防止断顶针及压模
顶针位凹陷	顶针过长或松脱出来	减短顶针长度或更换顶针
顶针位凸起	顶针板内有异物、顶针本身长度不足或顶针头部 折断	清理顶针板内的异物、加大顶针长度或更换顶针
顶针位穿孔	顶针断后卡在顶针孔内，变成了“成型针”	检修 / 更换顶针，并在注塑生产过程中添加顶针油（防止烧针）
顶针孔进胶	顶针孔磨损，熔料进入间隙内	扩孔后更换顶针，生产中定时添加顶针油、 减小顶出行程、减少顶出次数、减小注射压力 / 保压压力 / 注射速度
断顶针	顶出不平衡、顶针次数多、顶出长度过大、顶出速度快、顶出力过大、顶针润滑不良	更换顶针，生产中定时打顶针油、减小顶出行程、减少顶出次数、减小注射压力 / 保压压力
断成型针	保压压力过大、成型针单薄（偏细）、材质不好、 压模	更换成型针，选用刚性好 / 强度高的钢材，减小注射压力及保压压力，防止压模
字唛（印字块）装反	更换 / 安装字唛（印字块）时，字唛装错或方向装反	对照样板安装字唛或字唛加定位销

第 4 章

精密及特殊要求的注塑成型技术

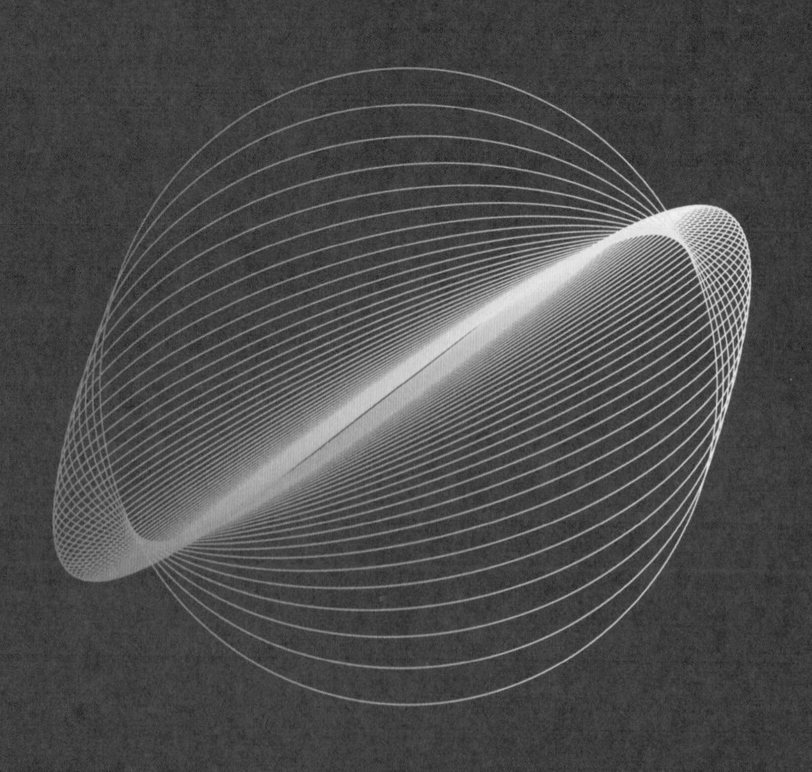

4.1 精密注塑成型工艺

4.1.1 精密注塑成型的工艺现状

精密注塑成型主要是区别于常规注塑成型，它是基于高分子材料的迅速发展，在仪表、电子领域里采用精密塑料零件取代高精度金属零件的技术。目前针对精密注塑制品的界定指标有两个，一是制品尺寸的重复精度，二是制品质量的重复精度。

与常规注塑成型技术相比，精密注塑成型在重复精度、参数控制、尺寸控制等方面都具有不可比拟的优势。精密注塑成型技术能够精确控制注塑工艺过程中的各项工艺参数，达到高精度注塑零件在尺寸精度、环境稳定性、残余应力和表面精度的要求。精密注塑成型技术作为一种新兴的塑料透镜制造技术，有着不可比拟的优点，但对注塑材料、实验设备和注塑模具也提出了更高的要求，首先能够进行精密注塑的材料要选用抗干扰能力强、力学性能好、结构稳定的塑料材料；其次要根据注塑零件结构、工艺参数、生产效率等对注塑模具进行合理设计；最后要选取能够精确控制注射速度、保压压力、冷却时间等注塑工艺参数的精密注塑成型机。

与普通注塑成型工艺过程相同，精密注塑成型工艺过程也可以分为三个阶段：填充阶段、保压阶段、冷却阶段，如图 4-1 所示。

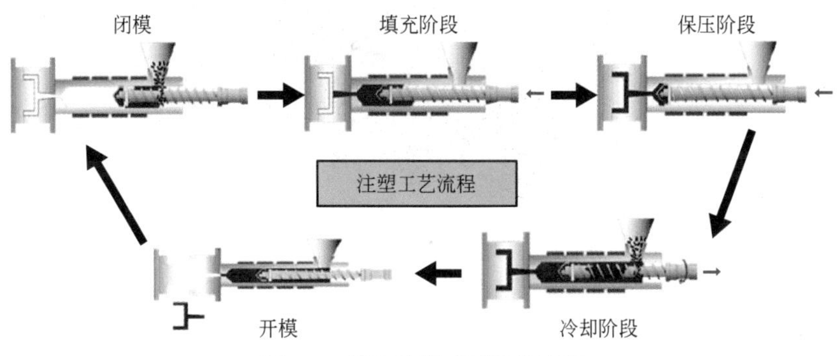

图 4-1　精密注塑成型工艺流程

精密注塑成型是一门涉及原材料性能、配方、成型工艺及设备等多方面的综合技术，精密塑料制品包括 DVD 数码光盘、DVD 激光头、手机摄像头、数码相机零件、电脑接插件、导光板、非球面透镜等精密产品，这类产品的显著特点是不但尺寸精度要求高，而且对制品的内在质量和成品率要求也极高。精密注塑机是保证制品始终在所要求的尺寸公差范围内成型，以及保证极高成品率的关键设备，而模具是决定该制品能否达到设计要求的尺寸公差的核心条件。塑料制品最高的精度等级是三级，精密注塑成型具有如下特点。

① 制件的尺寸精度高、公差小，即有高精度的尺寸界限；

② 制品重量重复精度高，要求有日、月、年的尺寸稳定性；

③ 模具的材料好、刚性足，型腔的尺寸精度、粗糙度以及模板间的定位精度高；

④ 采用精密注塑机更换常规注塑机；

⑤ 采用精密注塑成型工艺；

⑥ 选择适应精密注塑成型的材料。

下面从制品尺寸重复精度方面分析精密注塑成型，但由于各种材料本身的性质和加工工艺不同，不能把塑料制件的精度与金属零件的精度等同起来。

评定制品最重要的技术指标，就是注塑制品的精度（尺寸公差、形位公差和制品表面的粗糙度）。我国使用的标准是 SJ1372 D78，与日本塑料制品的精度和模具精度等级很接近。欲注塑出精密的塑料制品，需从材料选择、模具设计、注塑成型工艺、操作者的技术水平等四大因素进行严格控制。

精密注塑机要求制品尺寸精度一般在 0.01 ～ 0.001mm 以内，如图 4-2 所示。许多精密注塑还要求注塑机具有高的注射压力和注射速度；要求合模系统具有足够大的刚性和足够高的锁模精度。所谓锁模精度是指合模力的均匀性、可调性、稳定性和重复性高，开合模位置精度高；要求对压力、流量、温度、计量等都能精确控制到相应的精度，采用多级或无级注塑，保证成型工艺再现条件和制品尺寸的重复精度等。

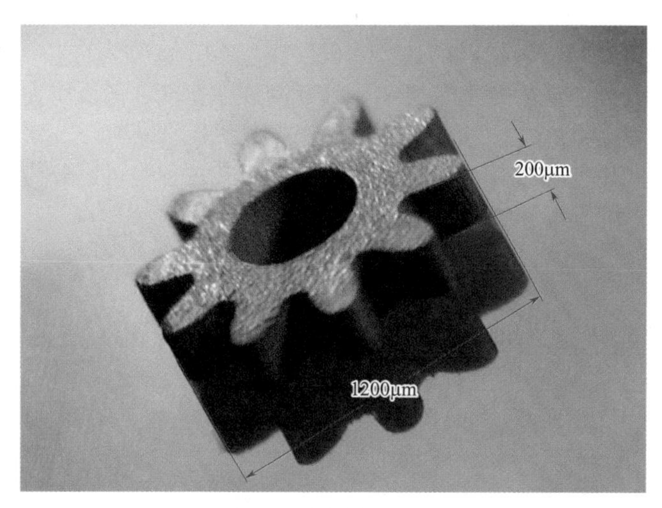

图 4-2　微型塑料齿轮

4.1.2　精密注塑成型的技术条件

通常说的精密注塑成型是指注塑制品的精度应满足严格的尺寸公差、形位公差和表面粗糙度等要求。要进行精密注塑，必须有许多相关的条件，而最本质的是塑料原料、注塑模具、注塑工艺和注塑设备（注塑机）四项。

4.1.2.1　精密注塑成型的塑料

适用于精密注塑的塑料应具有机械强度高、尺寸稳定性好、抗蠕变性能好、环境适应范围广的特性。常见适用于精密注塑成型的塑料有如下四种。

① POM及碳纤维（CF）增强 POM 或玻璃（GF）增强 POM。这种材料的特点是耐蠕变性能好，耐疲劳、耐候性、介电性能好，难燃，加入润滑剂易脱模。

② PA 及玻纤增强 PA66。其特点：抗冲击能力及耐磨性能强，流动性能好，可成型

0.4mm 壁厚的制品。玻纤增强 PA66 具有耐热性（熔点 250℃），其缺点是具有吸湿性，一般成型后都要调湿处理。

③ PBT 增强聚酯。特点是成型周期短，成型时间比较如下：PBT≤POM≈PA66≤PA6。

④ PC 及玻璃纤维增强 PC。特点：良好的耐磨性，增强后刚性提高，尺寸稳定性好，耐候性、难燃及成型加工性好。

4.1.2.2 精密注塑成型的模具

精密注塑成型所用的模具，应该达到以下特点。

① 模具精度高。主要取决于模具型腔尺寸、型腔定位或分型面精度是否满足要求。一般精密注塑模具的尺寸公差，应控制在制品尺寸公差的 1/3 以下。为了提高型芯和型腔合模后的精度，精密注塑模具往往增设自动对中系统，如图 4-3 所示。

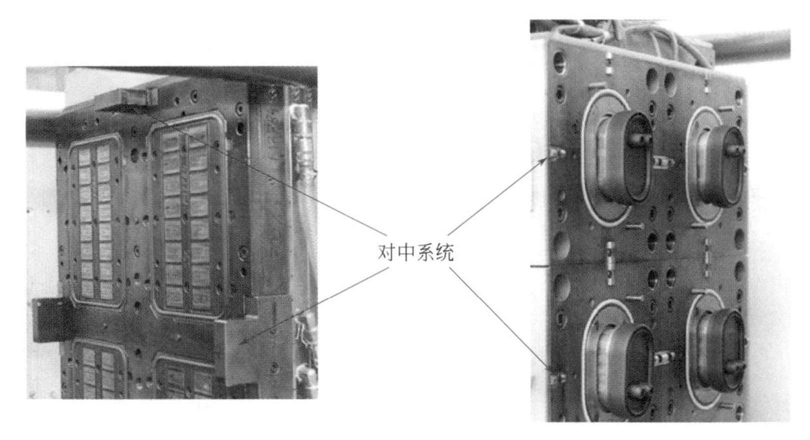

图 4-3 精密注塑用模具的对中系统

② 可加工性与刚性好。在模具结构设计中，型腔数不宜过多，而底板、支承板、型腔壁都要厚一些，以避免零件在高温、高压作用下发生剧烈弹性形变。

③ 制品脱模性能好。模具要尽量采取少的型腔数、少而短的流道以及比普通模具有更高的粗糙度，这样有利于脱模。

④ 精密模具的钢材。选择机械强度高的合金钢；制作型腔、浇道的材料要经过严格的热处理，选用硬度高（成型零件要达到 52HRC 左右）、耐磨性好、抗腐蚀性强的材料。

4.1.2.3 精密注塑成型的注塑机

（1）技术参数方面的特点

从注射压力方面划分，普通注塑机为 147 ～ 177MPa；精密注塑机为 216 ～ 243MPa；超高压注塑机为 243 ～ 392 MPa。精密注塑机必须选用高压注塑机，原因如下：

① 提高精密制品的精度和质量，注射压力对制品成型收缩率有最明显的影响。当注射压力达到 392MPa 时，制品成型收缩率几乎为零。而这时制品的精度只受模具控制或环境的影响。试验证明：注射压力从 98MPa 提高到 392MPa 后，机械强度提高 3% ～ 33%。

② 可减小精密制品的壁厚、提高成型长度。以 PC 为例，普通机注射压力 177MPa，可成型 0.2 ～ 0.8mm 壁厚的制品，而精密机注射压力在 392MPa 时可成型厚度在 0.15 ～ 0.6mm

之间的制品。超高压注塑机可获得流长比更大的制品。

③ 提高注射压力可充分发挥注塑速度的功效。欲达到额定注塑速度，只有两个办法：一是提高系统最高注射压力；二是改造螺杆参数，提高长径比。精密注塑机的注塑速度要求高。以德国制造的DEMAG精密注塑机（60 ～ 420t）为例，它的注塑速度能达到1000mm/s，螺杆能获得12m/s^{2}的加速度。

（2）精密注塑机在控制方面的特点

① 对注塑成型参数的重复精度（再现性）要求。精密注塑机应采用多级注塑反馈控制，以实现如下目的：

a. 多级位置控制；

b. 多级速度控制；

c. 多级保压控制；

d. 多级背压控制；

e. 多级螺杆转速控制。

精密注塑机的位移传感器的精度要求达到0.1mm，这样可以严格控制计量行程、注塑行程以及余料垫的厚度（射出监控点），保证每次注塑量准确，提高制品成型精度。料筒及喷嘴温度控制要精确，升温时超调量要小，温度的波动要小。精密注塑应采用PID控制，使温度精确度在±0.5℃之间为宜。

② 塑化质量要求。塑料塑化的均匀性不仅影响到注塑件的成型质量，还会影响到熔融塑料通过浇口时所受阻力的大小，为了得到均匀的塑化，设计专用的螺杆和使用专用的增塑技术必不可少。另外，机筒的温度也应精确控制，现在螺杆、机筒温度多采用PID（比例、微分、积分）控制，精度可控制在±1℃内，基本可满足精密注塑的要求，如果采用FUZZY控制方法，就更适合于精密注塑了。

③ 工作液压油的温度控制。精密注塑机的油温变化将导致注射压力发生波动，因此必须对液压油采用加热、冷却的闭环装置，把油温稳定在50 ～ 55℃为宜。

④ 保压压力要求。保压对塑件的精度影响极大，准确地说，保压能较好地补缩，减小塑件变形，控制塑件精度，保压压力的稳定决定了塑件的成型精度，螺杆的终止位置不变是决定保压效果的决定性因素。

⑤ 对模具温度控制要求。精密注塑时，如果模具的冷却时间相同，则模具型腔温度低的制品厚度要比温度高的制品厚度尺寸大，如POM、PA类材料，模温50℃时厚度为50 ～ 100μm的制品，在80℃时厚度减小到20 ～ 40μm，100℃时减小到只有10μm。

（3）精密注塑机的液压（油路）系统

① 油路系统需要采用比例压力阀、比例流量阀或伺服变量泵等比例元件系统。

② 在直压式合模机构中，应把合模部分油路和注塑部分油路分开。

③ 由于精密注塑机具有高速性，因此必须提高液压系统的反应速度。

④ 精密注塑机的液压系统，更要充分体现机-电-液-仪（仪表）的一体化工程。

（4）精密注塑机的结构特点

① 由于精密注塑机注射压力高，这就要强调合模系统的刚度，将动、定模板的平行度控制在0.05 ～ 0.08mm的范围内。

② 必须对低压模具进行保护及对合模力大小的精度进行严格控制，因为合模力的大小会影响模具变形程度，最终要影响到制件的尺寸公差。

③ 启、闭模速度要快，一般在 60mm/s 左右。

④ 塑化部件：螺杆、螺杆头、止逆环、料筒等，要采用塑化能力强、均化程度好、注塑效率高的结构形式；螺杆驱动扭矩要大，并能无级变速。在此基础上，精密注塑机往往采用模块化单元，以适应不同精密塑件的生产需要，如图 4-4 所示。

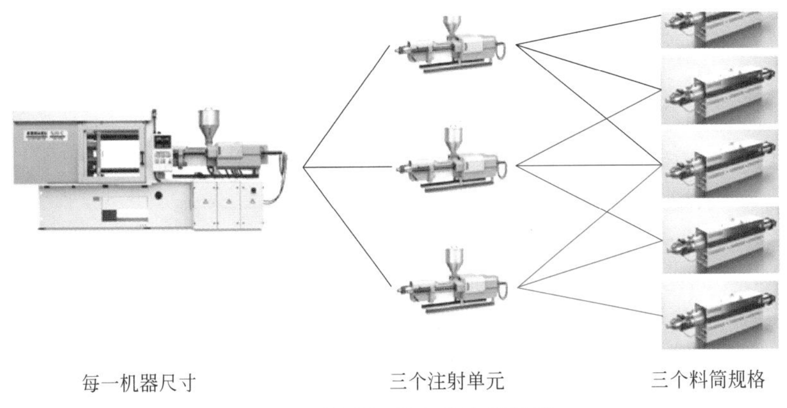

图 4-4　精密注塑机的注塑装置

综上所述，无论哪一种类型的精密注塑机，最终都必须能够稳定地控制制品的尺寸重复精度和质量重复精度。

（5）精密成型注塑机的主要制造商

在精密成型注塑机的研制方面，代表当今世界先进水平的生产厂商主要有德国的克劳斯玛菲、德玛格、阿博格以及日本的日精、日钢、住友重机等企业。其中德国阿博格公司推出的精密成型注塑机，其合模机构采取了箱式设计，极大地提高了锁模精度，其技术特点如下。

由于三板式注塑机前板与后板均固定于机架上，当施加锁模力时，四拉杆的伸长受到机架的约束，从而使拉杆趋向“拱桥形”而影响锁模精度，箱式设计的结构从限制不良变形的角度提高锁模精度。注射油缸采用双向压力伺服控制，精确定位螺杆位置，使注射量控制精度提高一倍；采用变频器优化控制主泵马达，不仅使液压系统控制精度提高，而且节能效果显著；此外，该公司注塑机采用模块化设计，注塑成型机各运动系统可根据用户实际需要，采取液压与电动两者的组合，锁模系统和注塑系统空间相对位置也可以有多种配置。

日精公司采用了新的控制系统 TACT，大大提高了机器的响应速度、操作稳定性，并采用了新的注塑机构，如：螺杆长径比加大而增强了塑化效果；料筒采用五段温区而提高了塑化温度的精度；油压回路进行了优化，油路压力损失更低、锁模效率更高、低速运动平稳性更好。在此基础上，日精公司还开发出新的油压式 FN 系列精密注塑成型机和油压式小型精密注塑成型机 NP7R 系列机型，该系列精密成型注塑机主要的加工材料为液晶聚合物（LCP）、聚酰胺（PA）、聚苯硫醚（PPS）等工程塑料。

此外，日精 NEX150 精密注塑机综合应用了国际先进的微型注塑技术，可用于大批量注塑成型极微小的塑件。该机型配置精确计量和快速回应注射系统，设置了高精密和高刚性的合模机构，可加工 0.1 ～ 0.3g 重的精密微型塑料零件，这些塑料零件可用于诸如数码相机、手机、硬盘、精细针孔连接器等。据报道，该机器在标准保压条件下，制品质量的变动幅度仅为 0.022g。

4.1.2.4 精密注塑成型的塑件收缩问题

影响塑件成型后收缩的因素有四种：热收缩、相变收缩、取向收缩以及压缩收缩。现分析各种收缩因素对精密注塑的影响。

① 热收缩：热收缩成型材料与模具材料所固有的热物理特性，模具温度高，制品的温度也高，实际收缩率会增加，因此精密注塑的模具温度不宜过高。

② 相变收缩：结晶型树脂在定向过程中，伴随高分子的结晶化，由于比体积减小而引起的收缩，叫相变收缩。模具温度高，结晶度高，收缩率大；但另一方面，结晶度提高会使制品密度增加，线膨胀系数减小，收缩率降低。因此实际收缩率由两者综合作用而定。

③ 取向收缩：由于分子链在流动方向上的强行拉伸，使在冷却时的大分子有重新卷曲恢复的趋势，在取向方向将产生收缩。分子取向程度与注射压力、注塑速度、树脂温度及模具温度等有关，但主要是注塑速度。

④ 压缩收缩：一般塑料都具有压缩性，即在高压下比体积发生显著变化。在一般温度下，提高注射压力，则成型的制品比体积会减小、密度会增加、线膨胀系数减小、收缩率会显著下降。对应于压缩性，成型材料具有弹性复位作用，使制品收缩减小。

4.2 高光无痕注塑成型工艺

4.2.1 高光无痕注塑成型的技术条件

4.2.1.1 高光无痕注塑成型的工艺原理

高光无痕注塑（rapid heat cycle moulding，RHCM）又称急冷急热注塑、热变温注塑、高光免喷涂注塑等（本书统称高光无痕注塑）。其方法是采用高温过热水（水蒸气）对模具进行加热，以及用低温冷水对模具进行冷却，通过 180℃的过热水（水蒸气）将模具表面快速升温，使成型模腔表面温度达到塑料的玻璃化转变温度以上，然后将塑料熔体快速注射到模具的型腔内。当完成模腔填充后，立即利用冷水作为冷却媒体对模具进行快速冷却，使模具表面温度急速下降，从而改变塑件的表面特征，得到表面质量极高的塑料件。高光无痕注塑成型的工艺流程如图 4-5 所示。

高光无痕注塑成型的塑件大都实现了“免喷涂”。所谓免喷涂，即塑件成型后无需喷涂，直接一次注塑成型即可以达到喷漆所需要的“靓丽”外观效果，是一种真正环保、低挥发性有机化合物（volatile organic compounds，VOC）产品，因而广泛应用在诸如空调外壳、电视装饰件、冰箱把手、汽车格栅、汽车内外装饰件等产品上。与传统的注塑成型比较，高光注塑成型拥有许多优势，包括：

① 消除了产品表面接合线；

② 消除了银丝纹、气纹，即使是添加了玻璃纤维的材料，也大都能避免浮纤现象的出现；

③ 工艺环保，制品表面光洁度可达镜面水平，避免了塑件后期喷涂工序对环境造成的污染；

④ 由于熔体流动性好，大大提高了薄壁、筋位等的成型质量，从而提高了制品的合格率。

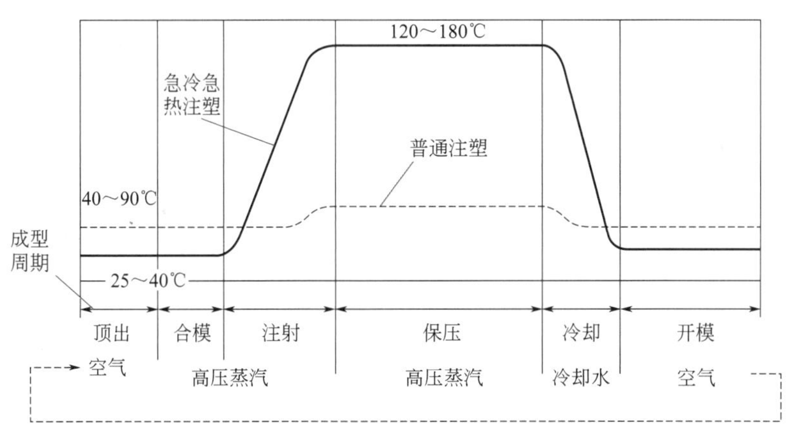

图 4-5　高光无痕注塑工艺流程示意图

4.2.1.2　高光无痕注塑成型的技术

（1）高光无痕塑件的设计要点

① 产品的高光面脱模斜度应在单边 7° 以上；

② 加强筋的根部厚度必须控制在主壁厚的 40% 以内，否则表面缩痕在高光效果下将更加明显；

③ 螺柱尽量设计在非外观面，并增加拔模角度来减轻表面缩水。

（2）高光无痕注塑材料的选择

采用高光注塑成型技术进行注塑成型，材料选择是必不可少的环节，适用于该工艺的材料一般具有以下特性：

① 材料的流动性较好，能更好地复制模具表面、降低剪切并改善熔接线；

② 有一定的耐刮擦性，即表面硬度要好，塑料的表面硬度应达到铅笔硬度 H 以上；

③ 材料的热稳定性好，不易产生挥发物，特别是阻燃级材料，以防止模具腐蚀并减少产品表面白雾的产生；

④ 材料本身的光泽度要好；

⑤ 应具有较好的韧性和一定的刚性。

适合高光注塑的材料有 ASA、ABS、PA、PC、PMMA、PC+ABS、PMMA+ABS 和 PC+ABS+GF（玻璃纤维）等。其中，ABS 的硬度最低，PMMA+ABS 的硬度最高。

上述材料中，ABS 常用于生产各种表面外壳装饰部件；在 ABS 中添加金属粉，解决了金属粉在塑料熔体中分布不均匀的流纹问题，使产品表面美观，兼具金属效果；在 ABS 中添加 10% 的 PC 或 PMMA，可提高制品的表面光泽、表面平整度、透明度、硬度及尺寸稳定性，以替代金属的高精密零部件；PC 材料成型后增光、增透不变形，生产透明有弧度的产品（如灯罩）无尺寸收缩，不影响视角变化，可保证灯光的聚焦角度。常用材料的性能参数如表 4-1 所示。

表 4-1　常用材料的性能参数

测试项目	测试标准	ABS	PMMA+ABS	PC	PC+ASA	PC+ABS
流动性 MI/（g/10min）	ASTMD 1238	20	17	15	21	19
Vicat 软化温度 /℃	ISO 306	106	120	100	115	125
光泽度 /（°）	GB 8807	80	100	96	90	98
弯曲强度 /MPa	ISO 178	60	90	55	70	73
硬度	GB 2411	B	H	HB	HB	HB

（3）高光无痕注塑模具的结构

作为高光无痕注塑成型工艺中的核心装备，模具质量的高低对注塑产品质量有直接的、至关重要的影响。高光无痕模具设计过程中要注意以下几个事项。

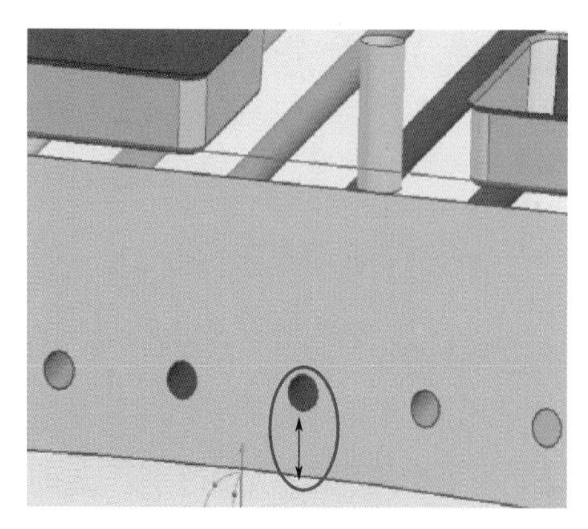

图 4-6　蒸汽孔壁厚示意图

① 高光无痕模具的前模（定模）温度高于后模（动模），所以前模镶件的膨胀程度也大于后模，为防止前模膨胀后受到挤压，对于侧压不明显的平板形产品，前后型芯可免止口设计。如需要防侧压的止口设计，可以按照高温侧包低温侧的原则进行处理。

② 在高温、高压和循环应力下，蒸汽孔壁过薄容易造成模具镶件的开裂，因此蒸汽孔壁厚最小应为蒸汽孔直径的 1.5 倍以上，如图 4-6 所示。同时，高温型芯要避免出现尖角，所有开槽的底部应采用尽可能大的倒圆角（倒 *R* 角）处理。

③ 高光无痕注塑模具的型腔镶件必须加隔热板保温，隔热板的安装如图 4-7 所示。

④ 高光无痕注塑模具高温一侧的 A 板（定模板）或 B 板（动模板）需在导柱或导套附近加设冷却水道，以加强冷却。

⑤ 为防止受热膨胀后挤压受损，长度超过 1300mm 的高温型芯应采用中心定位的安装方式，即型芯的四周需避空处理。

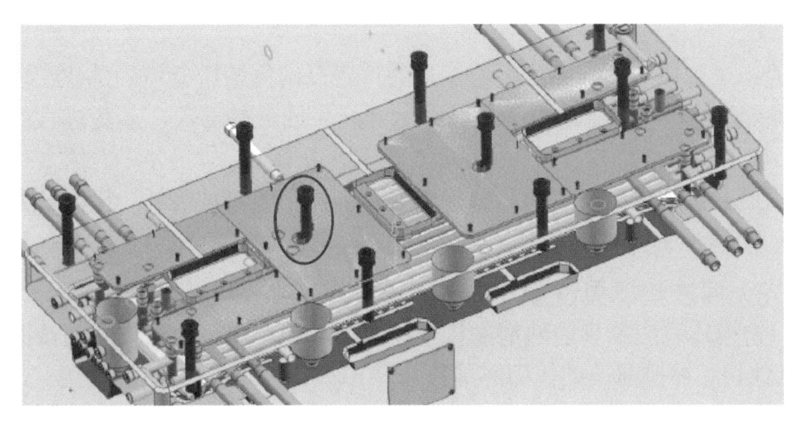

图 4-7　隔热板

（4）模具的加热与冷却系统

高光无痕注塑成型的模温要求较高（一般为 80 ～ 130℃左右，甚至高达 180℃），模具加热的方式通常有水蒸气（饱和水蒸气、过饱和水蒸气，最高温度达 180℃）加热和电热棒（管）加热两种。水蒸气加热方式是通过急冷急热模温机在注塑过程中给模具输入蒸汽，从而使模具快速升温。

高光无痕注塑成型在转入保压后改用冷却水进行快速冷却，使模具温度快速降至 50 ～ 70℃，甚至更低的温度。在较高的模温下保压成型有利于消除熔接线、流痕、产品内应力等缺陷，在较低模温下冷却可以缩短成型周期。由于模具在工作时需进行加热和冷却处理，因此模具的钢料应能经受冷热聚速交变的疲劳考验；为了防止模具上热量损失，通常都会在定模侧加装隔热板。

模温是实现高光无痕注塑成型的关键要素，为了提高模具的冷却效果，设计冷却系统时可遵循以下几条经验：

① 冷却水通道应均匀分布在动模、定模和型腔四周，不能只分布在模具一侧，否则脱模后制品的两侧温度不均匀，进一步冷却后制品将发生明显的翘曲变形。

② 冷却水孔的间距越小，直径越大，制品冷却越均匀。理想情况下，管壁间的距离不能超过管径的 5 倍，水管壁与型腔表面的距离要适中，以 12 ～ 15 mm 为宜。水孔与相邻的型腔表面距离要相等，水孔的排列与型腔的形状也要尽量吻合。当制品壁厚不均匀时，应在壁厚处开设距离制品较近、管间距较小的冷却管道。

③ 冷却水路应采用并联形式，水流应为并流形式。由于熔体充填模腔时浇口附近的温度较高，因此应加强浇口处的冷却，采用与熔体大致并流的流向，并将冷却回路的入口设在浇口附近，出口设在流动末端。实践表明，模具冷却水路采用并联的方式，进、出水的温度差要小很多，模具表面的加热与冷却也更均匀，还可以提高模具冷却效率。在实际生产中，需要根据制品的结构、工艺特点来选择合适的冷却水路设计方案。

④ 降低进出水温度差，普通模具进出水温差应在 5℃之内，精密注塑模具应控制在 2℃左右。如果进出水温差过大，会使模具温度不均，特别是型腔和模板尺寸较大时。为使制品的冷却速度基本一致，可以改变冷却水管排列形式。此外，为了防止漏水，镶块间拼接处不应设置冷却通道，并注意水道穿过型芯、型腔与模板接缝处的密封，以及水管与水嘴连接处的密封。同时，水管接头部位的设置应不影响操作，通常设置在注塑机

的背面。

⑤ 冷却通道要避免接近制品产生熔接痕的位置及熔体最后充填的部位，以免影响充填效果，降低制品强度。冷却通道内不应有存水和产生回流的部位，避免过大的压力降。冷却通道要易于加工和清理，其直径一般为 $\phi6\sim12$ mm。

⑥ 冷却水道的接头尽量不要高出模板平面，以免吊装时被碰坏，同时还要对各接口加以标识。

（5）高光无痕注塑模具试模

① 前模（定模）采用模具清洗剂进行全面清洁，严禁用风枪吹前模的镜面零部件，或是用碎布及其他物品擦拭前模的镜面零部件。

② 模具后模（动模）的清理可先用碎布擦掉表面的防锈剂，再用清洗剂清洁，然后用碎布将前后模分型面（非高光面）擦拭干净。

③ 开始试模具时，在确保注塑机和模具动作没有异常的前提下，先将料筒升温，等料筒温度升高到一定程度后，再将热流道（如有）温度打开，并设定为适合材料的温度，同时要防止塑料过热分解。

④ 检查料筒（炮筒）对空注射以及热流道对空注射的熔体是否碳化，在确定塑料升温正常后，将高光面蒸汽打开对模具加热升温，再开始注塑。

⑤ 注塑过程完成后，必须使用专用洗净剂清扫前、后模的表面，最后涂上专用防锈剂。

（6）模温机及其周边设备

高光无痕注塑需要急热急冷的模温机直接控制模具温度，因此需要冷却水塔和空压机辅助模温机的工作；同时，一般自来水的水质太硬，容易产生水垢堵塞水道，因而还需要设置水质调整机用于将硬水转化为软水。综上所述，高光无痕注塑时，模温机及其周边设备如图 4-8 所示。

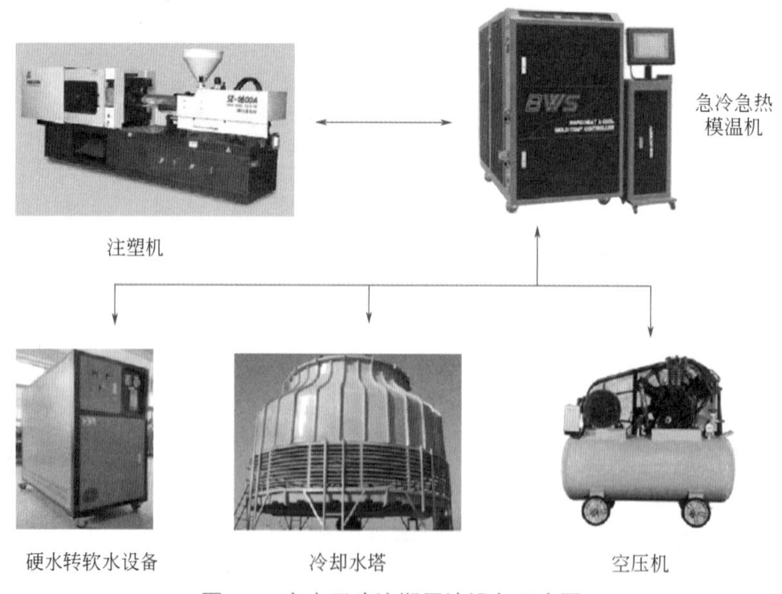

图 4-8　高光无痕注塑周边设备示意图

4.2.1.3 高光无痕注塑模具的钢材选用

影响高光无痕注塑模具的主要因素有模具材料的选用和加工、模具水路的设计和温度的控制等，其中模具材料的选用是实现急冷急热工艺的关键部分，高光无痕注塑模具对钢材有下列要求：

第一，高光无痕注塑模具的冷却水孔距离型腔非常近，特别容易发生水孔开裂，因此钢材必须要有足够高的韧性。

第二，在高光无痕注塑模具生产过程中，很可能产生瓦斯（主要成分为烷烃）气体，瓦斯会腐蚀钢材表面，影响塑料产品外观，因此模具钢材需要具备一定的耐腐蚀性。

第三，由于模具在注塑时承受急冷急热的交变热作用，因此模具的零件容易开裂，大多数情况是冷却水孔首先被腐蚀，产生微裂纹，进而由于生产应力使微裂纹扩展，最终导致模具零件开裂。因此，高光无痕注塑模具需要选用高韧性、耐腐蚀性、耐热疲劳、热传导及热胀系数良好的模具钢材。

为了满足高光无痕注塑模具钢的要求，笔者总结了若干实践经验丰富的技术人员的经验，介绍如下。

（1）瑞典一胜百（ASSAB）公司的 S136 模具钢

该牌号模具钢由电渣重熔法（ESR 法）精炼，具备纯净而细微的组织。具有优良的耐腐蚀性、优良的抛光性、优良的耐磨性、优良的淬透性和优良的韧性和延展性。该牌号模具钢各元素的质量分数为：C（0.38%），Si（0.8%），Mn（0.5%），Cr（13.6%），P（<0.03%），S<0.03%）等。其 Cr 含量较高，具有不锈钢的特性，是耐腐蚀镜面模具钢，可应用于高光无痕注塑模具、生产高要求的食品工业机械的部件、PVC/PP/PE 等塑料的成型。模具冷却水道不像普通模具钢那样容易出现腐蚀现象；热传导特性、冷却效率在模具生命期中均保持稳定，确保了模具较久性能不变的要求。

（2）日本大同公司的高镜面塑料模具钢 NAK80

NAK 牌号的来源是由于该牌号钢材添加了镍（Ni）、铝（Al）、铜（Cu，德语 Kupfer），将这三种合金元素首字母合并后取名为“NAK”，由于 NAK80 诞生于 1980 年，因而由诞生年份取名为“NAK80”，四十多年来，该牌号钢材成为业界的畅销产品。NAK80 各元素的质量分数为：C（0.15%），Ni（3.0%），Al（1.00%），Cu（1.00%），Si（0.30%），Mn（1.50%），Mo（0.30%），Cr（0.30%）。NAK80 钢具有镜面加工性（容易研磨抛光）、预硬钢（无需热处理）、耐磨损性（高硬度）、可加工性（容易切削）、堆焊焊接性（容易焊接）、美观设计性（容易蚀纹加工），一直是高光无痕注塑选用的模具钢之一。

近年，日本大同公司开发了 PAT868S 特殊优异塑料模具钢，各元素成分处于保密阶段，是在原 SKD61 的基础上进行改良，通过特殊熔炼，集 42 类不锈钢和 H13 热作钢的优点于一体，同时兼备高韧性，镜面抛光性良好，镜面抛光可达 10000 目（#10000）；具有耐锈性而不易生锈，维护容易；具有与 SKD61 同等的韧性，能有效防止开裂；与 PAT868 相比，能达到更高硬度（53HRC），供货硬度≤ 229 HB，耐磨性和淬硬性较好。因此，PAT868S 适用于长期生产的结构复杂及表面要求高的塑料硬模、内模件、镶件、斜顶及行位机构（侧向抽芯机构），以及高光无痕注塑模具和电加热模具等。

4.2.2 高光无痕注塑成型不良现象及改善实例

（1）影响高光无痕注塑成型的不良因素

在高光无痕注塑成型的实际生产中，一些不良因素可能会影响制品的外观质量和性能。常见的不良因素有以下一些：

① 模具浇口异物：如浇口残留物、油污、碳化物、灰尘等。

② 模具型腔表面损伤：在注塑生产、覆膜和包装等过程中，操作不当导致的模具型腔表面损伤，这些损伤将直接影响制品的外观质量。

③ 制品表面出现银丝纹：因塑料原料干燥不充分、料桶过热、异物混入或模具排气槽堵塞等原因导致。

④ 制品表面被污损：在塑件表面印刷图案的过程中，因操作人员的技能不足、油漆或丝网选择不当等原因导致塑件表面受到污损。

如图 4-9 所示是一组实物对比图，展示了因浇口异物导致模具表面损伤的现象。其中，图 4-9（a）中模具浇口的周围处于正常状态，而图 4-9（b）中的浇口周围出现了很多的伤痕。这些伤痕是在切除浇口过程中，浇口碎料掉落型腔表面且未及时清除，合模时碎料被直接压入型腔表面而导致的。

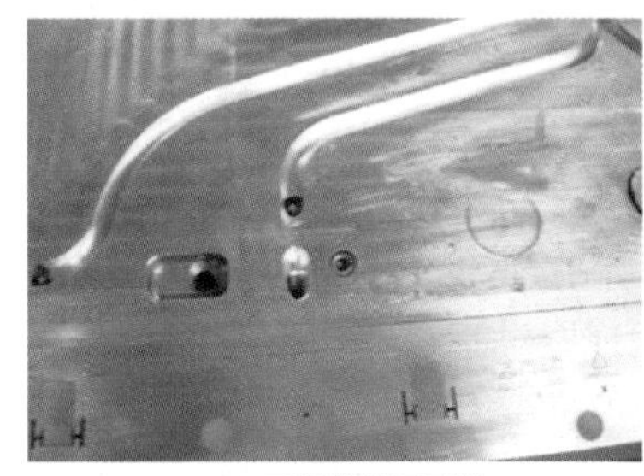

(a) 正常的模具型腔

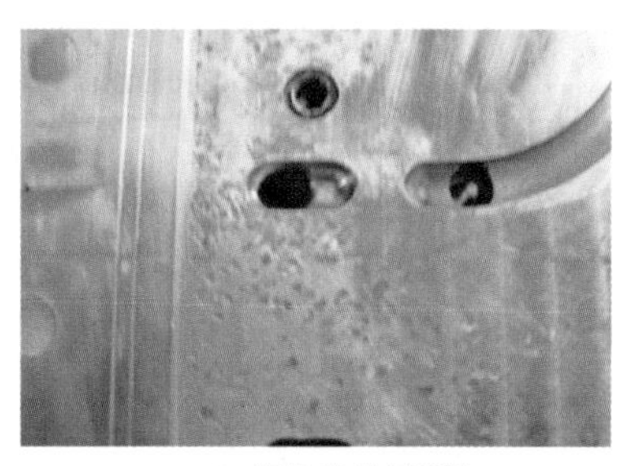

(b) 损伤的模具型腔

图 4-9　模具型腔损伤照片

（2）不良现象及改善实例

空调室内机前面板（简称面板）是空调机的主要功能与装饰零件，为了达到美观效果，大部分面板都需要达到高光无痕的效果。某空调厂注塑生产的面板如图 4-10 所示，制品外形尺寸 890mm×230mm×68mm，材料为 ABS，主体区域壁厚为 2.6mm，但显示区（用于安装一块小液晶屏）的壁厚较薄，壁厚为 1.4 ～ 1.6mm。产品外表面要求高光、无痕，不得有其他明显的缺陷。

考虑产品结构和质量要求，工程师采用两板模、2 个潜伏浇口、过热蒸气加热等成型工艺。试模时，产品在显示区出现若干较为明显的熔接痕，且显示区与面板主体有一定的色差，无法达到高光无痕的质量要求。

熔体的充填与成型塑件的壁厚有关，在常规壁厚范围内，壁厚越薄，流动层越薄，流动阻力越大，需要的注射压力也越大。因此，对于相近区域，如果有不同的壁厚分布，熔体更容易充填厚壁区，而在薄壁区则会流动减速，甚至迟滞。根据此流动规律，面板的显示区为薄壁区，也是该塑件注塑成型的难点，应设法减轻该区域流动迟滞的影响，以避免出现熔接痕。

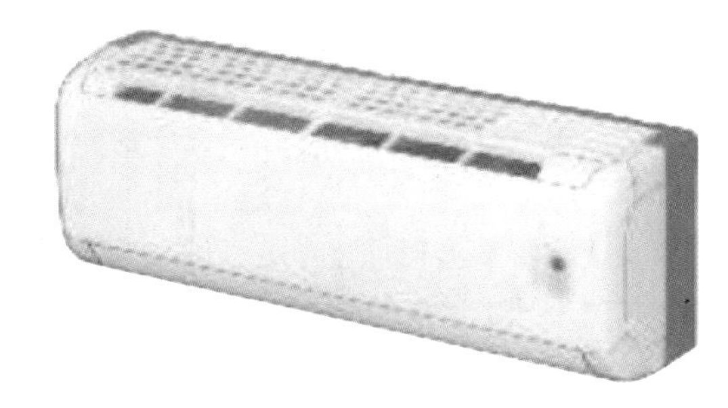

(a) 空调室外机整体

(b) 面板的内侧面

图 4-10　空调室内机前面板

如果该面板的显示区设计在面板中央位置，应有利于熔体的充填平衡。但该面板的显示区设置在面板右侧，当熔体从中间向两侧流动、充填时，薄壁显示区会出现明显的熔体流动减速甚至迟滞的现象，最终导致制品出现留痕、色差明显等外观缺陷。因此，薄壁显示区设置在面板右侧增加了成型难度，需要优化浇口的位置。该模具有 2 个浇口，左右各一个对称分布，很明显，需调整右侧的浇口位置。

应用模流分析软件 Moldflow 对面板右侧的浇口在不同位置下的充填情况进行分析，如图 4-11 所示。原模具的浇口在薄壁显示区下方偏左的位置，此时的充填情况如图 4-11（a）所示，薄壁显示区曲线密集，说明熔体流动迟滞，此外，薄壁显示区多条曲线出现了小角度折弯，因而出现了熔接痕。这是因为浇口距离薄壁显示区最远端较远，增加了熔体流经薄壁显示区的时间，熔体流动迟滞增加，流经相连厚壁区后对薄壁显示区形成了流动前锋合围，从而出现流动前锋小角度折弯。将浇口移动到在薄壁显示区下方正中间的位置，此时的充填情况如图 4-11（b）所示，薄壁显示区曲线也密集，说明熔体流动也有迟滞现象，但是没有小角度折弯的曲线，折弯的曲线在非薄壁区，说明出现熔接痕的风险大大降低。据此，将模具的浇口更改为如图 4-11（b）所示的位置。

进一步优化模具的加热系统，将模具的薄壁显示区改用镶件，镶件材质采用传热效率更高的铍铜。注塑时给模具通以大流量的过热水蒸气，迅速将薄壁显示区的铍铜加热到 145℃左右，从而提高了熔体流动层的厚度，有效降低了迟滞现象，提高了塑件的表面光亮度。

综上所述，针对面板出现的注塑缺陷，更改了模具的浇口位置，有效消除了面板薄壁显示区的熔接痕缺陷。此外，更改后的浇口与熔体充填末端的距离更趋于一致，保压压力传递更好，更有利于消除制品表面的收缩痕和色差等问题，最终达到了高光无痕的目的。

按照以上的分析结果对模具和注塑工艺进行优化，并进行试模验证，结果表明，面板外观面没有明显的熔接痕和收缩痕，且整体较为光亮，符合质量要求，实际试模样件如图 4-12 所示。

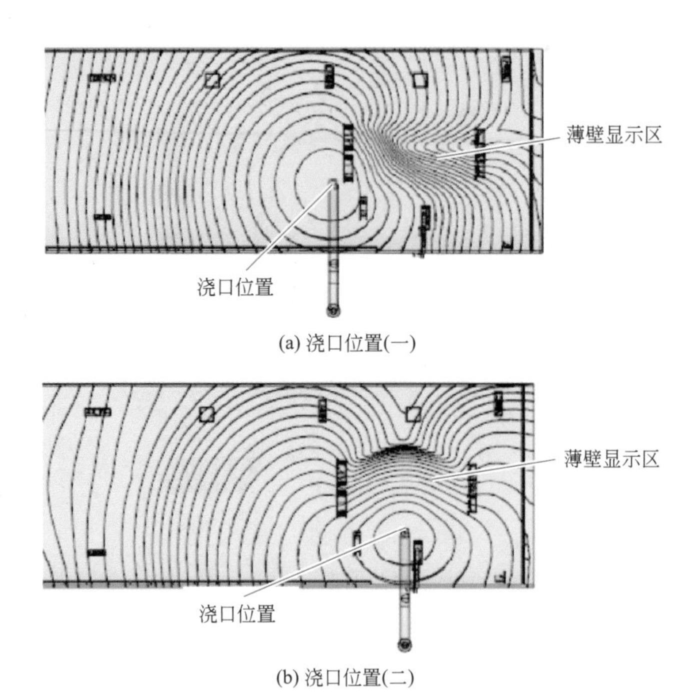

(a) 浇口位置(一)

(b) 浇口位置(二)

图 4-11 浇口在不同位置下的充填等值线

图 4-12 优化模具和工艺后的试模样件

4.3 多级注射的注塑成型工艺

4.3.1 多级注射的注塑成型理论

塑料熔体在注射到模具型腔的过程中，熔体经受着复杂的热力学、流体力学等的作用，图 4-13 描述了 4 种不同注射速度下的熔体流动特征状态。其中图（a）显示出采用高速注射充模时产生的蛇形流纹或“喷射”现象；图（b）为使用中速偏高注射速度的流动状态，熔体通过浇口时产生的“喷射”现象减少，基本上接近“扩展流”状态；图（c）为采用中速偏低注射速度的流动状态，熔体一般不会产生“喷射”现象，熔体能以低速平稳的“扩展流”充模；图（d）为采用低速注射充模，可能因为充模速度太慢而造成充模困难甚至失败。

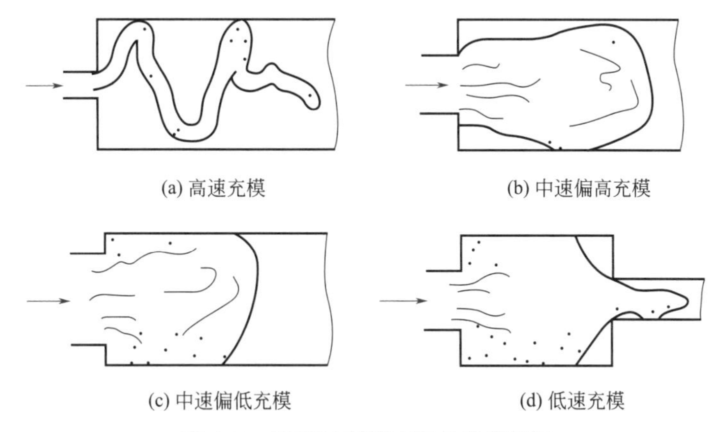

(a) 高速充模　　(b) 中速偏高充模

(c) 中速偏低充模　　(d) 低速充模

图 4-13　不同注射速度下的充模特征

通常聚合物熔体在扩展流模型下进行的扩展流动也分三个阶段进行：熔体刚通过浇口时前锋料头为辐射状流动的初始阶段，熔体在注射压力作用下前锋料头呈弧状的中间流动阶段，以黏弹性熔模为前锋头料的匀速流动阶段。

初始阶段熔料的流动特征是，经浇口流出的熔料在注射压力、注射速度的作用下具有一定的流动动能，这种动能（这时刚进入型腔，不受任何流动阻力的影响）的大小影响着锋头熔料的辐射状态特征、扩散的体积大小等。当这种作用力特别强时，可能产生“喷射”现象；当这种作用力的动能适当时，从源头出发的熔体各流向分布均匀，扩散状态较佳。

随着初期阶段的发展，熔体将很快扩散，与型腔壁接触时会出现两种现象：a. 受型腔壁的作用力约束而改变了扩散方向的流向；b. 受型腔壁的冷却及摩擦作用而产生流动阻力，使熔体在各部位的流动产生速度差。这种流动特征表现为熔体各点的流动速度不等，熔体芯部的流速最大，前锋头料的流动呈圆弧状；同时各点的流动形成一个速度不等的拖曳及牵制，流动阻力随流动行程的增加而呈增大的趋势。

第三阶段流动的熔料以黏弹性熔模为锋头快速充模。在第二、第三阶段充模过程中注射压力与注射速度形成的动能是影响充模特征的主要因素。图 4-14 为扩展流动变化过程及速度分布图。注塑件的形状是多种多样的，图中仅为一种模型。充模流动过程中的流动特征、能量损失与制品的形状关系甚大，而不同的塑料具有不同的流动特征。

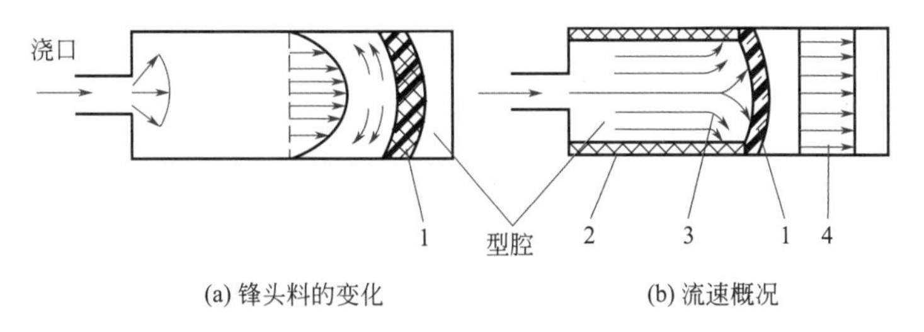

(a) 锋头料的变化　　(b) 流速概况

图 4-14　扩展流动过程的模型

1—低温熔模；2—塑料的冷固层；3—熔体的流动方向；4—低温熔模处的流速分布

（1）熔体在型腔中的理想流动状态

如前所述，匀速扩展流的特征及塑料熔体从浇口开始流动的阶段不应发生类似于“喷射”及喷射的特征，要求熔体在流动到浇口的初级阶段不应具有特别大的动能（过大的流动动能会导致喷射及蛇形纹）；在充模中期扩展状态应具有一定的动能用以克服流动阻力，并使扩展流达到匀速扩展状态；在充模的最后阶段要求具有黏弹性的熔体快速充模，突破随着流动距离增加而增大的流动阻力，达到预定的流速均匀稳态。从流变学原理判断，这种理想状态的流动可使注塑制品具有较高的物理、力学性能，消除制品的内应力及取向，消除制品的凹陷缩孔及表面流纹，增加制品表面光泽的均匀性等。

（2）多级注射进程的实现

多级注射成型实质上是在塑料熔体向型腔充模的瞬间实现不同注射速度的控制，使塑料熔体在充模流动中达到一种近似理想的状态。这种理想状态下的充模流程不会给塑料制品带来质量缺陷，不会产生应力、取向力。一般而言，注塑成型过程中，注射充模的过程仅需在几秒至十几秒内完成，而多级注射成型工艺就是要求在很短的时间内将充模过程转化为不同注射速度控制的多种充模状态的延续。

按照实际多段注射状态的 5 级要求实施不同的注射量，熔体的动能必须由注塑机来实现。在目前的注塑机控制中已经可以实现分段甚至更多段的注射控制，如图 4-15 所示。

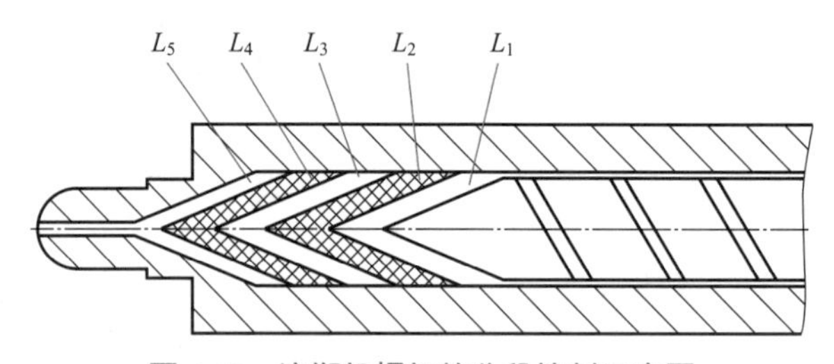

图 4-15　注塑机螺杆的分段控制示意图

如图 4-15 所示，可以实现 5 段注射控制，每段具有不同的注射量，通过行程控制的注射量为：

$$Q_{L_n}=\frac{\pi}{4}D^2L_n\rho$$

式中　Q_{L_n}——注射量；

L_n——注射行程；

D——注塑机螺杆直径；

ρ——塑料的密度。

因而在每一段可以使用不同的注射速度与注射压力来实现这一阶段熔料的动能。其中每段与前面在型腔中分区的 n 区对应。虽然它的流动动能受浇注系统的影响而发生改变，但要求其体积流量的变化要小。

在生产实际中，实现多级注射的注塑机的注射速度是进行多级控制的，通常可以把注射过程如图 4-16 所示那样分 3 个或 4 个区域，并把各区域设置成各自不同的适当注射速度即可以实现多级注射成型。目前，一些注塑机还具有多级预塑和多级保压功能。

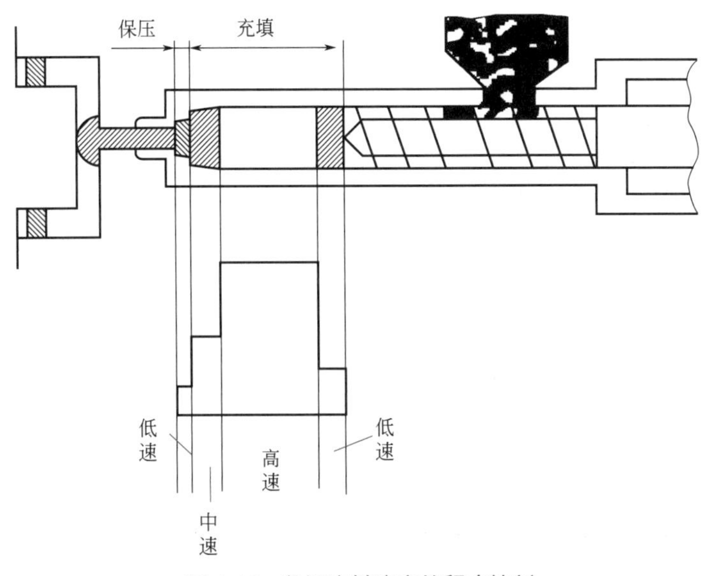

图 4-16 多级注射速度的程序控制

（3）多级注射成型工艺曲线

多级注射成型工艺虽然是对熔料充模状态的描述，但它的控制是由注塑机来实现的。从注塑机的控制原理来看，可以利用注射速度（注射压力）与螺杆给料行程形成的曲线关系。图 4-17 为典型的多级注射成型工艺的曲线，即在注射过程中对不同的给料量施加不同的注射压力与注射速度。

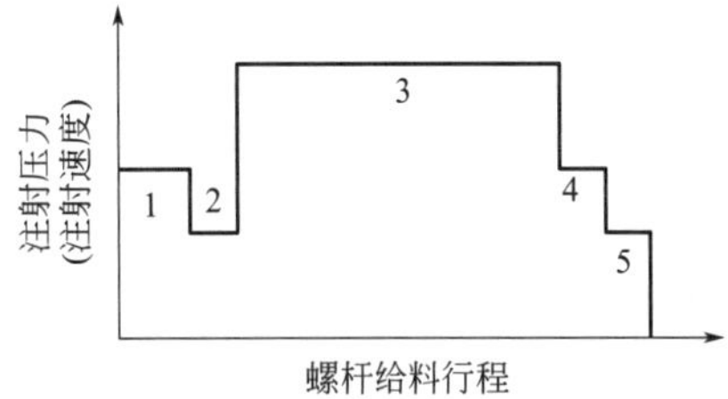

图 4-17 典型的多级注射成型工艺曲线
1 ～ 5— 5 个不同的注射速度

（4）多级注射成型的优点

在注塑成型中，高速注射和低速注射各有优缺点。经验表明，高速注射大体上具有如下优点：缩短注射时间；增大流动距离；提高制品表面光洁度；提高熔接痕的强度；防止产生冷却变形。而低速注射大体上具有如下优点：有效防止产生溢边；防止产生流动纹；防止模具跑气跟不上进料；防止带进空气；防止产生分子取向变形。

多级注射结合了高速注射和低速注射的优点，以适应塑料制品几何形状日益复杂、模具流道和型腔各断面变化剧烈等的要求，并能较好消除制品成型过程中产生注射纹、缩孔、气泡、汇笼线、烧伤等缺陷。

多级注射成型工艺突破了传统的注射加保压的注射加工方式，有机地将高速与低速注射加工的优点结合起来，在注射过程中实现多级控制，可以克服注塑件的许多缺陷。图 4-18 就采用了在注射的初期使用低速、模腔充填时使用高速、充填接近终了时再使用低速注射的方法。通过注射速度的控制和调整，可以防止和改善制品外观如毛边、喷射痕、银条或焦痕等各种不良现象。

实践表明，通过多级程序控制注塑机的油压、注射速度、螺杆位置、螺杆转速，大都能改善注塑制品的外观不良，如改善制品的缩水、翘曲和飞边等现象。

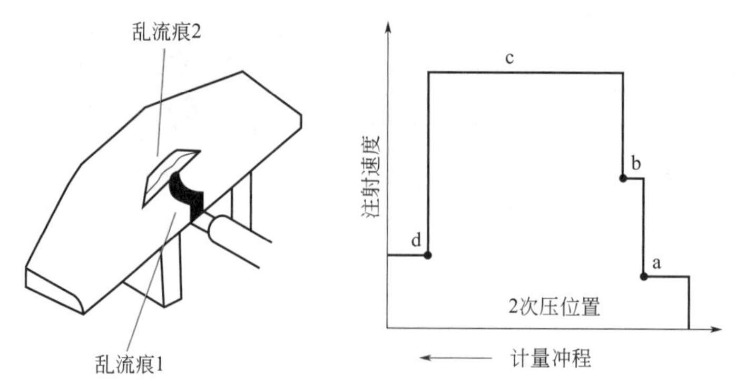

图 4-18　用不同的注射速度消除乱流痕

a ～ d—4 个不同的注射速度

4.3.2　多级注射成型工艺的实现

多级注射成型工艺的曲线反映的是螺杆给料行程与注塑机提供的注射压力和注射速度的关系，因而设计多级注射成型工艺时需要确定两个关键因素：一是螺杆给料的行程及分段，二是注射压力与注射速度。图 4-19 给出了一个典型的制品（分 4 区）与注塑机分段的对应关系，一般可以依据该对应关系确定出分段的规则，并可根据浇注系统特征确定各段具体的工艺参数。

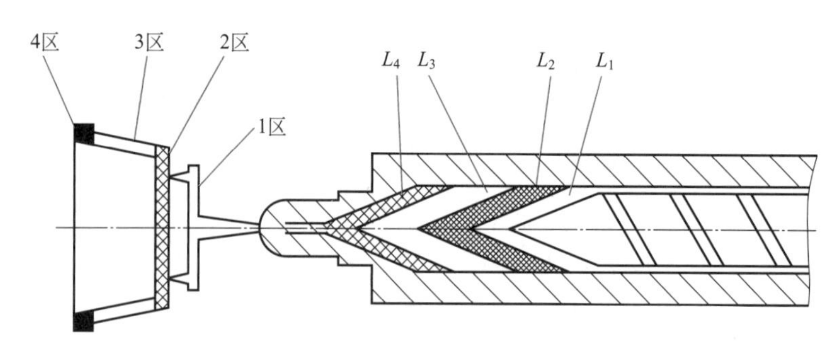

图 4-19　螺杆给料行程与塑件分区的对应关系

在实际生产中，多级注射控制程序可以根据流道的结构、浇口的形式及塑件结构的不同，来合理设定各段的注射压力、注射速度、保压压力和熔体充填方式，从而有利于提高塑化效果、提高制品质量、降低不良率并延长模具、机器等的寿命。

（1）分级的设定

在进行各级注射成型工艺设计时，首先应对制品进行分析，确定各级注射的区域。一般分为 3 ～ 5 区，依据制品的形状特征、壁厚差异特征和熔料流向特征等进行划分，壁厚一致或差异较小时设为 1 区段；以料流换向点或壁厚转折点确定多级注射的区段转换点；浇注系统可以单独设置为一区。图 4-19 中的制品依据外形特征将料流换向处作为一个转折点，即 2 区与 3 区的转折点；而将壁厚变换点作为另一个转折点，即 3 区与 4 区的转折点。因此，该塑件的多级注射分为 4 区，即制品 3 区、浇注系统 1 区。

在生产实践中，一般的塑件注塑时至少要设定三段或四段注射才是比较科学的。流道为第一段、浇口处为第二段、制品充填到 90% 左右时为第三段、剩余的部分为第四段（也称末段）。

对于结构简单且外观质量要求不高的塑件，可采用三段注射。但对结构比较复杂、外观缺陷多、质量要求高的塑件注塑时，需采用四段以上的注射控制程序。

生产实际中，具体需要设定几段注射程序，一定要根据流道的结构，浇口的形式、位置、数量和大小，塑件结构，制品要求及模具的排气效果等因素进行科学分析、合理设定。

① 对于直浇口的制品，既可以采用单级注射的形式，也可以采用多级注射的形式。对于结构简单精度要求不高的小型塑件，可采用低于三级注射的控制方式。

② 对于复杂和精度要求较高的、大型的塑料制品，原则上选择四级以上的注射工艺。

（2）注射进程的设置

针对如图 4-19 所示的制品，工程师根据其形状特征进行注射分区后，反映在注塑机螺杆上则会分别对应于螺杆的不同区段，那么螺杆的各分段长度就可以依据制品分区的结果进行预算，首先预算出制品分区后对应的各段要求的注射量（容积），采用对应方法可以计算出螺杆在分段中的位置，如 n 区的容积为 Q，则螺杆第 n 段的行程为：

$$L_n = \frac{Qv_n}{\frac{\pi}{4}D^2}$$

在多级注射的注塑生产实践中，确定螺杆注射进程的方法如下：

第一级的注射量（即第一级的注射终止位置）是浇注系统的浇口终点。除直浇口，其余的几乎都采用中压、中速或者中压、低速；第二级注射的终止位置是从浇口终点开始至整个型腔 1/2 ～ 2/3 的空间。

第二级注射应采用高压、高速，高压、中速或者中压、中速，具体数值根据制品结构和使用的塑料材料而定。

第三级开始注射级别宜采用中压、中速或中压、低速，位置是恰好充满剩余的型腔空间。上述 3 级进程都属于熔体充填过程。

最后一级注射属于增压、保压的范畴，保压切换点就在这级注射终止位置之间，切换点的选择方法有两种：计时和位置。

当注射开始时，注射计时即开始，同时计算各级注射终止位置，如果注射参数不变，依照原料的流动性不同，流动性较佳的，则最后一级终止位置比计时先到达保压切换点，此时完成充填和增压进程，此后注射进入保压进程，未达到的计时则不再计时而直接进入保压，如果流动性较差的，计时完成而最后一级注射终止位置还未到达切换点，同样不需等位置到达而直接进入保压。

综上所述，设置多级注射的注射进程应注意以下几点。

① 塑料原料流动性中等的注塑，可在测得保压点后，再把时间加几秒，作为补偿。

② 塑料原料流动性差的注塑，如混合有回收料的塑料、低黏度塑料，由于注射过程不太稳定，使用计时较佳，将保压切换点减小（一般把终止位置设定为零），以计时来控制，自动切换进入保压。

③ 塑料原料流动性好的注塑，以位置来控制保压切换点较佳，将计时加长，到达设定

切换点后进入保压。

④ 保压切换点即模具型腔已充填满的位置，注射位置已难再前进，数字变换很慢，这时必须切换压力才能使制品完全成型，该位置在注塑机的操作画面上可以观察到（计算机语言）。

此外，关于多级保压的使用问题，可以按照以下方法确定：加强筋不多、尺寸精度要求不高的制品及高黏度原料的制品使用一级保压，保压压力比增压进程的压力高，而保压时间短；而加强筋较多、尺寸精度要求不高的制品，一般要启用多级保压。

（3）注射压力与注射速度的设定

① 浇注系统的注射压力与注射速度。一般浇注系统的流道较小，常常使用较高的注射速度及注射压力（选用范围为 60% ～ 70%），使熔料快速充满流道与分流道，并且使流道中的熔体压力上升，形成一定的充模势能。对于分流道截面积较大的模具，注射压力及注射速度可设置低些；反之，对于分流道截面积较小的模具，可设置高些。

② 第 2 段的注射速度与注射压力。当熔料充满流道、分流道，冲破浇口（小截面积）的阻力开始充模时，所需要的注射速度可偏低些，克服不良的浇注纹及流动状态。在这一段可减小注射速度，而注射压力减幅较小，对于浇口截面积较大的可以不减小注射压力。

③ 第 3 段的注射速度与注射压力。如图 4-19 所示，第 3 段对应注射 3 区部分，3 区是注塑件的主体部分，此时熔体已完全充满型腔。为了实现扩散状态的理想形式，需要增速充模，因而在这一段需要注塑机提供较高的注射压力与注射速度。同时这一区段也是熔体流向转折点，熔体的流动阻力增大，压力损失较多，也需要补偿。一般来说，多级注射在这一区段均实施高速高压。

④ 第 4 段的注射速度与注射压力。从图 4-19 的对应关系判断，当熔体到达 4 区时，制件壁厚可变或不变化。熔体已基本充满型腔。由于熔体在 3 区获得了高压高速，因而在此阶段可进行缓冲，以实现熔体在型腔内的流动线速度在各部位近似一致。一般的设计原则是，进入 4 区时，若壁厚增大，可减速减压；若壁厚减小，可减速不减压，或者可不减速而适当减压或不减压。总之，在第 4 段既要使注射体现多级控制特点，又要使型腔压力快速增大。

如图 4-20 所示是基于对制品几何形状分析的基础上选择的多级注射成型工艺示例。由于制品的型腔较深而壁又较薄，使模具型腔形成长而窄的流道，熔体流经这个部位时必须很快地通过，否则易冷却凝固，会导致充不满模腔的危险，在此应设定高速注射。但是高速注射会给熔体带来很大的动能，熔体充填到末端时会产生很大的惯性冲击，从而可能导致能量损失和溢边现象，此时应使熔体减缓流速，以降低充模压力。但压力也要达到通常所述的保压压力（二次压力、后续压力）的大小，以便在浇口凝固之前，模腔内因熔体收缩而产生的空隙得到熔体的补充，这就对注塑过程提出了多个注射速度与注射压力的要求。图中所示的螺杆计量行程是根据制品用料量与缓冲量来设定的。注射螺杆从位置“97”到“20”是充填制品的薄壁部分，在此阶段设定高速值为 10，其目的是高速充模可防止熔体散热时间长而流动终止；当螺杆从位置“20”→“15”→“2”时，又设定相应的低速 5，其目的是减少熔体流速及其冲击模具的动能。当螺杆在“97”“20”“5”的位置时，设定较高的一次注射压力以克服充模阻力，从“5”到“2”时又设定了较低的二次注射压力，以便减小动能冲击。

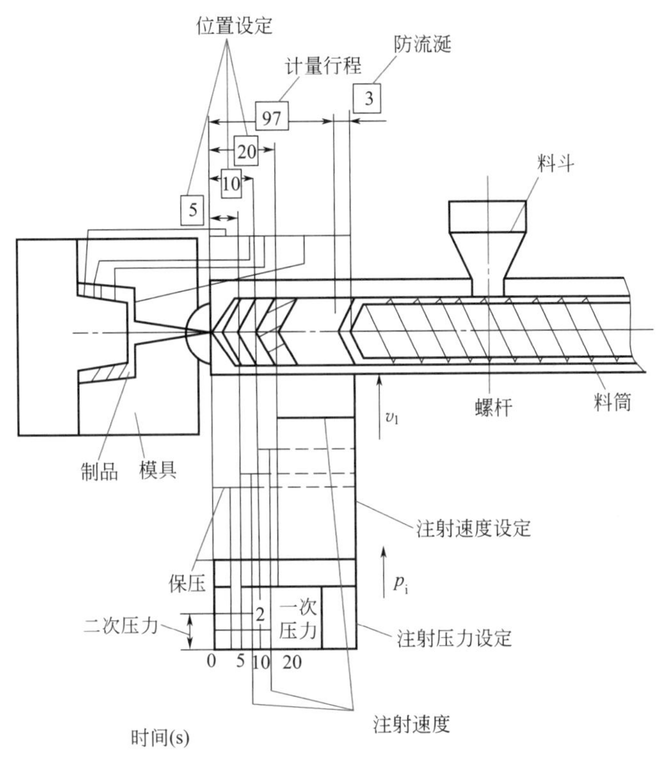

图 4-20　注射速度设定示例（一）

图 4-21 是根据工艺条件设置的不同速度，对注射螺杆进行多级速度转换（切换）的另一个示例。

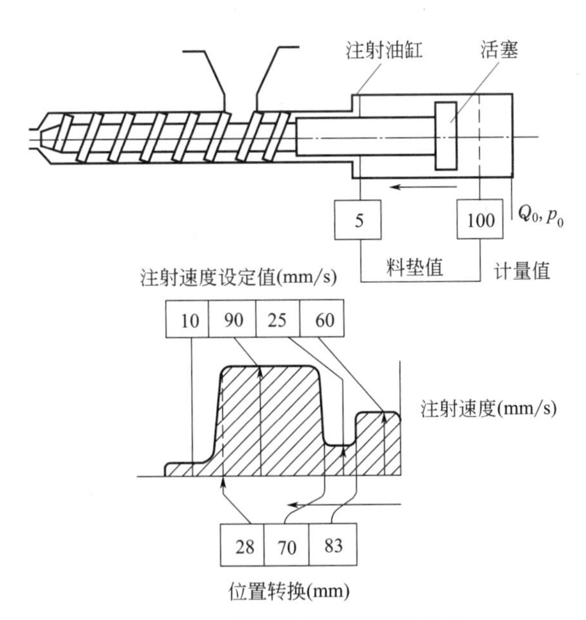

图 4-21　注射速度设定示例（二）

多级注射成型工艺是目前注射成型技术中较为先进的注塑成型技术。在多级注射成型工艺的研究中，对于注射中螺杆行程分段的确定较为精确，而在各段注射压力及注射速度的选择上经验性较强。一般的经验方法是只能确定各段选用的注射压力及注射速度的段间对应关系，通常的做法是依据各段对应于注塑件各部位的截面积比例，在设计好多级注射成型工艺之后，需要通过多次试验反复修正，使选择的注射压力与注射速度达到最佳值。

4.4 透明塑料的注塑成型工艺

4.4.1 透明塑料及其注塑性能

随着材料研发领域的不断进步，适用于制造透明制品的光学材料越来越多。以光学产品中广泛使用、制品质量要求高、注塑技术难度大的光学透镜为例，如图 4-22 所示，普通塑料透镜的注塑材料经常选用价格低廉、生产效率高、稳定性强、透过率高的光学塑料。相对于普通塑料透镜的塑料原料，成像光学的塑料透镜对注塑材料的要求更加严格，不仅要求塑料原料具有透明度高、力学性能好、稳定性强、流动性好等特点，同时还要根据折射率等特殊使用性能进行材料的选择。

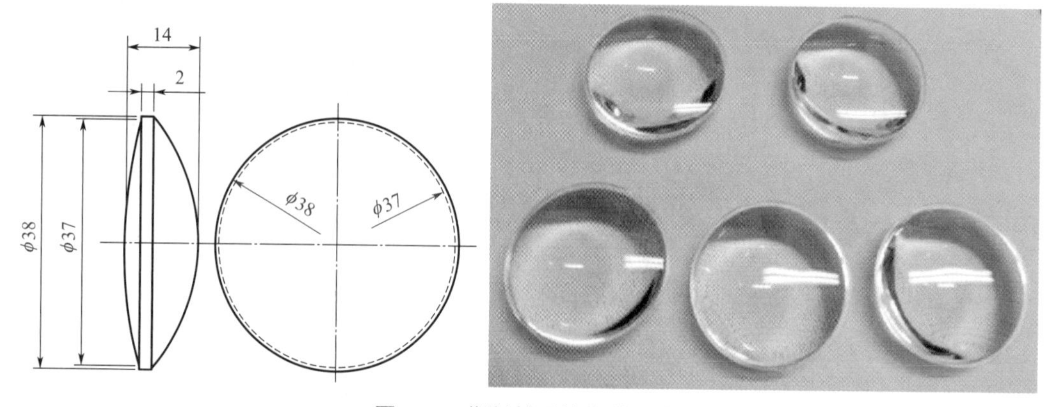

图 4-22　塑料材质的光学透镜

常用于成像光学塑料透镜的注塑材料有聚甲基丙烯酸甲酯（PMMA）、聚碳酸酯（PC）、环烯烃聚合物（COP）等。其中具有高透明度的聚甲基丙烯酸甲酯（PMMA）被广泛应用到塑料透镜注塑领域中。聚甲基丙烯酸甲酯（PMMA）不但用于制造中低精度的大口径塑料透镜，如聚光镜、菲涅尔透镜、投影物镜及车灯透镜，也应用在高精度塑料透镜，如激光打印机光学物镜、相机物镜、手机镜头以及光碟读取头透镜等光学透镜中。聚甲基丙烯酸甲酯（PMMA）具有很高的强度和硬度，还有高阿贝数和低双折射等光学特性。但 PMMA 作为光学透镜的塑料原料仍然存在不少问题，如 PMMA 在潮湿条件下会由于吸水性造成塑料透镜折射率变化，造成塑料透镜的体积膨胀，引起整体结构尺寸的改变；PMMA 的玻璃化转变温度为 100℃，塑料透镜的耐热性比较差，这极大地限制了 PMMA 的使用范围。

聚碳酸酯（PC）是比较常用的光学材料，被广泛应用于车灯透镜、匀光透镜等光学透镜中。聚碳酸酯（PC）具有高透明度、耐热性、高强度、高折射率等特点，被认为是塑料材料中具有最佳冲击强度的材料之一。但 PC 透镜仍然存在比较严重的问题，如 PC 透镜的光弹性系数比 PMMA 高数倍，双折射效应十分明显，严重影响了塑料透镜的光学成像质量；PC 材料收缩率较大，塑料透镜极易发生变形，其变形程度高于 PMMA。

环烯烃聚合物（COP）是利用环烯烃作为单分子而合成的指环结构聚合物。COP 具有很高的透明度、低吸湿性、低双折射性及良好的加工性，并且 COP 具有非常良好的环境稳定性，不会因为材料吸湿而改变整体结构，经常被用于代替 PMMA 作为塑料原料。但环烯烃聚合物（COP）市场价格十分高昂，其价格大约是 PMMA 的十几倍，使用该材料作为注塑原料会显著增加塑料透镜的制造成本。

总的来说，采用 PC 作为塑料原料的透镜双折射效应十分明显，成像质量难以保证。COP、PMMA 无论从材料的力学性能、结构稳定性上都有着不可比拟的优势。但 COP 市场价格十分高昂，选择 COP 作为塑料原料会增加制造成本，不符合经济性原则。PMMA 价格相对低廉，且市场储备量大，适用于低成本、高效率的成像光学塑料透镜制造。另外 PMMA 可通过改变注塑工艺参数来增加熔融体流动性能，精确复制注塑模具的表面形貌。

4.4.2 透明塑料的注塑成型技术

由于透明塑料透光率要高，必然严格要求塑料制品表面质量，不能有任何斑纹、气孔、泛白、雾晕、黑点、变色、光泽不佳等缺陷，因而在整个注塑过程对原料、设备、模具甚至产品的设计，都要十分注意和提出严格甚至特殊的要求。其次由于透明塑料多熔点高、流动性差，因此为保证产品的表面质量，往往要在机筒温度、注射压力、注射速度等工艺参数方面做细微调整，使注塑时既能充满模，又不会产生内应力而引起产品变形和开裂。下面就其在原料准备、对设备和模具的要求、注塑工艺和产品的原料处理几方面，逐项分析应注意的事项。

4.4.2.1 注塑前的技术要点

（1）原料的准备与干燥

由于在塑料中含有任何一点杂质，都可能影响产品的透明度，因此在储存、运输和加料过程中，必须注意密封，保证原料干净。特别是原料中含有水分，加热后会引起原料变质，所以一定要干燥，并在注塑时，加料必须使用干燥料斗。还要注意一点的是干燥过程中，输入的空气最好应经过滤、除湿，以便保证不会污染原料。

（2）机筒、螺杆及其附件的清洁

为了防止原料污染以及在螺杆及其附件凹陷处残存有旧料或杂质，特别要防止残存有热稳定性能差的旧料。注塑机在使用前和停机后，都应用螺杆清洗剂清洗干净各注射零部件，使其不得粘有杂质。当没有螺杆清洗剂时，可用 PE、PS 等塑料清洗螺杆。当临时停机时，为防止原料在高温下停留时间长而引起解降，应将干燥机和机筒温度降低，如果生

产的是 PC、PMMA 等塑料，机筒温度要降至 160℃以下。此外，当原料为 PC 时，料斗的烘干温度应降至 100℃以下。

（3）模具设计中应注意的问题（包括产品的设计）

为了防止出现回流不畅或冷却不均造成塑料成型不良，产生表面缺陷和变质，一般在模具设计时，应注意以下几点。

① 壁厚应尽量均匀一致，脱模斜度要足够大。

② 过渡部分应逐步圆滑过渡，防止有尖角、锐边产生，特别是 PC 产品一定不要有缺口。

③ 浇口、流道尽可能宽大、粗短，且应根据收缩冷凝过程设置浇口位置，必要时应加冷料井。

④ 模具表面应光洁，粗糙度低（最好低于 0.8μm）。

⑤ 排气孔、槽必须足够，以及时排出空气和熔体中的气体。

⑥ 除 PET 外，壁厚不要太薄，一般不得小于 1mm。

（4）注塑工艺方面应注意的问题（包括注塑机的要求）

为了减少内应力和表面质量缺陷，在注塑工艺方面应注意以下几方面的问题。

① 应选用专用螺杆，带单独温控射嘴的注塑机。

② 注射温度：在塑料树脂不分解的前提下，宜用较高注射温度。

③ 注射压力：一般较高，以克服熔料黏度大的缺陷，但压力太高会产生内应力造成脱模困难和变形。

④ 注射速度：在满足充模的情况下，一般宜低，最好能慢—快—慢多级注射。

⑤ 保压时间和成型周期：在满足产品充模，不产生凹陷、气泡的情况下，宜短，以尽量减少熔料在机筒内停留时间。

⑥ 螺杆转速和背压：在满足塑化质量的前提下，应尽量低，降低产生解降的可能。

⑦ 模具温度：制品的冷却好坏对质量影响极大，所以模温一定要能精确控制其过程，有可能的话，模温宜高一些。

（5）其他方面的问题

为防止表面质量恶化，一般注塑时尽量少用脱模剂；当用回用料时不得大于 20%。除 PET 外，制品都应进行后处理，以消除内应力，PMMA 应在 70 ～ 80℃热风循环干燥 4h；PC 应在清洁空气、甘油、液体石蜡等中加热 110 ～ 135℃，时间按产品而定，最高需要 10 多个小时。而 PET 必须经过双向拉伸的工序，才能得到良好力学性能。

4.4.2.2 典型透明塑料的注塑工艺特性

除了前述的共同特性外，透明塑料亦各有一些不同的注塑工艺特性，现分述如下。

（1）PMMA 的工艺性

PMMA 黏度大，流动性稍差，因此必须高料温、高注射压力注塑才行，其中注射温度的影响大于注射压力，但注射压力提高，有利于改善产品的收缩率。注射温度范围较宽，熔融温度为 160℃，而分解温度达 270℃，因此料温调节范围宽，工艺性较好。故改善流动性，可从注射温度着手。冲击性差，耐磨性不好，易划花，易脆裂，故应提高模温，改善冷凝过程，以克服这些缺陷。

(2) PC的工艺特性

PC黏度大，熔料温度高，流动性差，因此必须以较高温度注塑（270～320℃之间），相对来说料温调节范围较窄，工艺性不如PMMA。注射压力对流动性影响较小，但因黏度大，仍要较大注射压力。为了防止内应力产生，保压时间要尽量短。收缩率大，尺寸稳定，但产品内应力大，易开裂，所以宜提高温度而不是压力以改善流动性，并且从提高模具温度、改善模具结构和后处理等方面减少开裂的可能。当注射速度低时，浇口处易生波纹等缺陷，放射嘴温度要单独控制，模具温度要高，流道、浇口阻力要小。

(3) PET的工艺特性

PET成型温度高，且料温调节范围窄（260～300℃），但熔化后，流动性好，故工艺性差，且往往在射嘴中要加防流涎装置。机械强度及性能注射后不高，必须通过拉伸工序和改性才能改善性能。模具温度准确控制，是防止翘曲变形的重要因素，因此建议采用热流道模具。模具温度要高，否则会引起表面光泽差和脱模的困难。

4.4.2.3　透明塑料注塑成型常见缺陷及解决办法

影响产品透明度的缺陷主要有以下一些。

(1) 银纹

银纹的产生是由于熔体在充模和冷凝过程中，其内部出现了应力各向异性。垂直于熔体流动方向产生的应力，往往会使熔体发生分子取向的现象，发生分子取向的部位与未发生分子取向的部分，两者的折光率不同，从而产生了银纹。当银纹扩展后，可能使制品出现裂纹。解决的方法，一是优化模具结构和注塑工艺，二是塑件注塑后进行退火处理，如PC料的注塑制品，可将其缓慢加热到160℃以上保持3～5min，再自然冷却。

(2) 气泡

由于树脂内的水汽和其他气体排不出去，（在模具冷凝过程中）或因充模不足，冷凝表面又过快冷凝而形成“真空泡”。

(3) 表面光泽差

由于模具粗糙度大，冷凝过早，使树脂不能复印模具表面的状态，所有这些都使其表面产生微小凹凸不平，而使产品失去光泽。

(4) 震纹

是指以直浇口为中心形成的密集波纹，其原因是熔体黏度过大，前端料已在型腔冷凝，后来料又冲破此冷凝面，使表面出现震纹。

(5) 泛白

主要由在空气中的灰尘落入原料之中或原料含水量太大而引起。

(6) 白烟、黑点

主要由塑料在机筒内，因局部过热而使机筒树脂产生分解或变质而形成。

4.5 双色注塑成型技术

4.5.1 双色注塑成型原理

（1）双色注塑成型原理与类型

双色注塑成型技术也称双料注塑技术，其成型原理如图 4-23 所示，注塑机设置两个料筒，每个料筒的结构和使用均与普通注塑成型的料筒相同；每个料筒都有各自的通道与喷嘴想通，在喷嘴中还装有启闭阀 2 和 4；注塑时，熔料在料筒中被塑化好后，由启闭阀控制熔料进入喷嘴的先后顺序和射出熔料的比例，然后通过喷嘴射入模腔，最后便可以得到各种混色效果不同的塑料制品。

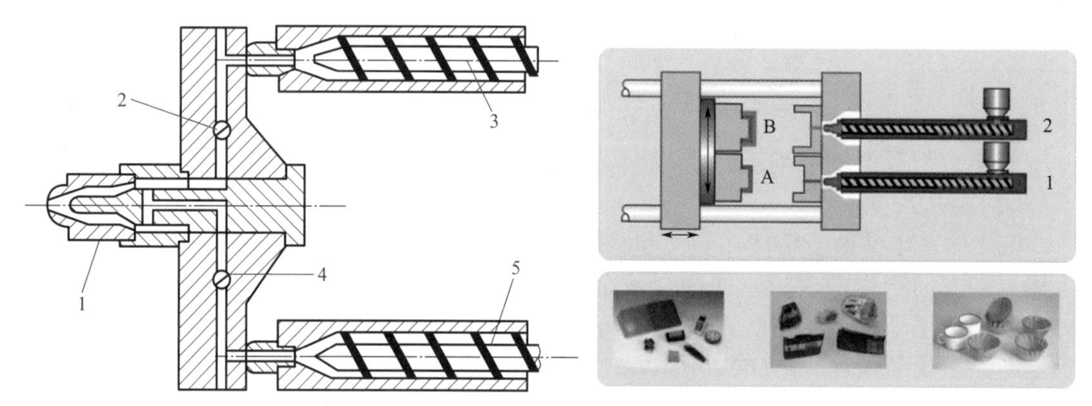

图 4-23 双色注塑成型示意图

1—喷嘴；2，4—启闭阀；3，5—料筒

（2）双色注塑成型的技术类型

① 型芯旋转式双色注塑成型技术　这种技术也被称为转模芯双色注塑技术，其技术原理如图 4-24 所示。首先利用注射设备将第一种原料塑料进行注射，将其注射进模具的小型孔中，待其成型就成为第一种塑料，然后将模具旋转 180°，利用同样的注射设备将第二种原料塑料进行注入，等到第二种塑料成型后，进行最后的包封工作，一次最基本的双色注塑工作就完成了。这种技术的使用和操作较为简单，一般稍经培训的工人都可以进行自由操作，而且可以大大提升塑料制品的设计自由度，同时利用简便工具便可以进行加工。

② 收缩模具型芯式双色注塑成型技术　收缩模具型芯式双色注塑技术主要利用了液压装置，对模具进行压缩操作。首先在液压装置的控制下，将能够上下活动的型芯如同活塞一般被推压到顶部上升的位置，并将塑料原料注入，等到第一种原料固化后，将活动的型芯控制落下，再将另一种塑料原料注入，然后控制液压装置使型芯上升压制，待其固化成型，这种技术压制的塑料制品就初步制作完成，之后将成型的塑料件取出，进行后续的加工制作。这种技术操作也较为简单，必须控制好液压装置运动时机。

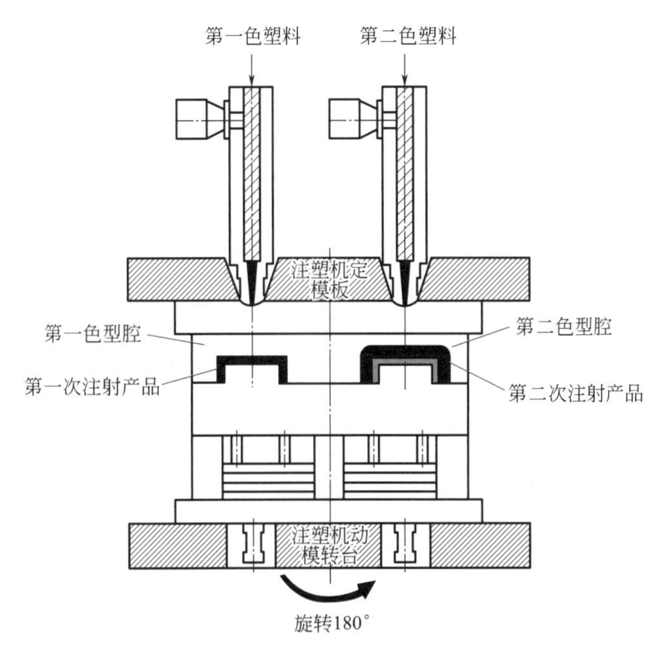

图 4-24　型芯旋转双色注塑成型示意图

③ 脱件板旋转双色注射成型技术　这种技术在进行注塑前，首先要进行第一种原料的注射：在注射时，将模具其他部分进行合模处理，在进行模具注射时还会逐步进行切断和分离，最后部分嵌件会逐渐后退，但是仍旧存在于脱件板部分上，而模具动态地进行后退，路经整个注塑机的顶杆和拉粒杆部分后进行冷却和脱落，第一部分就此完成。第二部分操作和第一部分大体是一样的，但是第二次注塑使用两个喷嘴同时注入，等待其固化后将两个部分一起顶出，就完成了一个周期的注塑。

④ 型芯滑动式双色注塑成型技术　该技术的工作原理如图 4-25 所示，是将型芯分类成两次进行使用，第一次注塑时将使用的型芯滑动到指定的位置，进行合模注塑工作的实施，将第一种原料塑料注入模具中，经过冷却后将模具一次打开，而传动装置将第一个型芯滑动出，将第二个型芯滑动至型腔部位，然后进行第二次的塑料注入，待其冷却成型，就完成了一次注塑，再将两次合成的成品滑动顶出。这种技术模式更加适用于大型的双色注塑塑料件。

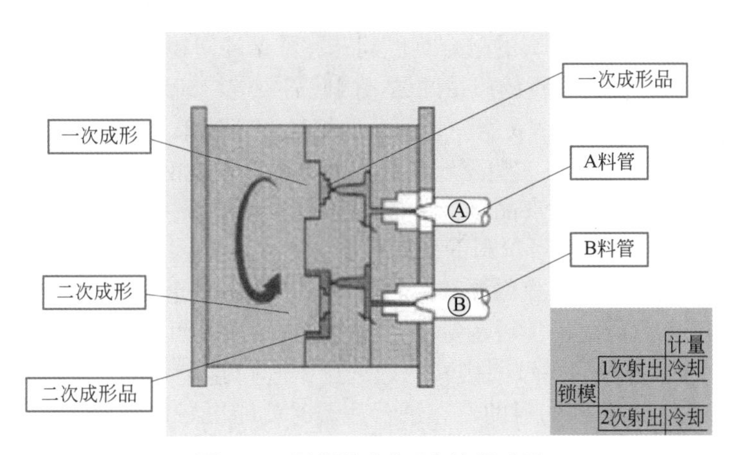

图 4-25　型芯滑动式双色注塑成型

4.5.2 双色注塑成型的技术要点

（1）双色注塑成型的注塑机

双色注塑机不仅需要配备两套一模一样的塑化注射装置，而且还需要一套能够将这两套注射装置进行快速、准确旋转变换的驱动机构，如图 4-26 所示。此外，这两套规格相同的注射装置除了结构一样外，还需一套控制系统对两套注射装置的加热温度、注射压力和注射速率进行一致性的控制，才能使得注塑出来的塑料制品的各项指标保持在一致水平。

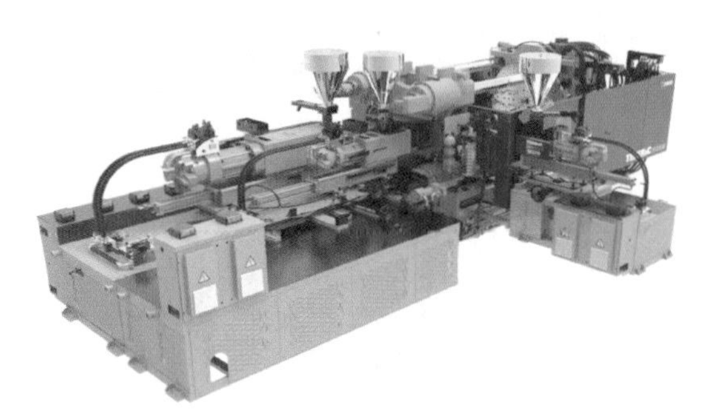

图 4-26　双色注塑成型注塑机

（2）双色注塑成型的工艺参数

由于双色注塑成型的本质是两种塑料熔体的融合，因而在设定相关的工艺参数时，往往要比普通的注塑工艺参数设置得偏大、偏高。譬如，双色注塑成型使用的熔料温度往往较高，原因是较高熔体温度才能保证先充填的熔体不会提前凝固，才能与后进来的熔体顺利熔接；其次是注射的压力也较大，因为使用的是两种不同塑料原料，要将两者顺利熔接起来就需要相对较高的注射压力，才能将两者压密压实。

（3）双色注塑成型的制品设计

① 两种材料的选择　双色注塑成型技术选用两种不同的材料进行注塑，因此如何选择两种不同的材料也是一个重要考虑因素，一般选用的是同一品种、不同颜色的塑料，这样可以大大提升注塑成品的强度和耐用度，同时使其更加容易融合成型。但是特殊用处的制品可能需要用到两种不同品种的材料，这两种材料的物理、化学、力学等性能差异较大，这就需要解决两种差异较大材料的融合难度问题。常见的问题有分层现象和脱落问题，这些问题的出现对注塑制品是严重的质量问题，因此需要进行细致充分的考虑。

② 双色注塑制品的结构　双色注塑制品的结构和普通单色制品的结构有着极大的不同，由于使用两种不同的材料注塑完成，其产品是由两种性能不完全相同的塑料所组成，所以需要在注塑前进行细致的产品结构设计，应充分考虑两种材料的特点，结合该塑料制品的功能和使用环境来确定两种材料的比例和连接方式。

双色制品的结构和形状首先需要从制品的使用功能和用途来进行考虑，在尺寸大小和内部结构方面进行细致研究，一般是要加大两种原料的接触面积来增强两者的牢固性，可以在制品内部设计一些多的小型凹槽和凸槽进行镶嵌和缝合，如图 4-27 所示，这就达到了增加两种材料的接触面积的目的，在进行注塑时就能更好地提高制品的使用强度和使用寿命。

图 4-27　双色注塑制品

（4）双色注塑成型的模具

常见的双色注塑模具如图 4-28 所示，这种模具也称旋转型芯式模具。旋转型芯式模具有两个型芯，两个型芯的凹凸槽需要进行精确的设计与加工，才能在旋转时对接无误；同时，在设计脱模机构时需要确保第二次注射完成后才进行脱模动作。

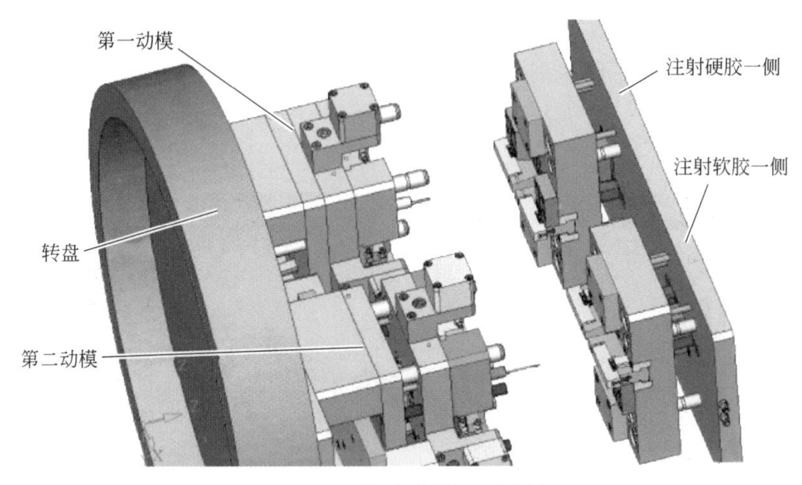

图 4-28　旋转式模具原理图

4.6 薄壁注塑成型技术

4.6.1　薄壁注塑成型的原理与工艺特点

4.6.1.1　薄壁注塑成型的工艺类型

薄壁注塑成型虽然在业界还没有对其形成一个较为统一的定义，但是一般而言，平均厚度小于 1mm，并且塑件的投影面积超过 50mm^2 的塑件成型，都可以称为薄壁注塑。常见的薄壁塑料制品如图 4-29 所示。

薄壁的定义与流程壁厚比、塑料的黏度及传热系数均有关系。设从模具的主流道到成品最远一点的流程为 L，成品的壁厚为 t，则 L/t 称为流程壁厚比，当 $L/t > 150$ 时，塑件被称为薄壁件。

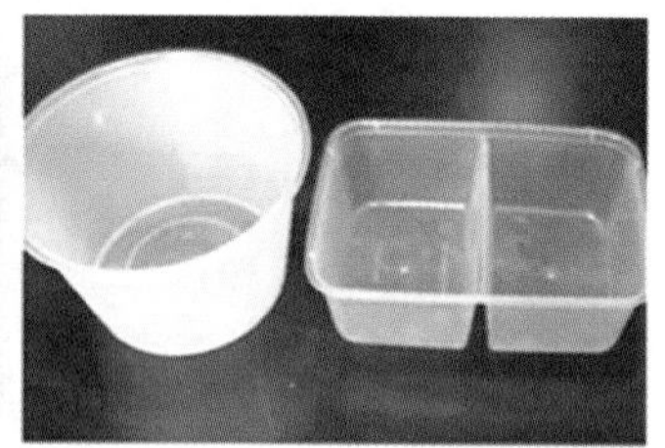

图 4-29 薄壁塑料制品

对于汽车配件行业而言，只要是对注塑成型的塑料原料和工艺进行了改进，并对传统的壁厚进行了降低，零件又能满足相应的要求，就将其认为是薄壁注塑成型。欧美等国家对于汽车薄壁化技术的应用起步是比较早的，在很多汽车零件上都见到了其应用的例子，如汽车保险杠、车门门板、车厢顶篷等，如图 4-30 所示。

目前，薄壁注塑成型的技术主要有两种：缩短流长的薄壁注塑成型和表面气体辅助薄壁注塑成型。

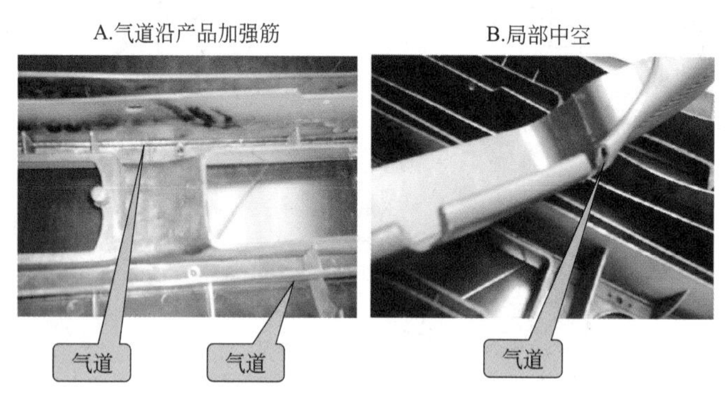

图 4-30 薄壁注塑塑件

（1）缩短流长的薄壁注塑成型

流长比是指塑料熔体在型腔内流动的最大长度与相应的塑件壁厚之比值。熔体的充模流程过长，熔体压力损失增大，流动前沿压力不足，温度降低过多，导致塑件密度低，收缩率大，甚至充填不满，塑件壁厚越大，熔体所能达到的最大流动距离也增大；反之，塑件壁厚越小，熔体所能达到的最大流动距离也越短。

缩短流长的薄壁注塑成型技术目前仍然存在一些难以克服的缺点，主要适用于产品薄壁处无筋和无卡口的塑件。随着现在汽车零部件精细化的提升，产品的外观质量也越来越受到重视，而薄壁处筋和卡扣对表面的缩痕完全是依靠注塑过程的保压作用实现的，因薄壁产品压力传递受到充模流程的限制，致使产品表面质量往往不能达到理想的效果。

（2）表面气体辅助薄壁注塑成型

传统的气体辅助注塑成型技术如图 4-31 所示，其原理是利用高压气体在塑料内部产生中空截面，有利于气体保压代替注塑机的注射保压，消除制品缩痕，最终完成成型。

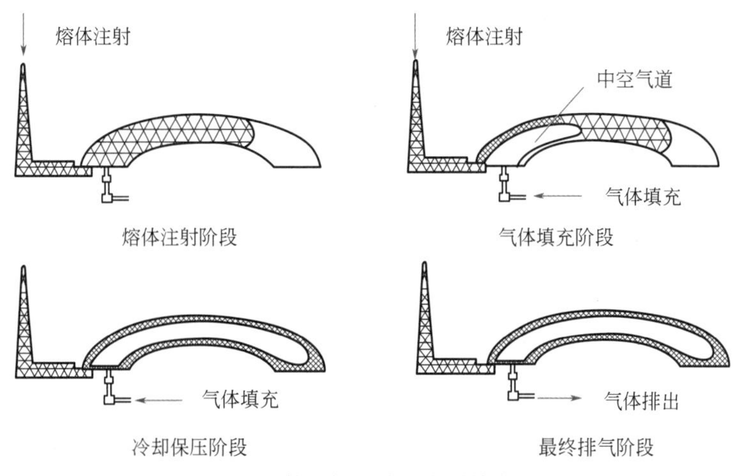

图 4-31　普通气体辅助成型基本步骤

表面气体辅助薄壁注塑成型的技术要求更高，是在模腔内产品充满后，在制品冷却凝固的过程中，从模具型芯的侧向制品反面吹气，气体推动熔融熔体继续充填满型腔，用气体保压代替注塑机的注射保压，高压气体存在于制品的反面和模具墙壁之间，如图 4-32 所示。为了保证气体在恒定压力的条件下对制品施压，模具不能有任何的漏气，否则会因压力不足而无法推动熔体紧贴模具墙壁，这对模具的制造精度提出了极高的要求。

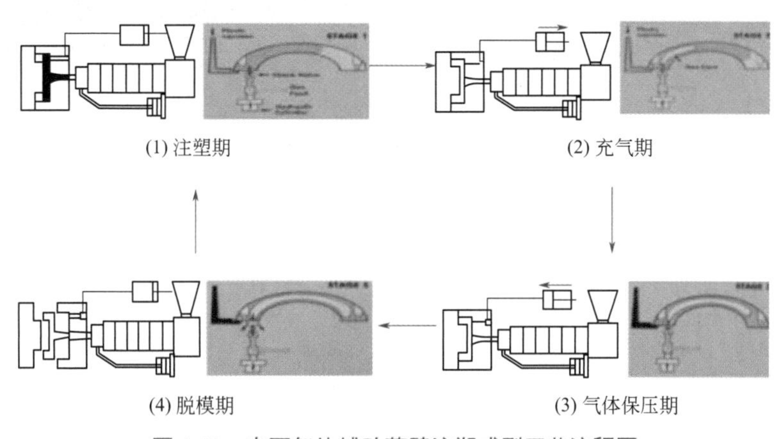

图 4-32　表面气体辅助薄壁注塑成型工艺流程图

从表面气体辅助薄壁注塑成型的原理可以看出，采用该工艺进行注塑成型，其技术要点有以下一些。

① 模具分型面要做密封处理。

② 模具所有的顶出系统包括顶针、斜顶杆、直顶杆、司筒针等都要做密封处理，保证注入的高压惰性气体不泄漏。

③ 为了保证模腔内惰性气体压力恒定，在顶针下设计压力传感器，模具外接压力表，来调整注入的高压惰性气体的压力。

④ 因为产品壁厚较薄，便于熔胶填充，模具后模（动模）增加吸真空设计，在模具合模后，由于分型面的密封结构，使模具达到吸真空效果，再进行注射填充。

4.6.1.2 薄壁注塑成型的技术优势

（1）产品轻量化

以汽车保险杠和汽车车门饰板为例进行研究。如图 4-33 所示，汽车车门饰板的传统厚度为 2.5 ～ 3.0mm，使用薄壁化技术之后，可以将其降低到 2.0mm 甚至 1.5mm。通过对材料配方进行合理的调整，还能在保证材料密度不变的基础上，将整车的质量进行一定的降低；传统汽车保险杆的厚度一般为 3.0mm，使用薄壁化技术可以降低到 2.5mm 甚至 2mm，节省原材料高达 40%。除此之外，不管是在何种汽车零件上使用薄壁化技术，如果对材料成本进行合理的利用，都会实现因壁厚的减少而降低塑料的使用量，从而能够有效降低汽车生产的成本。

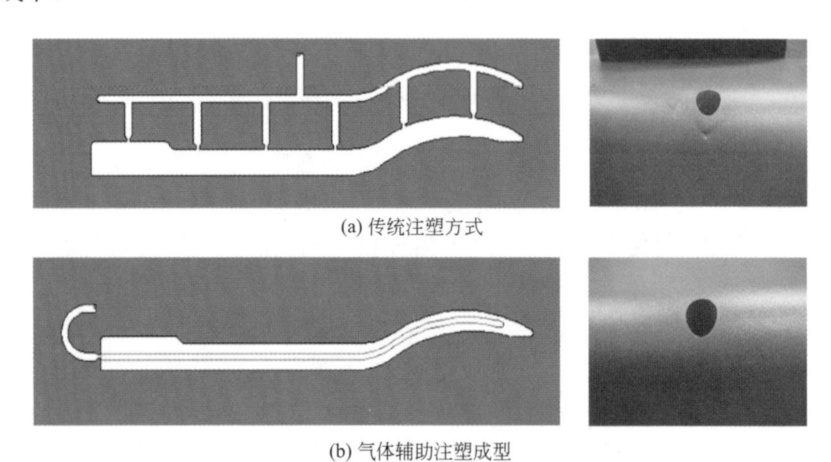

(a) 传统注塑方式

(b) 气体辅助注塑成型

图 4-33　气体辅助注塑与传统注塑成型对比

（2）成本周期缩短

注塑成型可以说是一个循环的过程，它的成型周期主要由储料时间、冷却时间、开合模时间以及顶出取件的时间共同组成，其中的冷却时间在整个生产周期中都占据着非常大的比例，而冷却时间与壁厚有着非常密切的正向关系。因此，通过减少制品壁厚，就能大大缩短成型周期。

（3）降低产品的残余应力

传统的注塑成型，需要足够高的注射压力才能推动塑料熔体从主流道到达模腔最外围的区域，但过高的注射压力会造成过高的流动剪切应力，过高的流动剪切应力则会造成过高的残余应力，并导致产品翘曲变形。而采用薄壁化的表面气体辅助注塑成型，就可以大大降低注射压力，从而有效避免制品的残余应力，降低了制品翘曲变形的概率。

（4）减少产品表面收缩痕

采用缩短流长的薄壁注塑成型工艺，由于塑料熔体的流动路径大大缩短，极大减少了熔体热量的损失，避免了熔体因温度下降过多、熔体融合不足而产生的收缩痕等问题。同样原理，采用表面气辅注塑成型工艺，通过气体迅速产生的均匀高压使熔体快速紧密贴近模腔壁，也有效避免了熔体流动不足产生的收缩痕等问题，如图 4-34 所示。

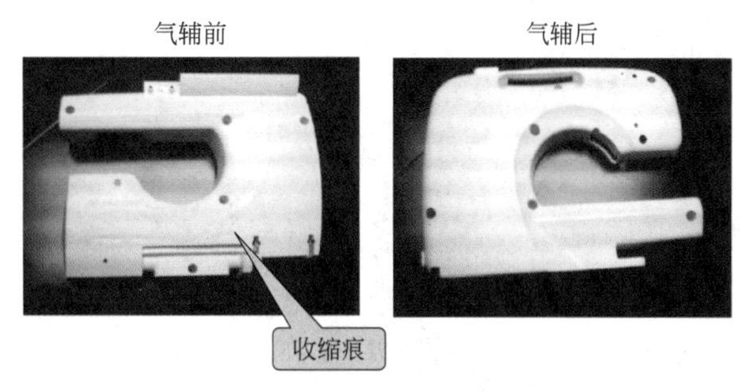

图 4-34　气体辅助注塑消除收缩痕

（5）提升了注塑机的使用寿命

不管是缩短流长的薄壁注塑成型工艺，还是表面气体辅助注塑成型工艺，其所需注射压力和锁模力都比传统的注塑成型要小，因此可大幅度降低对注塑机的强度、刚度等要求，有效提升了注塑机的使用寿命。

4.6.2　薄壁注塑技术在汽车零件中的应用

（1）薄壁注塑对塑料的要求

① 高流动性：高流动性的材料能够有效满足产品成型的工艺要求。

② 高韧性：壁厚的减薄在一定程度上也会让产品的冲击强度出现一定的降低，因此需要对薄壁材料进行增韧处理。目前市场上已经出现多种增韧改性剂，可以满足材料的增韧要求。

③ 高强度和高刚性：壁厚减薄在一定程度上也会给零件的强度和刚性造成一定的影响，因而需要对材料的强度和刚度进行核算。

（2）薄壁注塑零件的性能要求

为了保证汽车塑料零件的强度要求，需要对汽车塑件的材料厚度进行合理的控制，要均匀增加重要部位的材料厚度。以汽车保险杆为例，要对保险杆上与钣金的连接安装点进行强化，做成截面结构的形式来增强其强度。综上所述，在使用新型薄壁化技术的时候，一定要与汽车零件的功能与特点进行结合，要在满足产品功能要求的前提下进行轻量化的设计。

（3）薄壁注塑成型技术在汽车行业的应用

以汽车车门内饰板（一般为 PP 塑料）为例，目前，市场上车门内饰板普遍重量为 1.6 ～ 2.0kg，壁厚为 2.5mm，如果将壁厚减至 1.5mm，相当于重量减少了 40%。如果每件车门内饰板按 1.8kg 算，减重 40% 就是 0.72kg，按一车四门计算，就是 2.88kg。据中国汽车工业协会统计，我国 2020 年市场份额占比最高的 15 家汽车厂，年销量近 1600 万辆，如果每辆车减少 2.88kg，共减少约 4608 万千克的塑料用量，按照市场上 PP 改性料 12000 元 / t 计算，将节省材料成本 5.53 亿元。

第 5 章

注塑成型节能技术与绿色制造

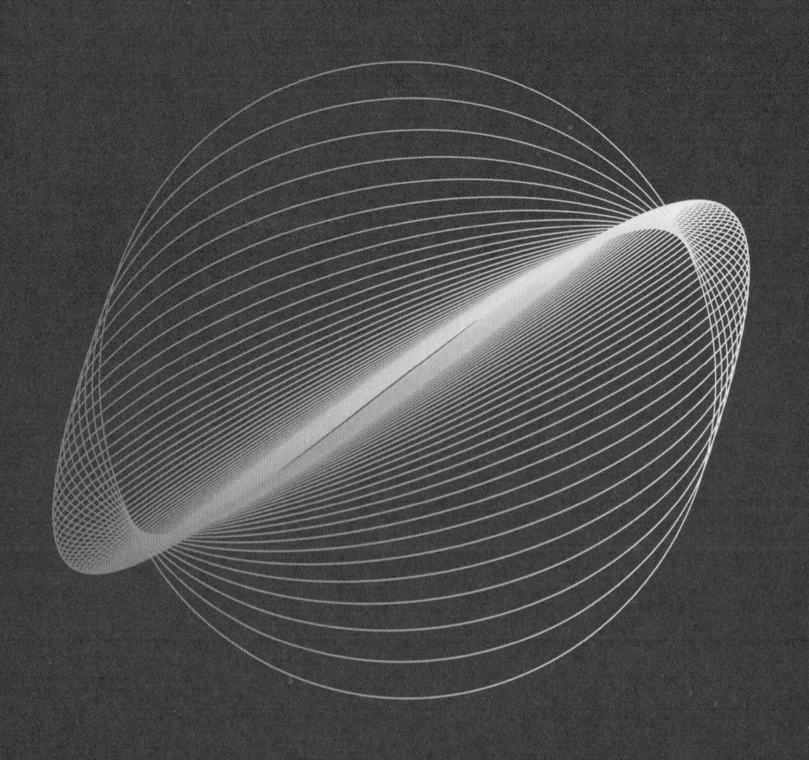

5.1 注塑成型节能技术

5.1.1 注塑机的能耗分析

生产注塑制品的成本中，除了不合格制品造成的材料浪费外，电能消耗占了很大的比例。特别是目前尚在大量使用的定量泵型注塑机，其在生产过程中的能耗占了整个生产过程耗电量的 80% 以上。

注塑机的能耗由多部分组成，主要包括液压系统电机能耗、料筒发热圈能耗、辅助设备能耗和控制部分能耗等，其各部分能量消耗如图 5-1 所示。

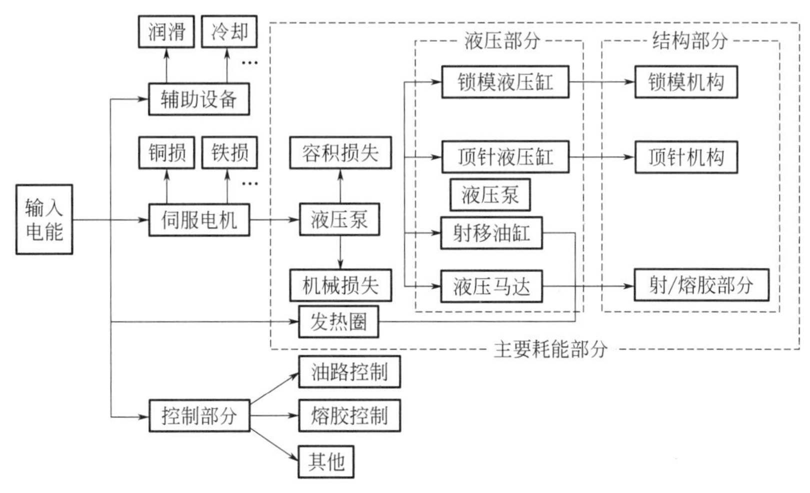

图 5-1 注塑机各部分能量消耗示意图

早期的注塑机是全液压式，注塑过程处于变化的负载状态。据统计，由于高压节流造成的能量损失高达 30% ～ 70%，因此能耗非常高。同时，注塑过程所用的加热方式普遍为电热圈加热，通过接触传导方式把热量传到料筒上，只有紧靠在料筒表面内侧的热量才能传到料筒上，外侧的热量大部分散失到空气中，存在着大量的热传导损失，并导致环境温度上升。此外，电阻丝加热还有一个缺点就是功率密度低，在一些需要较高温度的加热场合就无法适应了。注塑机的节能改造，即针对注塑机能量损失的原理，采取先进的技术，把不必要的能量都节省下来。

综上所述，注塑机的节能改造，主要有以下三种思路：一是对注塑机液压驱动系统进行技术改造；二是对注塑机塑化料筒的加热方式进行技术改造；三是将注塑机加热部分的多余热量回收利用。

5.1.2 注塑机液压系统节能技术

注塑机在工作过程中，所有动力全部来源于电动机驱动油泵，所以节能的方向首先是针对泵和电机这两方面来展开。

传统定量泵注塑机使用的普通电机，其在工作过程中一直以额定速度运转，定量泵的流量也是按照 100% 全流量输出的模式运行的。由于合模、射胶、熔胶、保压、冷却、开模、顶出等几个阶段需要不同的压力和流量，那么多余的液压油必须通过溢流阀流回油箱。这个过程造成的能量损失高达 35% ～ 65%。特别是当成型产品的冷却时间越长时，注塑机的能量损失也就越大。

同时，在实际生产中，由于产品的表面精度的要求，很多产品不适合高速高压成型，因此通常情况下注塑机电机的平均负载只有 60%，个别情况甚至不到 40%，注塑机并不会根据负载不同调整输出能量，大部分能量做了大量的无用功，因此能量损失巨大。

因此，降低注塑机定量泵的能耗将是注塑生产节能的首要目标，其技术路线如图 5-2 所示。

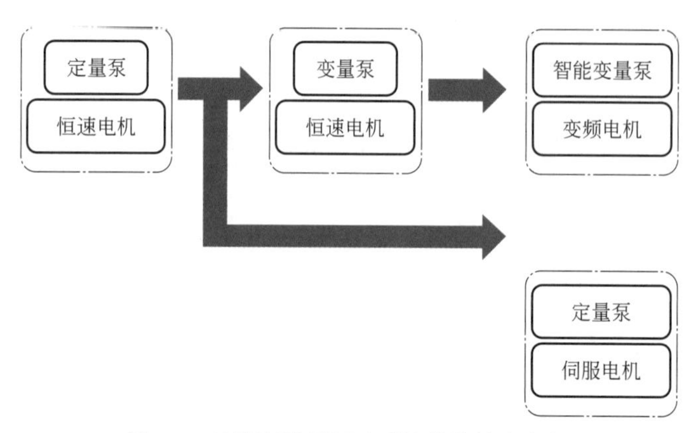

图 5-2　注塑机液压驱动系统节能技术方向

根据变量泵输出功率负载变化而变化的特点，避免了定量泵输出功率相对恒定、长时间大功率消耗电能的问题。在转速不变的情况下，通过改变液压泵排量，在小流量动作情况下，变量泵的输出功率很低，同时电机负载也会随着排量而改变，从而达到省电的目的。通过合理匹配比例变量泵系统，使得注射机液压系统输出与整机运行所需功率匹配，无高压节流溢流能量损失。通过测试，在射胶、熔胶、冷却工序的省电效果明显，平均可达 30% ～ 50% 的省电。在此基础上，通过合理匹配油泵的排量配置可以提高注塑机整机速度，达到效能高、速度快的效果。因此，变量泵注射机在中小注塑机上，得到了广泛的应用。

但是，对于大中型注塑机，采用变量泵对设备成本影响很大，需要采用多个定量泵联合工作的方式来达到变换动作速度的目的，虽然通过合理的匹配，可以达到加工能耗合理的节能效果，但由于设备维护成本的原因，增加了变量泵油的选购档次和更换频次，变相增加了使用成本，因此发展新型的节能型注塑机驱动装置，依然很有必要。

5.1.2.1　注塑机异步伺服节能改造技术

（1）开环控制

开环控制方案如图 5-3 所示，将注塑机流量与压力信号串联入伺服器信号板，部分注塑机仅有压力信号，伺服器选择数值比较大的信号作为参考。

开环控制系统的节能原理是通过自动检测生产过程中的所有阶段（合模、注塑、保压、回料、冷却、开模、顶出）的压力和流量设定，计算出对应的比例控制信号输出给伺服器，伺服器根据接收的控制信号，动态地调整电机转速以保证油泵输出的液压油尽可能少地产生无功回流。以南方利鑫 9600 系列变频器为例，其原理图如图 5-4 所示，其接线图如图 5-5 所示。

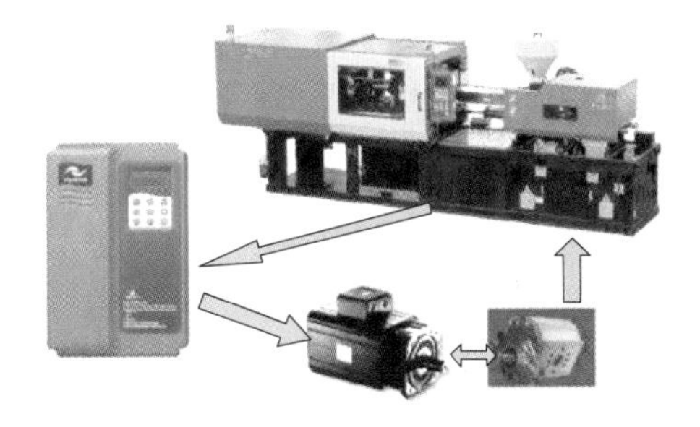

图 5-3　开环控制系统

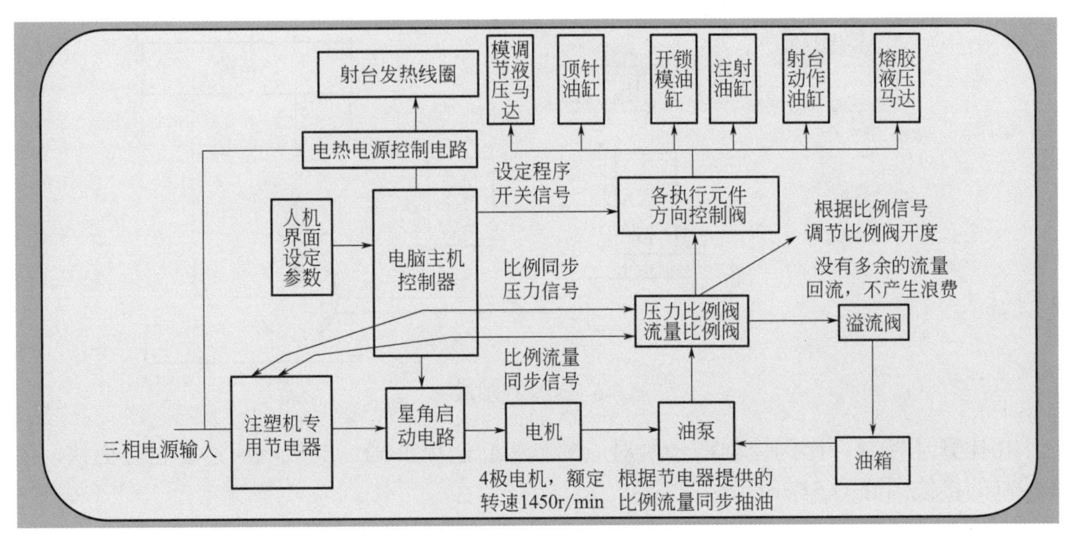

图 5-4　开环控制原理图

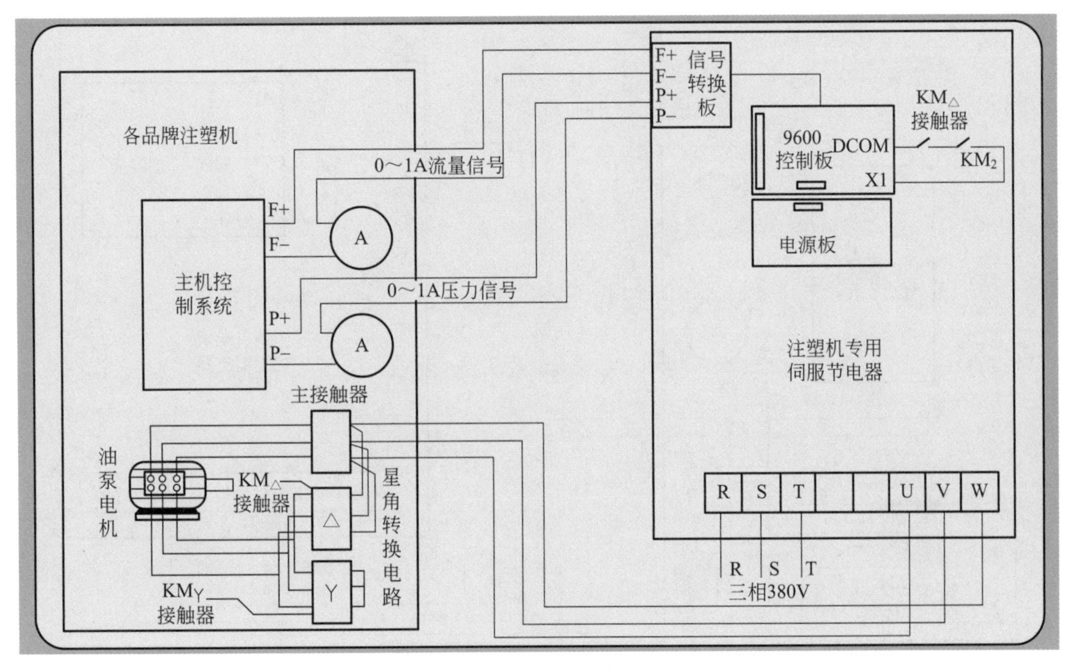

图 5-5　开环控制接线图

开环控制方案为注塑机节能改造中最为简单的方式，无需任何其他配件，普通电工即可完成。将注塑机电机输出变成可调式控制方式，泵输出的流量就是可变的。注塑机没有动作时，特别是冷却时间，电机可以完全停止运行。测试试验表明，冷却时间20s左右的注塑工艺，经此方案改造后，可以节能30%左右。

（2）闭环控制

闭环控制方案是在开环控制基础上增加一路油压检测信号作为反馈源，如图5-6所示。

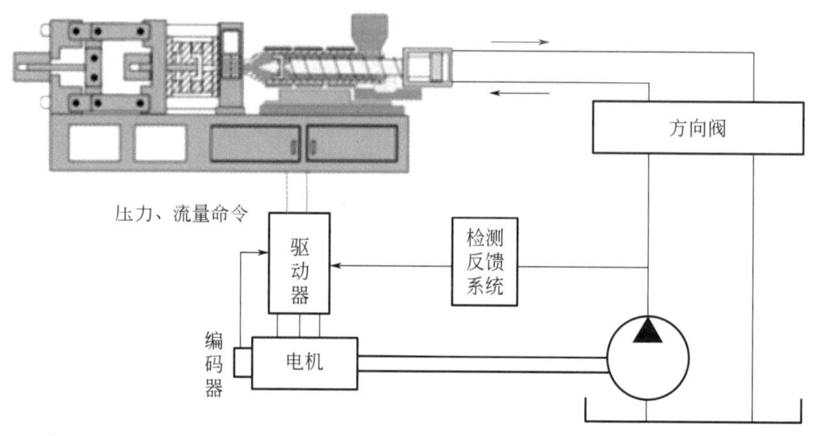

图5-6　闭环控制系统

相比开环控制，比例控制信号所对应的电机转速更准确，电机响应速度也会更快，闭环控制的接线图如图5-7所示。

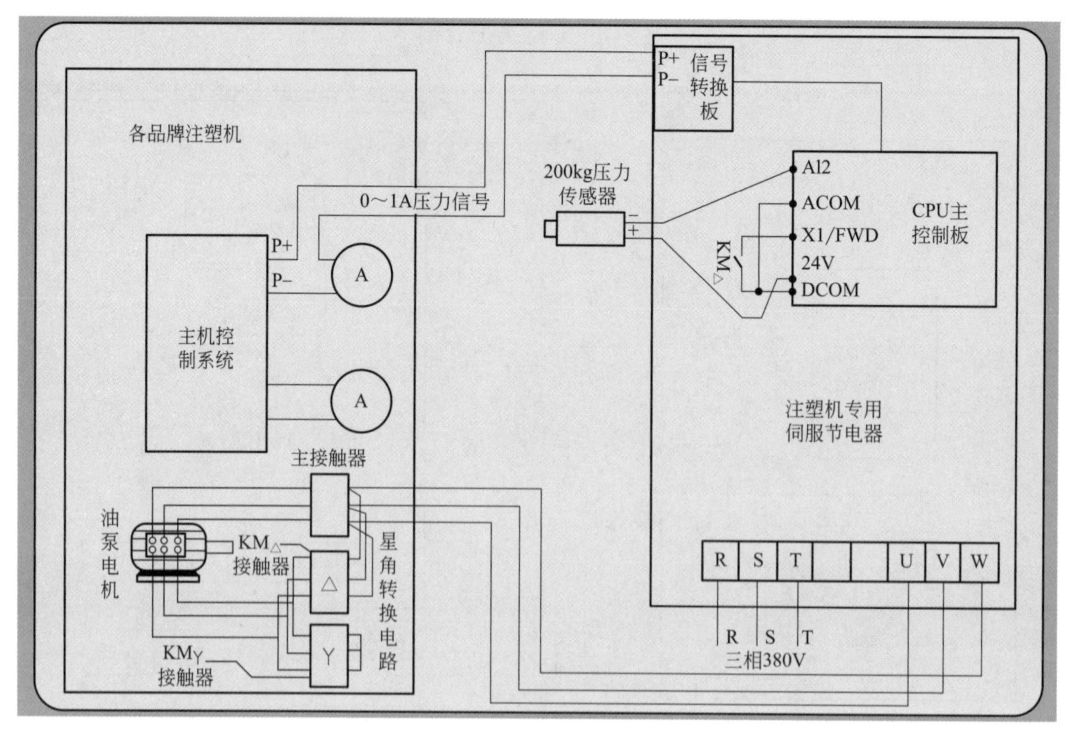

图5-7　闭环控制接线图

闭环控制方案需要在注塑机输出油缸上安装油压传感器，对安装改造人员的技术水平有较高的要求。测试试验表明，冷却时间20s左右的注塑工艺，经此方案改造后，可以节能40%左右。

（3）工变频切换

此方案是在前两种方案基础上增加工变频切换组件，实现节电和市电的相互切换，本质只是功能上的增加，对节能没有影响。工频和变频切换组件如图5-8所示。

图5-8 工频变频切换组件

由于伺服器一般是单机，采用壁挂式安装，增加工变频切换功能可以做成立式的一体柜，无需固定；此外，部分企业会担心伺服器故障时可能会影响工作效率，而一体柜可以随时切换到非节电的市电模式，免除担忧。

5.1.2.2 注塑机同步伺服改造技术

此种方案可以理解为异步伺服方案的再次升级。

（1）开环控制

在异步伺服开环控制基础上，更换三相交流异步电机为三相交流同步电机，伺服器需支持同步电机驱动，接线与异步伺服基本一致。

同步电机相比异步电机具有如下优点：功率因数更高，矢量控制性能更好。此方案除异步电机更换同步电机外，注塑机本身的油泵和油路都要进行相应改动，操作复杂，成本也较高。测试试验表明，冷却时间20s左右的注塑工艺，经此方案改造后，节能达40%左右。

（2）闭环控制

在上述方案基础上增加油压检测信号作为反馈源形成闭环控制；或者电机增加旋转编码器，编码器信号作为矢量控制本身的反馈源形成闭环控制；或者两种方式都采用形成双闭环控制。接线与异步伺服基本一致。

以普通注塑机为例，单一的闭环控制节能在50%左右，双闭环则可以做到节能接近60%。当然，此种方案的改造成本更高，部分场合已经相当于注塑机整机一半的成本了。现在市面上各品牌注塑机，比如市场占有量很高的海天注塑机，现在推出的新品设备已经有很大一部分采用同步电机加闭环控制的方案了。

综上所述，注塑机节能改造，核心就是尽可能减少电机无用功的损耗和加热部分的热量回收利用。所以，针对市面上占比超过 80% 的老式注塑机，注塑机异步伺服改造方案无疑是最具性价比，也是最简单的方案。随着近几年国内变频技术的成熟，早已从最初的电机 *U-f* 控制（电压 - 频率控制）转变到电机精准的矢量控制，技术的进步带来的必将是产品性能更好，质量更稳定，操作更简单，节能更明显。

5.1.2.3　注塑机同步伺服改造中的注意事项

（1）变频器与伺服器的关系

注塑机节能改造中有变频器和伺服器一说，很多技术人员认为是两种不同的设备，其实二者没有本质的区别，目的都是通过电机调速的方式实现节能，可以简单理解为伺服器是高配版的变频器。常见通用型变频器过载能力只有 150%，不能直接接入注塑机 0 ～ 1A 信号，而注塑机专用伺服器（注塑机专用变频器）放大了一定功率，过载能力可以达到 200%，并配置了专用信号板，内置参数进行了优化设定。因此，通用型变频器放大功率等级选用和加装信号板，并设定参数也同样可以实现与注塑机伺服器一样的节能效果，只是需要额外增加成本和改造时间而已。

（2）伺服器加装制动单元和刹车电阻的问题

部分厂家在注塑机节能改造时会为伺服器加装制动单元和刹车电阻，目的是让电机在没有动作时快速停止。经技术人员实际测试，这种方式并没有产生实质性节能效果，因为电机快速停止回收的能量大都被刹车电阻吸收发热散失了，并没有得到二次利用，不存在节能效果，只会增加节能改造成本。

（3）变频器和星角降压启动的冲突问题

实践过程中，在给注塑机加装伺服器时，需要把伺服器串联在电机原有的星角降压启动前面，只把角接接触器常开点接入变频器，或者干脆不接。由于变频器与电机之间不建议有开关（如接触器），否则一旦操作不当，变频器就很容易烧坏，而变频器带电机相当于软启动，电流的限制速度不会很快。那么，把伺服器串联在星角启动前面是不是使用不当呢？注塑机启动会不会因为提速慢而影响生产效率呢？

答案是，降压启动电路是先由星接接触器启动电机，电机星形接法启动电流不大，变频器在过载能力范围内也可以承受，后在瞬间转换角接接触器时，电机已经有一定速度，此时变频器通过角接驱动电机已经不需要很大的电流加速，也不会过载，所以不存在使用不当的问题。

而对第二个疑虑，由于变频器驱动电机从 0Hz 加速到 50Hz 是需要时间的，时间的长短取决于负载的大小和变频器本身的驱动电流。注塑机启动属于带载启动，但变频器也放大了一定功率，再加上启动过程电机是星形接法，加速时间可以极大缩短，部分设备甚至可以到 1s 以内（实际也很少有注塑机需要设定这么短的时间），所以基本不会影响生产效率。

5.1.3　电磁感应加热节能技术

注塑生产耗能高的一个主要原因，就是注塑机料筒（俗称熔胶筒、炮筒）的加热系统，该加热系统既是耗费大量电能的工艺点，也是整个注塑机节能改造的主要对象之一。

（1）塑料加热熔化能耗分析

塑料加热熔化过程的本质是材料在料筒中受热达到其熔点后，由固态变为熔融态的过程，该过程在料筒内完成，料筒部件及其主要耗能部件如图 5-9 所示。

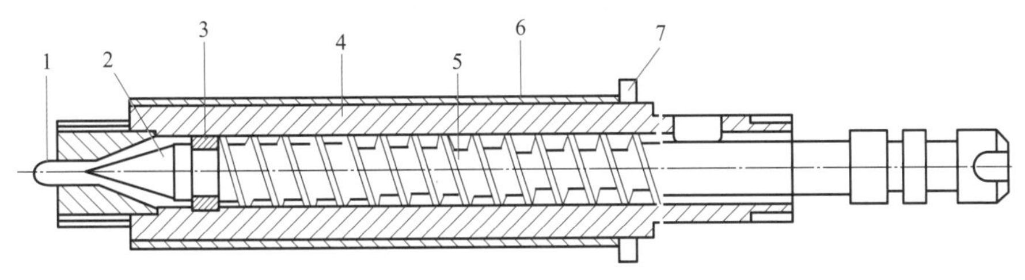

图 5-9　料筒部件

1—喷嘴；2—螺杆头；3—止逆环；4—料筒；5—螺杆；6—加热圈；7—冷却水圈

料筒的热量来源于套在其上的发热圈，发热圈先通过热辐射的方式将热量传递到料筒的外表面，然后通过热传递的方式传递到料筒内表面，内表面温度升高，最后通过热传递将热量传递给塑料颗粒，达到加热塑料颗粒的目的，最终使塑料变为熔融状态，如图 5-10 所示。

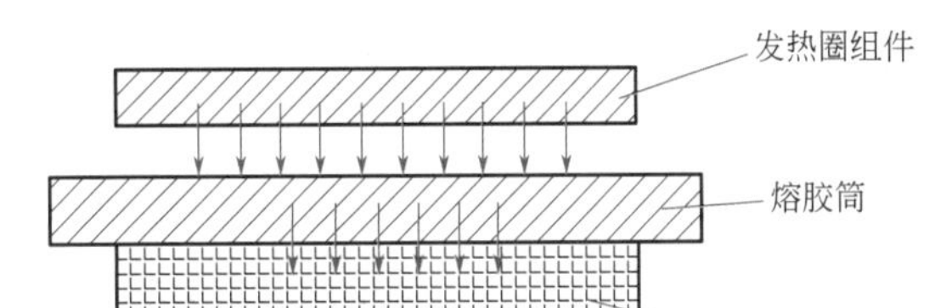

图 5-10　熔料过程热量传递示意图

有人通过有限元方法，运用 ANSYS 软件对料筒部件进行稳态热分析，结果如图 5-11 所示。塑料熔化过程可简要描述为，螺杆后段导入塑料，塑料进入料筒的熔化区域。在熔化区域中，塑料持续前进，其间处于外侧的塑料贴紧熔胶筒壁，外侧的塑料先于内侧塑料达到熔点而开始熔化，熔化后熔体粘连于熔胶筒壁上，当熔胶筒壁上的熔体厚度超过螺杆与熔胶筒的间隙时，由螺杆螺纹的旋转作用将其刮落，通过螺杆的输送到达储料段储存起来。这样在整个熔化区域内，绝大部分塑料最终变成熔融状态，此时熔胶筒处在稳态热平衡阶段。

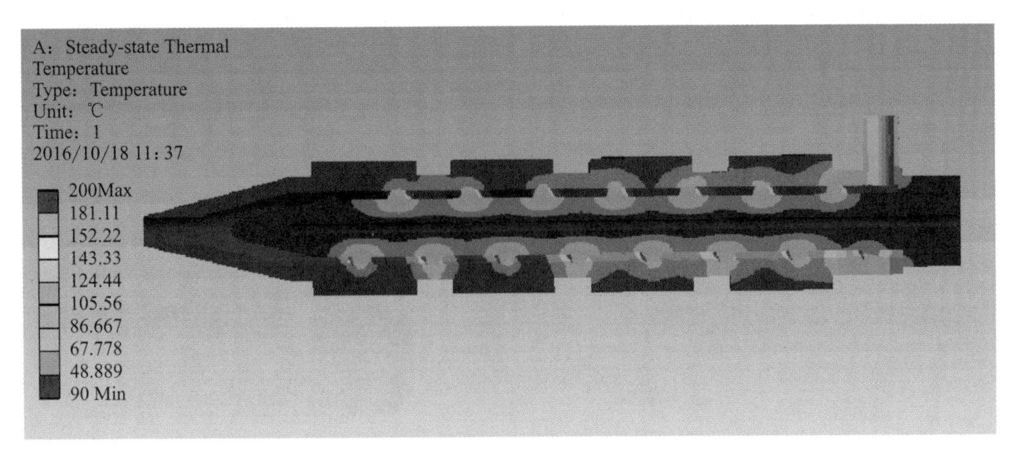

图 5-11　某料筒温度场分布图

事实上，采用普通的发热电阻对料筒进行加热，不可避免地存在如下缺点。

① 热损失大：普通的发热电阻由电阻丝绕制，圈的内外双面发热，其内面（紧贴料筒部分）的热量大部分会传导到料筒上，而外面的热量大部分会散发到空气中，造成电能的直接损失。

② 环境温度上升：由于热量大量散失，周围环境温度升高，尤其是夏天，对生产环境造成很大的影响，有些企业不得不采用空调降低温度，这又造成能源的二次浪费。

③ 使用寿命短、维修量大：发热管由于采用电阻丝发热，其加热温度高达300℃左右，热滞后现象严重，不易精确控温；电阻丝容易因高温老化而烧断，维修工作量相对较大。

（2）电磁感应加热技术

高频电磁感应加热（简称电磁感应加热、电磁加热）技术是新型加热技术，发热效率提高到90%。电磁加热器是一种利用电磁感应原理将电能转换为热能进行加热的装置，电磁加热器先是将220V、50Hz的交流电整流后变成直流电，再将直流电转换成频率为20～40kHz的高频高压电，高速变化的高频高压电流通过线圈会产生高速变化的交变磁场，当磁场内的磁力线通过导磁性金属材料（料筒）时会在金属体内产生无数的小涡流，使金属材料本身自行高速发热，从而达到良好的加热效果，如图5-12所示。

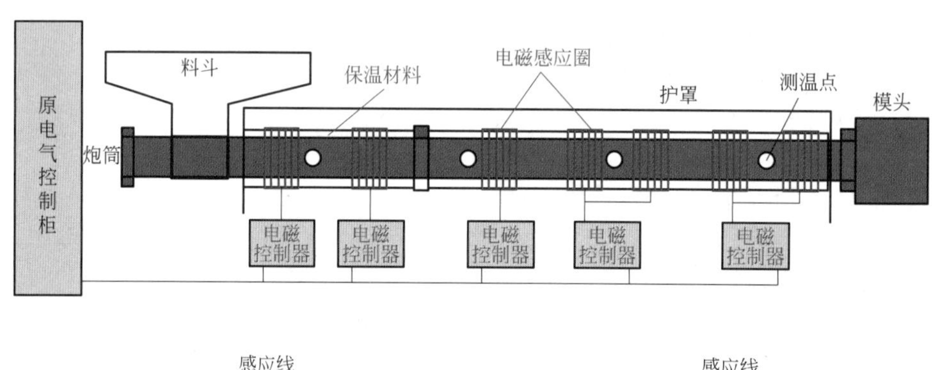

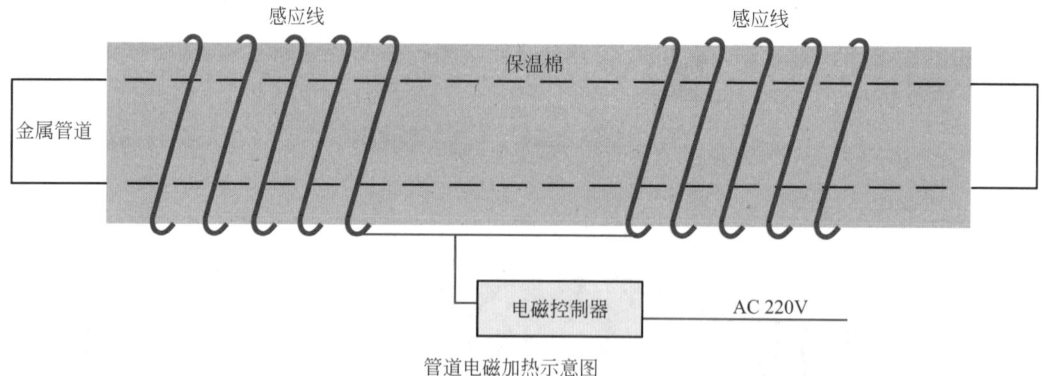

管道电磁加热示意图

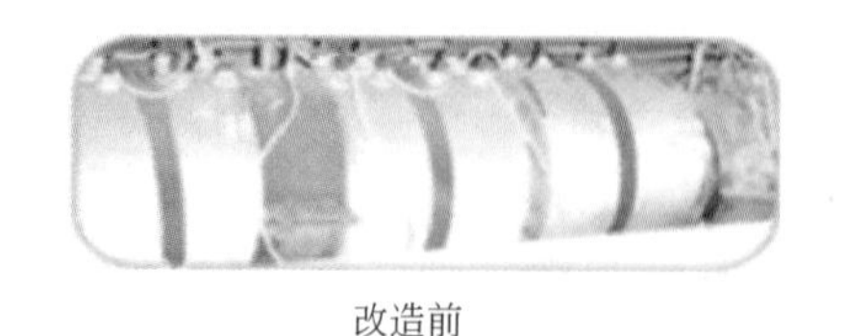

改造前

改造后

图5-12　电磁感应加热装置示意图

采用电磁感应加热对注塑机的料筒进行加热，具有如下优点：

① 寿命长：电磁感应加热的线圈为铜线，电阻非常低，因此线圈本身基本不会产生热量，因此电磁感应加热器的寿命长，一般无需检修，基本无后期维护维修成本。

② 安全可靠：料筒经高频电磁作用而发热，热量利用充分，热量散失非常小；热量聚集于料筒内部，电磁线圈表面温度略高于室温，可以安全触摸，无需高温防护，安全可靠。

③ 高效节能：加热体内部分子直接感应磁能而生热，热启动非常快，平均预热时间比电阻丝加热方式缩短 60% 以上，同时热效率高达 90% 以上，在同等条件下，比电阻丝加热节电 30% ～ 70%，大大降低了能耗。

④ 温控准确：由于线圈本身不发热，热阻滞很小，热惯性非常低，料筒内外壁温度一致，温度控制实时、准确。

⑤ 绝缘性好：电磁线圈由定制的专用耐高温高压特种电缆绕制，绝缘性能好，无需与料筒外壁直接接触，无漏电、短路等故障。

⑥ 改善工作环境：采用电磁感应加热的注塑机，由于采用的是内热方式，热量聚集于加热体（料筒）内部，外部热量耗散几乎没有，对车间的环境温度影响可以忽略不计，大大改善了注塑生产现场的工作环境，有利于提高生产工人的工作积极性，并降低了夏季厂区通风降温的费用。

5.1.4 余热回收节能技术

为了去除塑料中的水分，传统注塑机大多配置有用于除湿干燥塑料的干燥机，干燥机采用电加热的方式提供热源，从干燥机的出风口排出的空气携带有一定的热量，若这部分热量直接排入车间，一方面会增加车间空气中的粉尘含量；另一方面会导致车间温度上升，增加车间的能耗。

余热回收节能装置如图 5-13 所示，就是在料筒（熔胶筒）加热段的四周安装余热收集装置，利用工作时所散发的热量对干燥桶内的塑料进行除湿干燥处理。

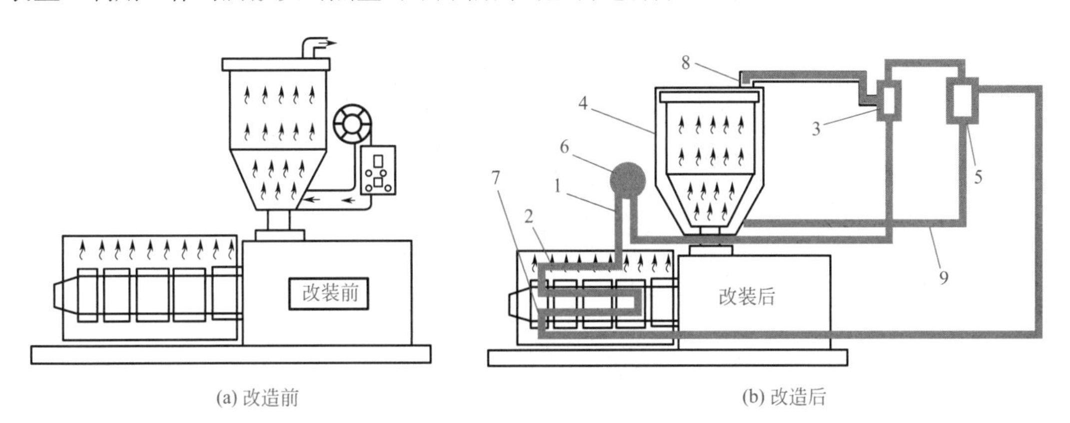

(a) 改造前　　(b) 改造后

图 5-13　余热回收节能装置

1—余热收集储热循环系统；2—余热采集储热器；3—热风循环除湿滤尘装置；
4—保温干燥桶；5—智能循环调节装置；6—热源调整风机；
7—集热管道；8—热源输送管道；9—辅助加热装置

含有一定水分和粉尘的热风从保温干燥桶 4 排出，经过管道 8 进入热风循环除湿滤尘装置 3 中，由 3 对其进行处理。处理后的热气一部分经过热源调整风机 6 为余热收集储热循环系统 1 中的热气提供动力，使得该系统内的气体流动循环；经热源调整风机 6 处理后的热气进入余热采集储热器 2，通过料筒散发的热量对其做进一步的加热处理；经过热风循环除湿滤尘装置 3 出来的另一部分热气与从余热采集储热器 2 出来的热气汇合后，经过智能循环调节装置 5 调节后，进入保温干燥桶 4 的底部，继续对桶内的塑料进行除湿干燥。

在此过程中，可以通过热源调整风机 6 的风量对保温干燥桶 4 内的温度进行调节，以保证桶内温度与实际所需温度相一致：当桶内的温度比设定的低时，智能循环调节装置 5 发出信号给热源调整风机 6，风机 6 提高转速，增大输出风量，在风机 6 驱动作用下，更多的气体流经余热采集储热器 2 进行再次受热，进入保温干燥筒 4 内的气体温度升高。反之亦然。

实践证明，采用注塑机余热回收节能装置，可以达到如下效果：

① 传统注塑机安装余热回收节能装置后，电热部分（料筒与干燥机）可以节省 35% 左右的用电量。

② 传统注塑机安装余热回收节能装置后，由于注塑机料筒的余热被回收再利用，注塑机的料斗发热管可拆除而无热量散发到车间，因此注塑车间的温度会大幅降低，车间温度降幅可达 3 ~ 5℃，大大改善了工作环境。

③ 由于采用双重过滤装置，可过滤料桶内的粉尘，有效防止生产车间的空气污染。

5.1.5 节能注塑机器——全电动注塑机

全电动注塑机如图 5-14 所示，该类型注塑机去除全部的液压系统，所有的动作均采用控制电机直接驱动，整机的能量损失小，传动精度高。全电动注塑机生产的制品重复精度高、制品的合格率高，从而大大节省了材料。

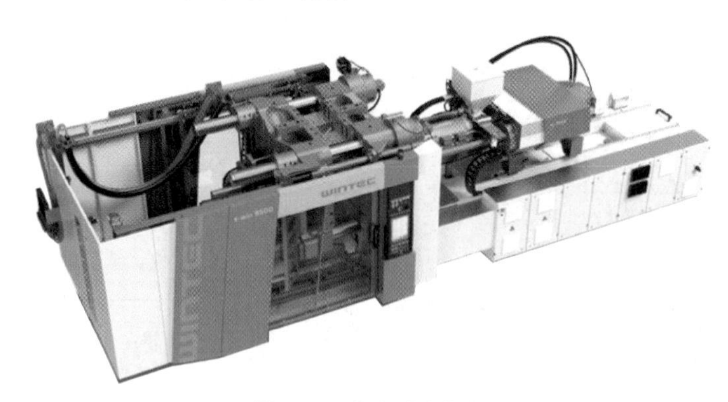

图 5-14　全电动注塑机

传统的液压注塑机由于液压油具有可压缩性以及系统中存在多次机械能与液压能之间的能量转换，导致其效率低下，并且液压管路、元件中一般不可避免地存在较多的能量损失；同时，传统注塑机由于驱动力来源于液压油和液压元件，在整台机器中要布置许多的油路，各种液压元件和管路都有可能发生漏油，这对制品以及生产环境都会造成污染。而全电动注塑机所有的动力都由伺服电机提供，不存在漏油的情况，即使对于一些元件的润滑，也可以采用循环油润滑的方式从而避免污染的产生。表 5-1 是上述两种类型注塑机的性能比较

表 5-1　全电动注塑机与液压注塑机的性能对比

机型	效率	反应时间 /ms	耗电（以液压注塑机耗电为参考）	耗水（以液压注塑机耗水为参考）
液压注塑机	0.6	80	1	1
全电动注塑机	0.84	30	0.2 ～ 0.75	0.1 ～ 0.2

精度高是全电动注塑机显著的优点，其关键在于采用了伺服电机和滚珠丝杠进行驱动和控制。因此，提高伺服电机的控制精度是改善全电动注塑机性能的一项有效手段。

从技术上来说，全电动注塑机实现精密注塑较为关键的一点是实现对注射速度的精密控制。实际注射过程中对注射速度的需求往往跟物料的特性、产品结构特征、工作环境等因素有着错综复杂的联系，国内外学者对注射速度的优化进行了一系列研究，并改进了其控制精度，为改善全电动注塑机的控制系统做出了贡献，对于汽配、电子等行业所需的精密塑件成型具有重要的价值。

螺杆转速的控制与注塑制品的精度密切相关，有人从永磁同步电机的驱动控制着手进行相关研究和算法设计改进，实现了转速和电流的双闭环控制及永磁同步电机在浮点算法中的应用，提高了代码的效率，为全电动注塑机提供了更可靠的驱动保障。此外，有人研究分析出螺杆转速对塑化计量时间的影响关系，提出可以通过优化对螺杆转速的控制来优化塑化计量时间；同时，还通过设定提前量和使用开合模电机实现调模量的方法来提高定位精度，为高表面质量的电子类塑件注塑成型提供了有效的理论指导。

合模机构的分析和优化也是实现精密注塑的一项重要手段。工程师设计出了 1300 kN 全电动注塑机合模机构，并对合模机构进行建模、分析和优化，完成了大功率合模机构的设计。

目前，汽车配件和电子行业是精密注塑成型的重要应用领域之一，具体应用包括汽车前大灯、用于前大灯的扩散透镜等。如图 5-15 所示为住友德玛格公司用全电动注塑机生产的一款 LSR 矩阵灯。

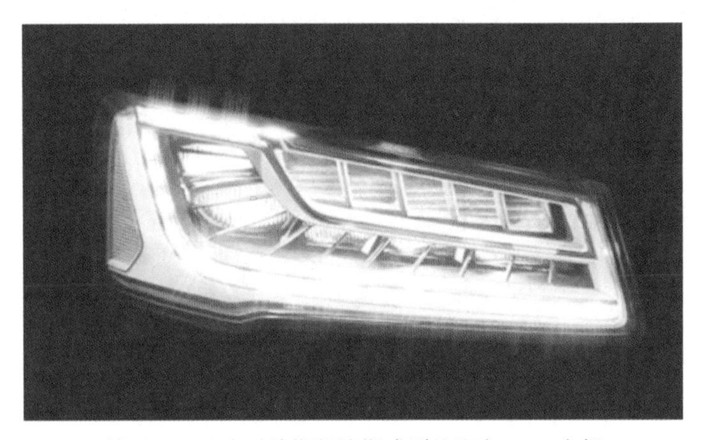

图 5-15　全电动注塑机注塑成型的汽车 LSR 大灯

汽车配件和电子行业不仅要满足大批量生产需求，而且对制品的精度和稳定性有严格的要求。全电动注塑机能保持精准的压力控制，并且在全速注射时能够实现快速准确的 *V/P* 切换，保证了设备精度和制品的稳定性。因此，全电动注塑机目前已经广泛应用于车灯导光条、LED 套件等精密制品的生产，如图 5-16 所示。

此外，全电动注塑机还能够快速实现动模板与机械手精确的定位配合，因而广泛应用于模内电子（in-mold electronics，IME）产品的生产。

IME 工艺可以将膜片、线路、电子元器件、LED 灯等电子器件集成化注塑在一起，把传统的机械按键等装饰件、功能件整合成一个产品，其不仅具有机械开关的传统人机界面的美观性，而且实现了高功能、轻量化、低成本等，如图 5-17 所示。IME 已经在汽车、医疗设备和白色家电市场等领域获得了广泛应用。

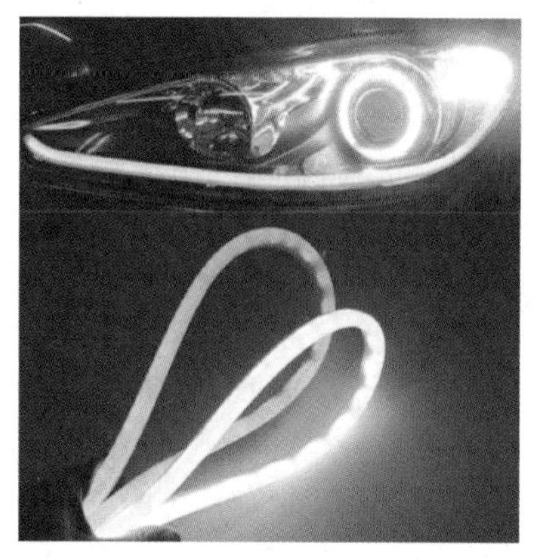

图 5-16　全电动注塑机注塑成型的车灯导光条

图 5-17　模内电子（IME）注塑产品

综上所述，相比液压注塑机，全电动注塑机具有高效、精密、智能、节能、环保的优势。为了实现全电动注塑机性能的进一步提升，大量专家和学者进行了一系列的研究工作。当前伺服电机和滚珠丝杠成本大大降低，合模机构设计不断优化改进，对双电机的同步控制技术越来越成熟，大型化也将成为全电动注塑机的发展方向。

汽配电子行业是全电动注塑机的一个应用领域，在传统汽车行业低迷、智能汽车兴起的大背景下，汽配电子市场对于大型一体化汽配件、精密化汽配电子产品的需求日益迫切。全电动注塑机有望在未来得到更深入、更广泛的研究和应用。

5.2 低压注塑成型技术

5.2.1　低压注塑成型原理与特点

（1）低压注塑成型工艺原理

低压注塑成型工艺则是一种使用较低的注射压力（0.15 ～ 4MPa）将塑料熔体注入模

具并快速固化（5 ～ 50s）的封装工艺，以热熔低压注塑材料卓越的密封性和优秀的物理、化学性能来达到绝缘、耐高温、抗冲击、减振、防潮、防水、防尘、耐化学腐蚀等功效，对电子元件起良好的保护作用，如图 5-18 所示。

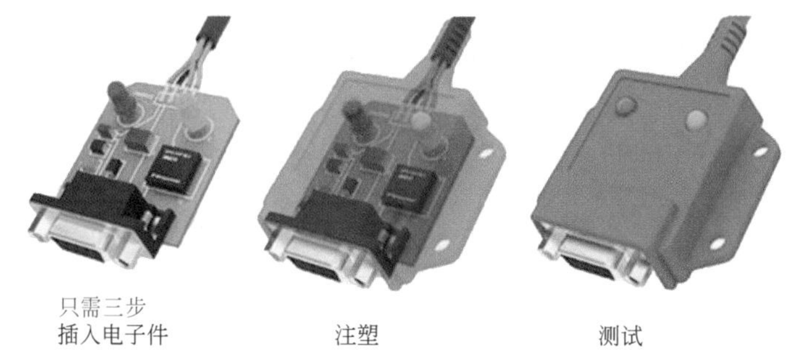

图 **5-18** 低压注塑成型电子产品（数字插头）

（2）低压注塑成型的优点

理论和实践表明，采用低压注塑成型，具有以下优点：

① 更低压力：低至 0.15MPa 的注射压力，确保电子元件不被应力损坏，极大程度地降低了废品率。

② 更低温度：注塑温度低至 150℃，即便是 PCB 软板也可轻松包裹，保护脆弱的电子元器件，避免了不必要的浪费，大大节省了能耗。

③ 更快成型：低压热熔胶注塑成型的工艺周期可以缩减至 5s，极大地促进了生产效率。

④ 更高效率：选择低压注塑成型工艺不但可以大幅度提高生产效率，还可以降低产成品的次品率，从总体上帮助生产企业建立成本优势。

⑤ 模具简单：低压成型模具可采用铸铝模，而不是钢材，所以非常易于模具的设计、开发和加工制造，可大大缩短开发周期。

与传统的高压注塑相比较，低压注塑具有如图 5-19 所示的优点。

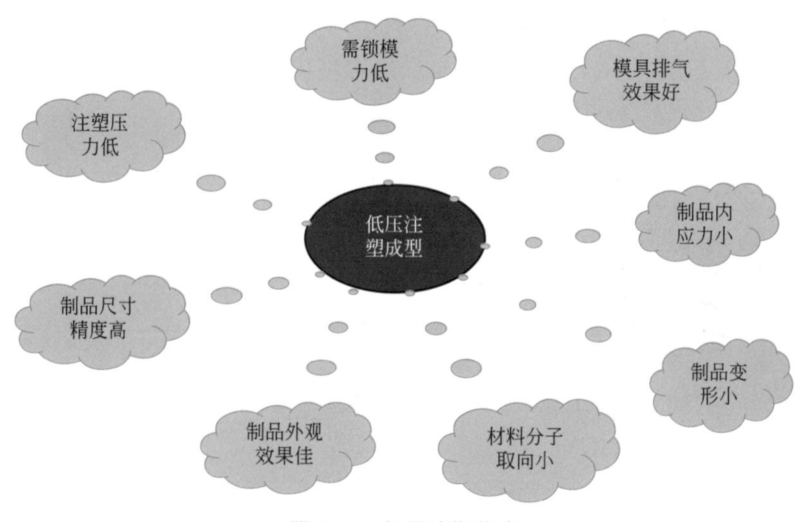

图 **5-19** 低压注塑优点

(3) 低压注塑成型对比传统的包覆工艺

低压注塑成型与传统的包覆工艺相对比，具有如下优点：

① 低压注塑是将表皮材料与塑料基材融为一体，不存在脱落的可能。

② 由于没有包覆工艺所必需的涂胶工序，低压注塑工艺过程更为环保。

③ 低压双层注塑零件的内部结构可任意设计，表面造型的自由度相比包覆工艺更大，并且造型特征更清晰、硬朗。

④ 低压注塑不需要额外的二次包覆，提升生产效率。

⑤ 低压注塑产品具有良好的手感和外观。

⑥ 低压注塑产品注塑压力低，能有效保护产品内部零件，废品率低。

(4) 低压注塑成型的工艺要点

① 面料选择　现在低压注塑用的面料都是底层无纺布 + 泡沫层 + 表面面料层，由于受到模具的压缩与熔融塑料的挤压，面料纵向、横向的延伸性不同，反映到产品上的现象也就不同。其中最为突出的问题是渗料、击穿、破损。就是说在模具状态恒定、工艺条件恒定的情况下，面料的特性对产品的质量有着很大的影响。延伸率纵向、横向对不同的模具也有不同的适配性，有的模具由于设计上的限制可能对纵向延伸率要求高，有的模具可能对横向延伸率要求高。所以在试制新产品、新模具时需要综合考虑这个问题。

② 塑料的流动性　评定塑料流动性的指标是熔融指数（melting index，MI）。由于面料上塑料的流动比在光滑的模具型腔上流动缓慢，所以面料低压注塑模具比普通模具有更多浇口。而流动速度缓慢势必影响到产品其他外观问题，如结合痕、缺料等。

5.2.2　低压注塑成型常见问题及措施

(1) 击穿

产品尖角处容易出现击穿，如图 5-20 所示。击穿的原因是尖角处分型面配合有间隙，当料量或速度增加后熔融塑料从间隙里面穿透出来。此外，尖角处壁厚太厚也容易造成击穿。

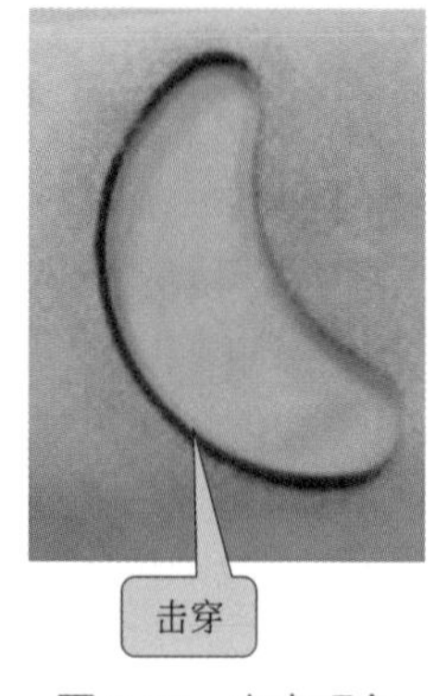

图 5-20　击穿现象

(2) 渗料

渗料现象如图 5-21 所示，产品的转角处最容易出现渗料。渗料部位浇口温度过高，模具温度过高，渗料部位浇口料量控制过多。

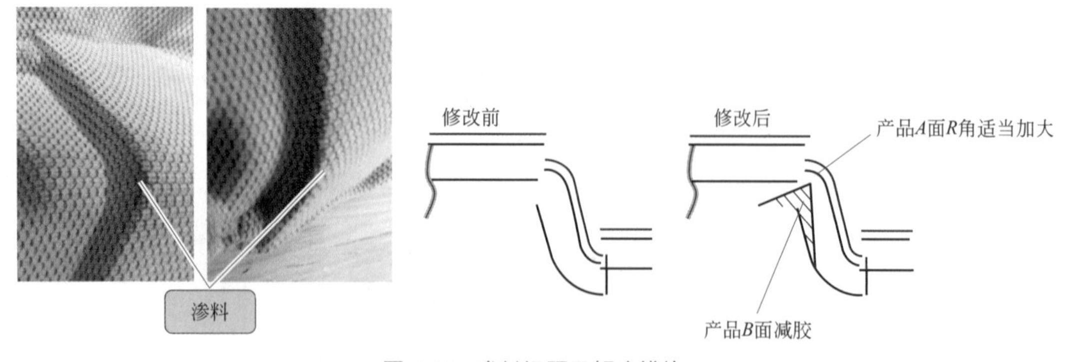

图 5-21　渗料问题及解决措施

解决渗料措施如下：

① 尖角处壁厚太厚容易造成击穿，所以模具尖角处壁厚相对减薄一点，防止面料渗料或击穿；

② 产品预防设计，尽量使产品型面平顺过渡，减少台阶落差，避免过急的产品转折；

③ 调整注塑工艺参数，降低模具温度与熔体温度，减少注塑料量，降低注塑压力等。

（3）浇口处缩印

浇口直径改为 ϕ3mm 以下，冷流道长度为 15mm，加强浇口处的冷却，如图 5-22 所示。

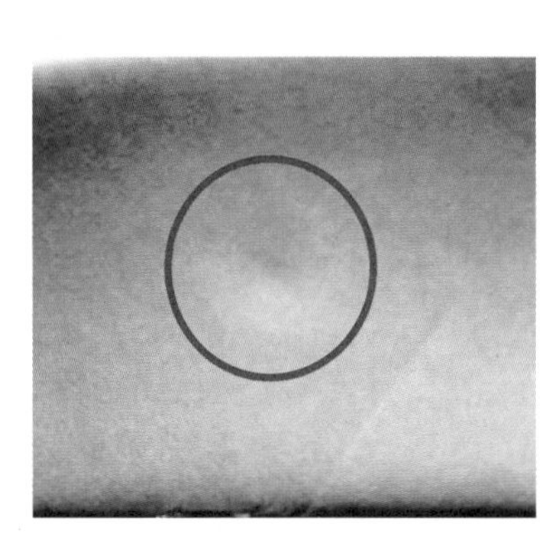

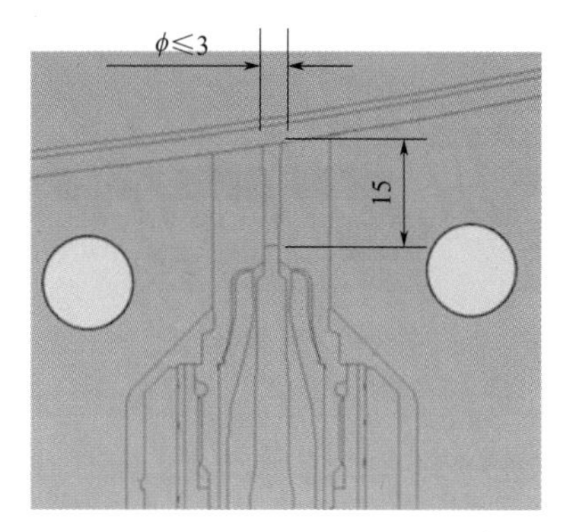

图 5-22　浇口缩印现象

（4）缺料

产品的尖角处容易出现缺料，其原因可能有：模温太低，缺料部位浇口温度偏低，缺料部位浇口料量控制过少，模具尖角处壁厚过薄，注射速度、压缩速度偏低。

（5）面料压破

面料压破的原因是，通常低压注塑模使用的模具温度偏低（10 ～ 15℃），如果防锈措施做得不好，会在压面料框、滑块分型面产生锈斑，生产时对面料的压紧作用过剩，面料的延展性有限，从而将面料压破。

（6）*R* 角处发亮

当产品在 *R* 角处出现发亮现象时，应及时检查 *R* 角是否在尖角处，产品是否翘曲角度很大但 *R* 角不够大，表皮的延展性是否满足要求，并采取相应的处理措施。

（7）表皮拉伤

查看脱模角度是否足够；模具表面抛光是否满足要求。

5.2.3　低压注塑成型实践经验

（1）挂针经验

① 固定式挂针。固定式挂针不可调节其位置和高度，如图 5-23 所示。此类方式适用于比较平坦的产品，利用面料本身的延展性，节约模具空间，但容易扯坏面料。一模两穴的产品需要单独挂布。

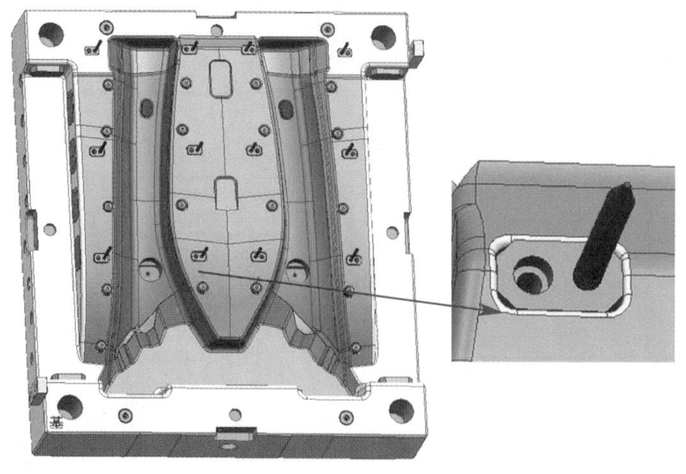

图 5-23　固定式挂针

② 可调节式挂针。可调节式挂针如图 5-24 所示。此类挂针适用于落差大、形状复杂的产品，挂针自身可调节，能有效保护面料。

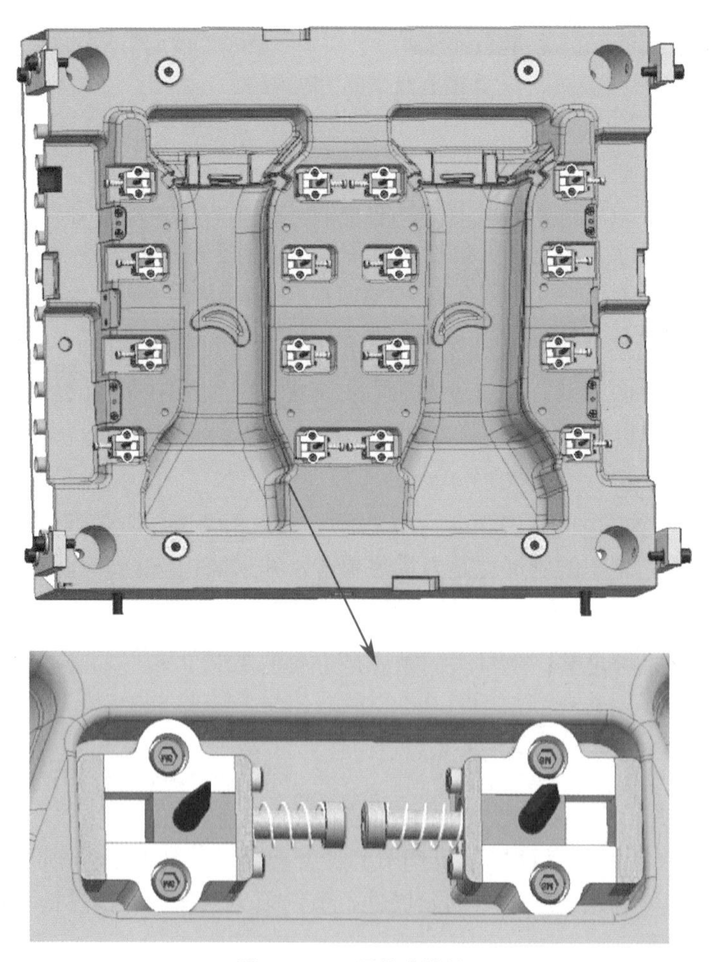

图 5-24　可调节式挂针

③ 利用挂钩形式夹住面料。利用挂钩形式夹住面料，使面料垂直悬挂，如图 5-25 所示。这种形式操作简便，避免挂针的尖锐部分扎到操作工人，面料在合模过程中可自动调整，不容易起皱。

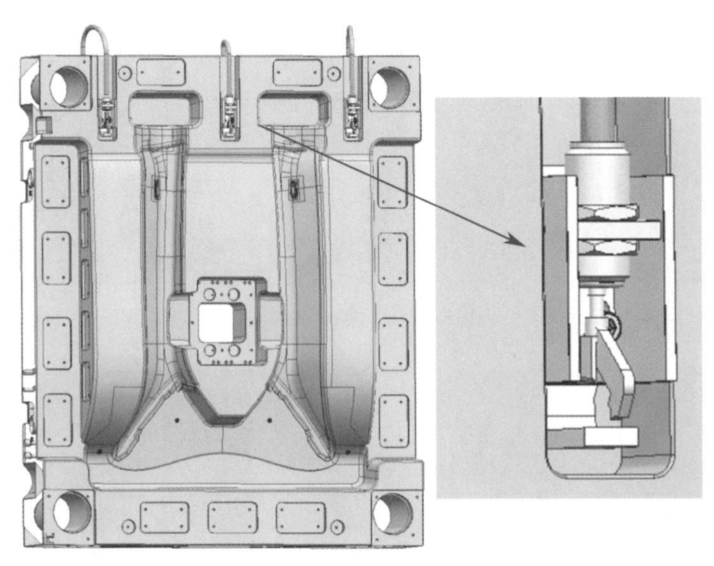

图 5-25　利用挂钩形式夹住面料

(2) 压布实践经验

① 压布针形式。此压布方法如图 5-26 所示，压布针利用顶针改制，加工简单方便，但压布针容易把布压坏。

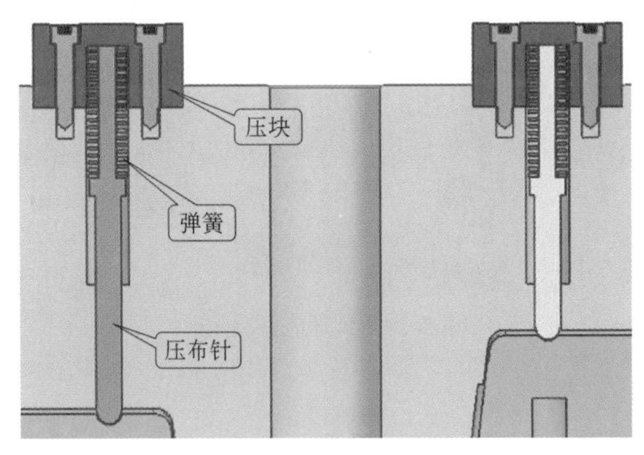

图 5-26　压布针压布

② 小压布块形式。该方法如图 5-27 所示，不同于一般压布针容易把布压坏，小压布块利用弹簧自动调节压布力度，两压布块弧面配合密切，使用寿命长，但加工成本较高。

③ 大压布块形式。此压布形式如图 5-28 所示，不同于一般压布针容易把布压坏，大压布块压布是利用氮气弹簧自动调节压布力度，钢珠螺钉与前模滑动配合，边合模边调整。此种压布效果最好，但加工成本高。

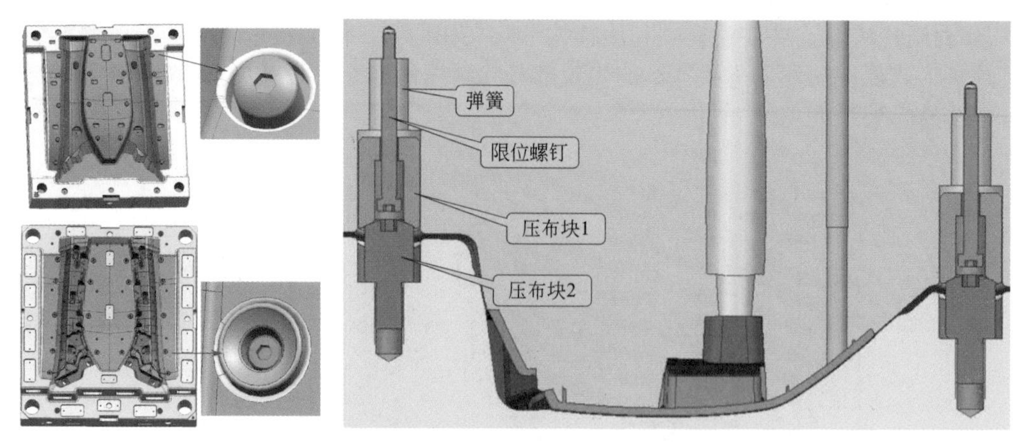

图 5-27　小压布块压布

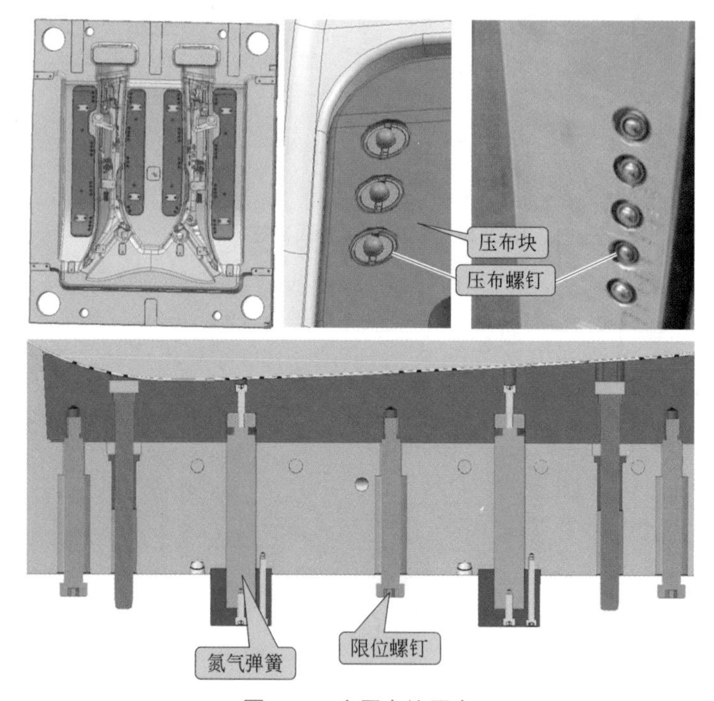

图 5-28　大压布块压布

（3）操作经验

① 产品四周脱模角度要求 5° 以上，若小于 5° 表皮会出现拉伤情况，转角 *R* 角的大小为胶厚 2 倍以上。

② 产品不能出现尖角、锐角等缺陷，否则会造成产品破皮（表皮为无纺布易破、发亮；表皮为皮革、海绵、无纺布的复合表皮易出现塌角，从而影响产品美观性），产品的起伏不易过大。

③ 模具表面分型面需做 *R* 角过渡，不能有尖角出现，防止刮烂、压坏面料。

④ 模具设计时应注意其浇口不能采用侧浇口、潜伏浇口等进料方式，应采用倒装模具、大水口结构。

⑤ 热流道应选择顺序阀控制，以便更好地调整注塑工艺；热流道与常规热流道不同，喷嘴温度不宜过高，原则上不超过 200℃，以防止烫伤表皮；喷嘴内部的料把不宜过长，原则上不得超过 15mm，以防止表面缩印。

⑥ 分型面与普通注塑模具不一致，如图 5-29 所示，主分型面需避空，预留空间比表皮厚度厚 1 ～ 2mm，以便表皮有延展空间。侧分型面需预留压缩表皮空间，无纺布与压缩量为 0.6mm 左右，表皮、海绵、无纺布 3 层复合表皮，预压缩不得低于 1mm 左右。

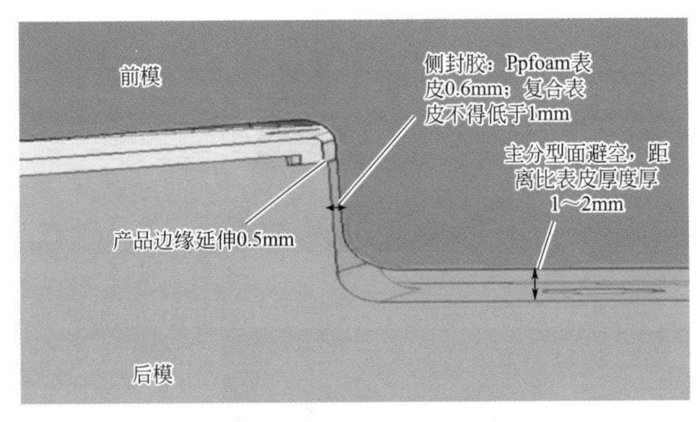

图 5-29　分型面特别要求

⑦ 转角处的面料实际拉伸比要小于理论拉伸比 25%，如图 5-30 所示的实例中，面料的理论线长为 16.76mm，实际的过程线长为 14.4mm，则实际拉伸比为数据线长 1.16（16.67/14.4=1.16）。假设表皮厚度理论值为 *X*，那么拉伸后的表皮实际厚度 *X*/1.16，该面料的实际纵横拉伸比为 16%，低于最大理论值 25%，因此可以满足要求。

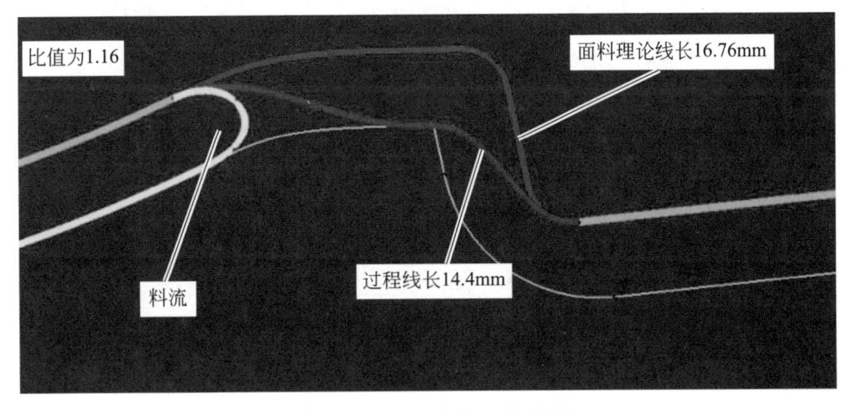

图 5-30　转角拉伸计算示例

（4）低压注塑的汽车 A 柱内饰板实例

汽车 A 柱内饰板是汽车重要的装饰零件，如图 5-31 所示，低压注塑的内饰板比常规注塑的内饰板明显档次高，有效避免了明显的硬邦邦“塑料感”。在实际的设计与注塑成型中，A 柱内饰板应注意如下几点。

① A 柱内饰板总成除了起到装饰作用外，安装时还要保证与仪表板、前风挡玻璃、顶篷及周边件的间隙；

②A 柱内饰板总成与 A 柱内板钣金的间隙需保证电器线束空间；

③ 表面圆角过渡应柔和，特定区域的圆角大小应满足内部凸出物的要求；

④ 满足 A 柱障碍角度的法规要求，同时考虑人体的舒适性，兼顾造型的美观性，满足与仪表板及周边零部件的装配要求。

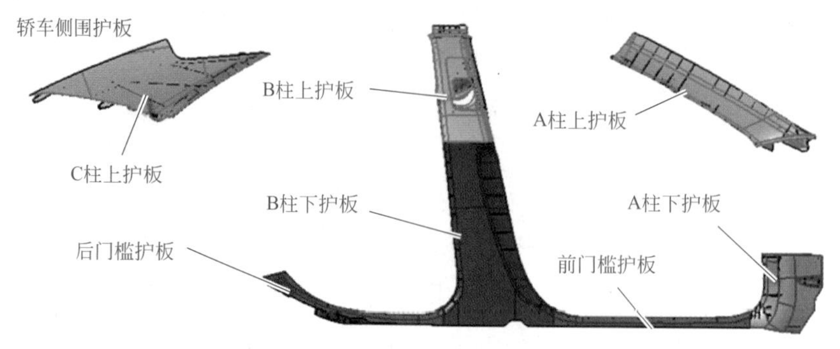

(a) A柱内饰板在汽车位置

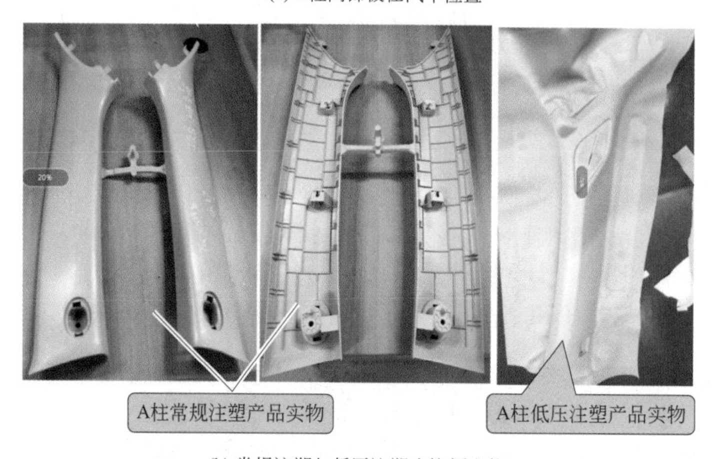

(b) 常规注塑与低压注塑内饰板实物

图5-31　汽车A柱内饰板

5.3 热流道注塑成型技术

5.3.1　热流道注塑成型的原理与优点

(1) 热流道注塑成型原理

热流道注塑成型也称无流道注塑系统，其浇注系统与普通浇注系统的区别在于，在整个生产过程中，浇注系统内的塑料始终处于熔融状态，因而注射时的压力损失小，可以对多点浇口、多型腔模具及大型塑件实现低压注塑，如图 5-32 所示。另外，这种浇注系统没有浇注系统凝料，实现了无废料加工，省去了去除浇口的工序，可节约人力、物力。

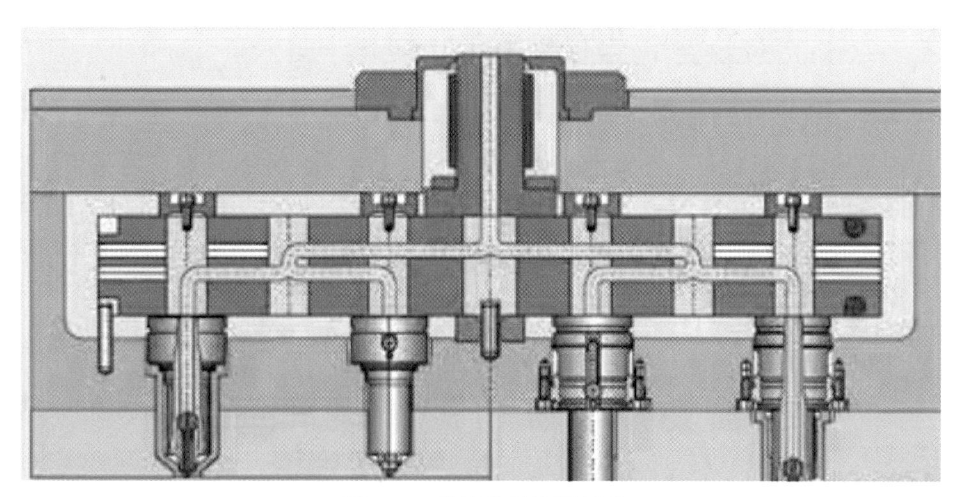

图 5-32　热流道系统原理图

(2) 热流道注塑成型优点

由于热流道在成型过程的特殊工艺，热流道注塑成型工艺有以下优点。

① 节约材料、能源和劳动力。普通注塑件的浇注系统凝料占材料消耗的比例较大。对这些凝料的二次利用，是经过粉碎、挤出、切粒后掺入新鲜料重新成型塑件，存在的问题是易带进异物造成污染，使二次成型的塑件性能降低。统计表明，掺入二次回料的塑料件废品率增加约 5 倍，而且热固性塑料的流道中材料固化后将完全成为废品，不能再重新利用。

热流道注塑模中没有这些流道凝料，对热固性塑料而言，这部分塑料消耗就少；对热塑性塑料而言，就免除了对这些凝料的回收利用，因而不需要将这些凝料从塑件上分离、粉碎、挤出、切粒，节约了这些工作中每一工序所必需的能量消耗和劳动力。

没有流道凝料，模具设计中就可以选用较小的开模行程和较小的投影面积，对同一塑件可选用较小的注塑机，不仅设备费用减少，注塑机的电机、泵、料筒加热功率都较小，长期生产中节约的能量是相当大的。

② 提高了注塑制品的质量。在热流道模具中，流道内塑料始终处于熔融状态，减少了熔体流程，有利于向型腔中传递压力；可以使型腔内压力分布更均匀，减小熔体温差；可避免或改善熔合纹；可以缩短保压时间，减小补料应力，可以使浇口痕迹减小到最低程度。总之，可以改善塑件的内在和外观质量。

③ 缩短了成型周期。塑料件注塑成型周期包括闭模时间、充模时间、补料时间、冷却凝固时间和脱模取件时间。采用热流道模具，这几段时间都可以缩短。没有流道凝料，且不需要使用三板模（即使是采用点浇口），就使所需的开、闭模行程减小。流道熔体始终保持熔融，使保压补料容易进行，较厚的塑件可以采用比一般流道更小的浇口，使冷却时间缩短。大批量的长期生产，成型周期缩短带来的工时减少是很可观的。

④ 节材、节能、节省劳动力。一般来说，热流道模具的模具费用约增加 10% ～ 20%，但这种增加可以由上述经济效益的提高很快得到补偿。

但是，热流道注塑系统的结构十分复杂，特别是温度控制要求严格，否则容易使塑料分解、焦烧，而且制造成本较高，不适于小批量生产。

5.3.2 热流道注塑成型的塑料及其模具

(1) 塑料原料的热力学性能

从原理上讲，模具设计与塑件性能相结合，几乎所有的热塑性塑料都可采用热流道注塑成型，但目前在热流道注塑成型中应用最多的是聚乙烯（PE）、聚丙烯（PP）、聚苯乙烯（PS）、聚氯乙烯（PVC）和ABS等。采用热流道浇注系统成型塑件时，要求塑件的原材料性能有较强的适应性，体现在以下几点：

① 塑料的热稳定性要好。塑料的熔融温度范围宽，黏度变化小，对温度变化不敏感，在较低的温度下具有较好的流动性，在较高温度下也不容易热分解。

② 塑料的熔体黏度对压力敏感。不施加注塑压力时塑件不流动，但施加较低的注塑压力塑件就会流动。

③ 塑料的固化温度和热变形温度较高。塑件在比较高的温度下即可固化，以缩短成型周期。

④ 塑料比热容小。塑料既能快速冷凝，又能快速熔融。

⑤ 塑料导热性能要好。能把树脂所带来的热量快速传给模具，以加速固化。

(2) 热流道注塑模具结构

根据流道获取热量方式的不同，一般将热流道注塑模分为绝热流道注塑模和加热流道注塑模，其结构分别如图5-33和图5-34所示。

此外，不管是绝热流道注塑模还是加热流道注塑模，根据浇口进料点数量的不同和浇口结构的不同，都可以细分为如下类型。

① 单点浇口进料的绝热流道注塑模。单点浇口进料的绝热流道如图5-35所示，此结构仅适用于单腔模具。

② 浇口套端面参与成型的绝热流道注塑模。浇口套端面参与成型的绝热流道如图5-36所示，该结构也适用于单腔模具，制品表面将出现浇口套痕迹。

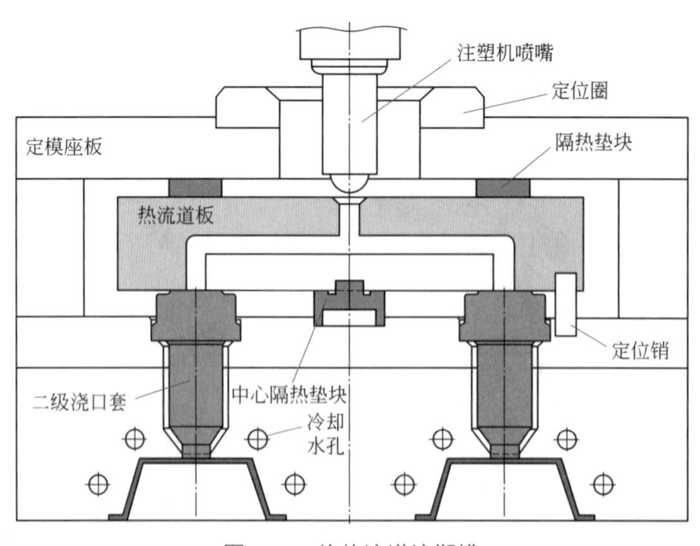

图5-33　绝热流道注塑模

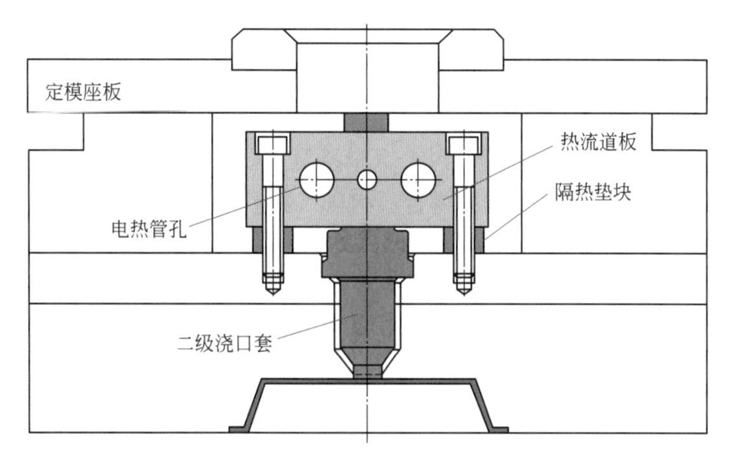

图 5-34　加热流道注塑模

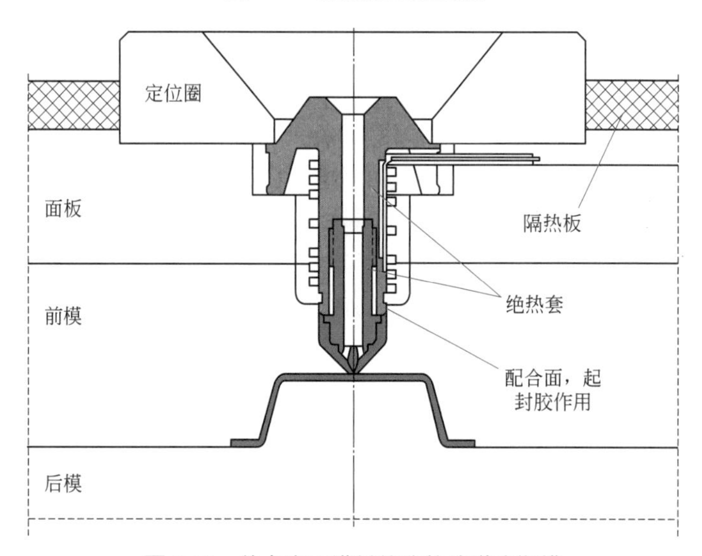

图 5-35　单点浇口进料的绝热流道注塑模

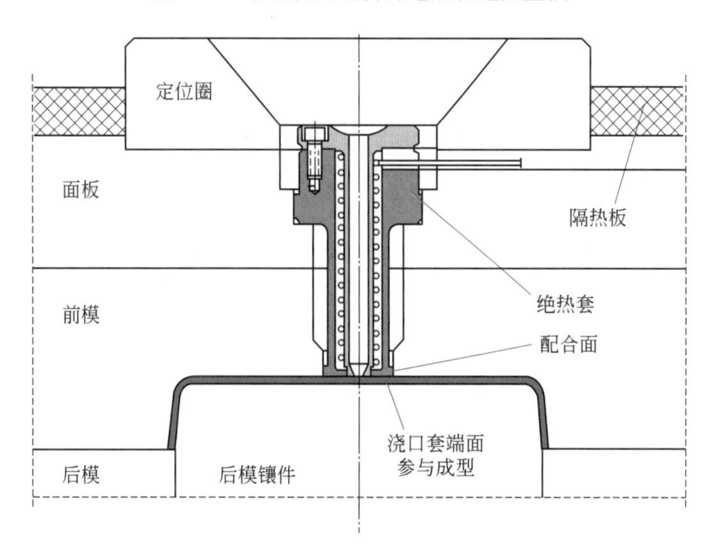

图 5-36　浇口套端面参与成型的绝热流道注塑模

③ 具有少许常规流道的绝热流道注塑模。具有少许常规流道的绝热流道如图 5-37 所示，这种结构的模具可同时成型多个塑料件，缺点是会产生部分流道冷料。

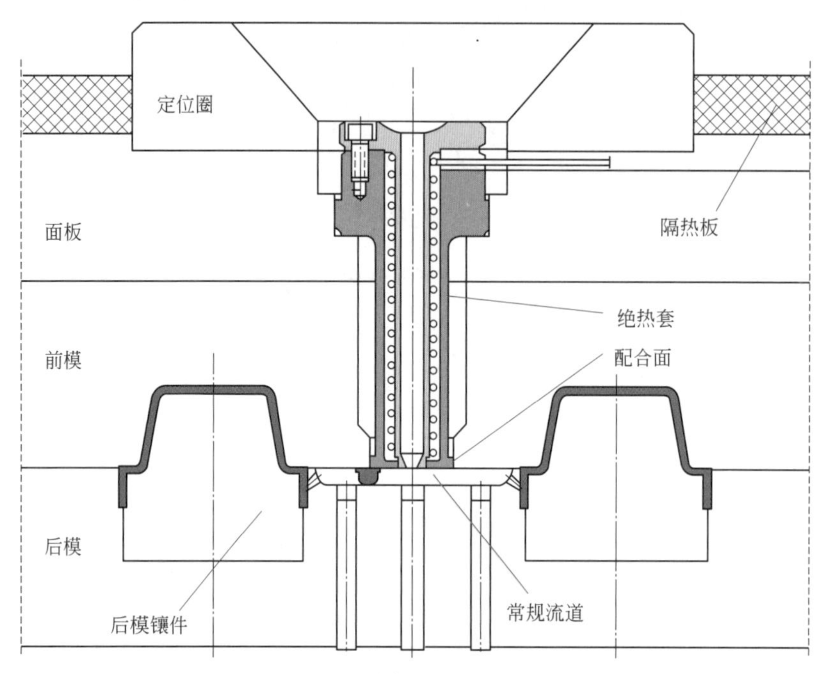

图 5-37　具有少许常规流道的绝热流道注塑模

（3）热流道注塑成型工艺

① 注塑量。应根据塑料件体积大小及不同的塑料选用适合的浇口套。浇口套供应商一般会给出每种浇口套相对于不同流动性塑料时的最大注塑量。因为塑料不同，其流动性就各不相同。另外，应注意浇口套的喷嘴口大小，它不仅影响注塑量，还会产生其他影响。如果喷嘴口太小，会延长成型周期；如果喷嘴口太大，喷嘴口不易封闭，易于流涎或拉丝。

② 温度控制。浇口套和热流道板的温度直接关系到模具能否正常运转，一般对其分别进行温度控制。不论采用内加热还是外加热方式，浇口套、热流道板中温度应保持均匀，防止出现局部过冷、过热。另外，加热器的功率应能使浇口套、热流道板在 0.5~1h 内从常温升到所需的工作温度，浇口套的升温时间可更短。

③ 隔热。浇口套、热流道板应与模具面板、A 板等其他部分有较好的隔热，隔热介质可用石棉板、空气等。除定位、支撑、封胶等需要接触的部位外，浇口套的隔热空气间隙厚度通常在 3mm 左右；热流道板的隔热空气间隙厚度应不小于 8mm，如图 5-38 和图 5-39 所示。

热流道板与模具面板、A 板之间的支撑采用具有隔热性质的隔热垫块，隔热垫块由传热率较低的材料制作。浇口套、热流道模具的面板上一般应垫以 6~10mm 的石棉板或电木板作为隔热之用。隔热垫板的厚度一般取 10mm。如图 5-40 所示的热流道注塑模中，为了保证良好的隔热效果，应满足下列要求：$D_1 \geqslant 3$mm；D_2 以浇口套台阶的尺寸而定；$D_3 \geqslant 8$mm，以中心隔热垫块的厚度而定；$D_4 \geqslant 8$mm。

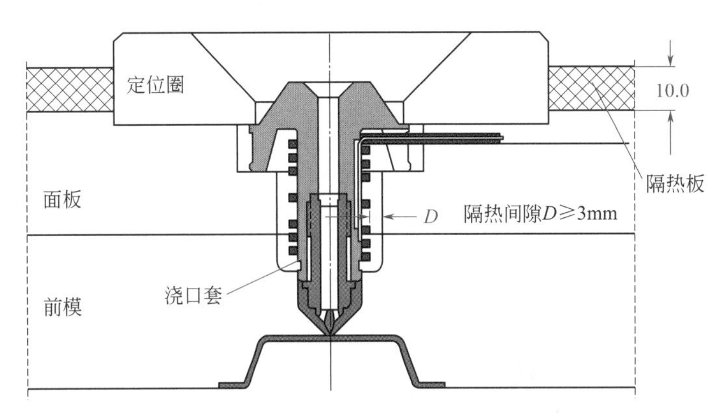

图 5-38　浇口套的隔热空气间隙（一）

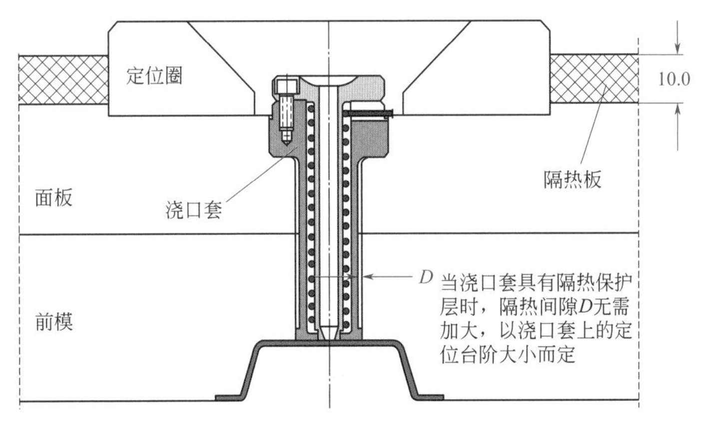

图 5-39　浇口套的隔热空气间隙（二）

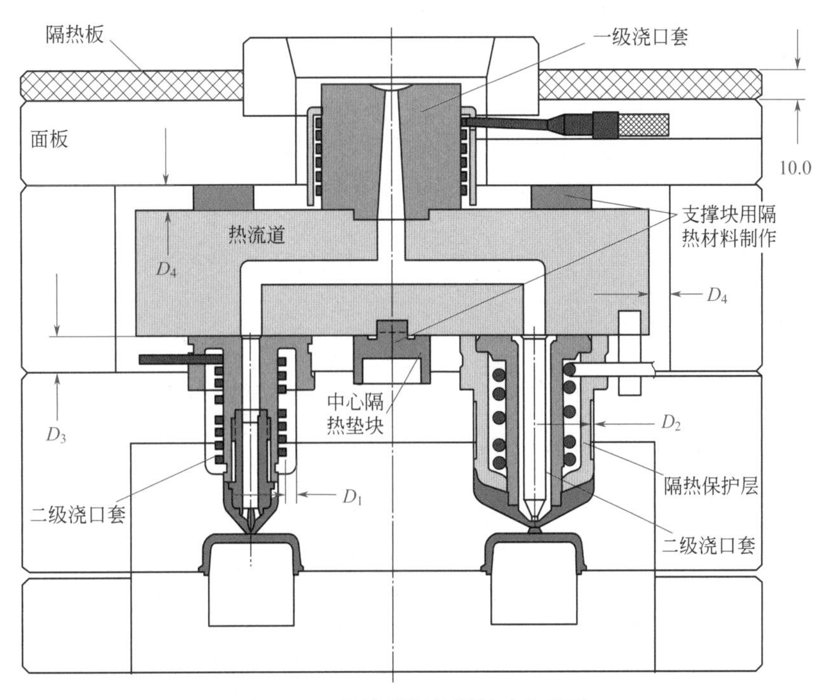

图 5-40　热流道板的隔热空气间隙

④ 隔热垫块。热流道板与模具其他部分之间的隔热垫块不仅起隔热作用，而且对热流道板起支撑作用，支撑点要尽量少，且受力平衡，防止热流道板变形。为此，隔热垫块应尽量减少与模具其他部分的接触面积，常用结构如图 5-41 所示。而专用于模具中心的隔热垫块如图 5-42 所示，该隔热垫块除了具有隔热作用外，还具有中心定位的功能。

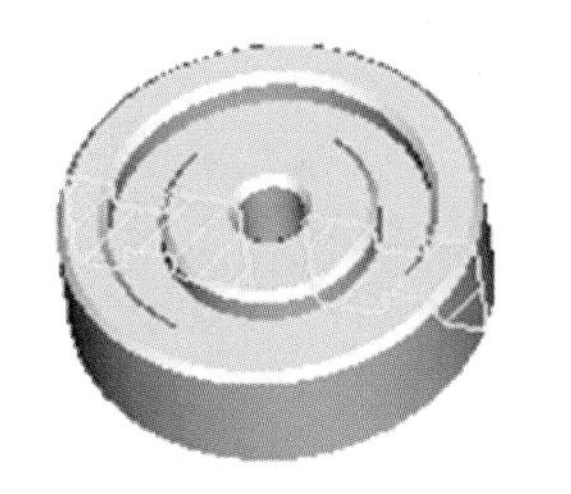

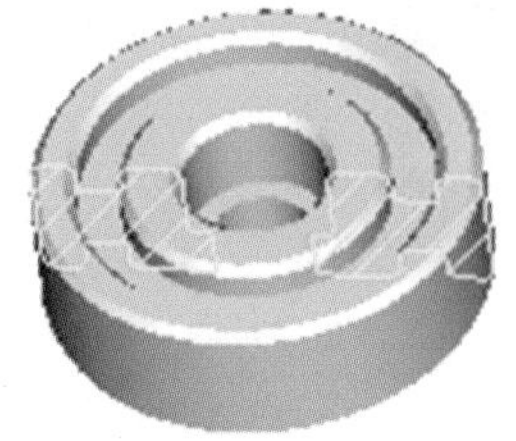

图 **5-41**　隔热垫块

图 **5-42**　中心隔热垫块

隔热垫块应采用传热效率低的材料制作，如不锈钢、高铬钢等。不同供应商提供的隔热垫块，其具体结构可能有差异，但基本装配关系应相同，如图 5-43 所示。

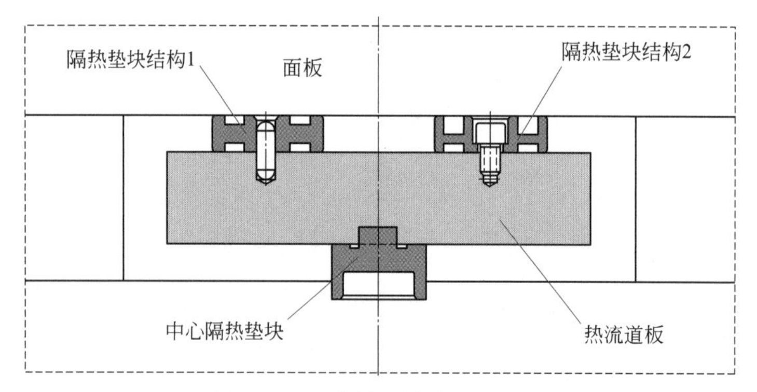

图 **5-43**　隔热垫块基本装配关系

⑤ 热流道板的定位。为防止热流道板的转动及整体偏移，满足热流道板的受热膨胀，通常采用中心定位和槽型定位的联合方式对热流道板进行定位，具体结构如图 5-44 所示。

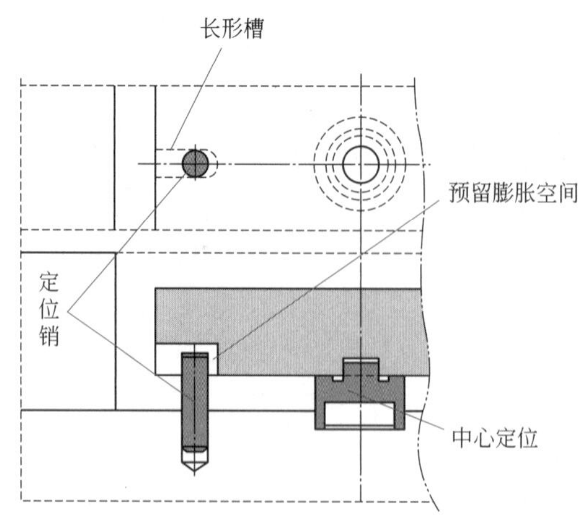

图 **5-44**　热流道板的定位（一）

此外，受热膨胀的影响，起定位作用的长形槽的中心线必须通过热流道板的中心，如图 5-45 所示。

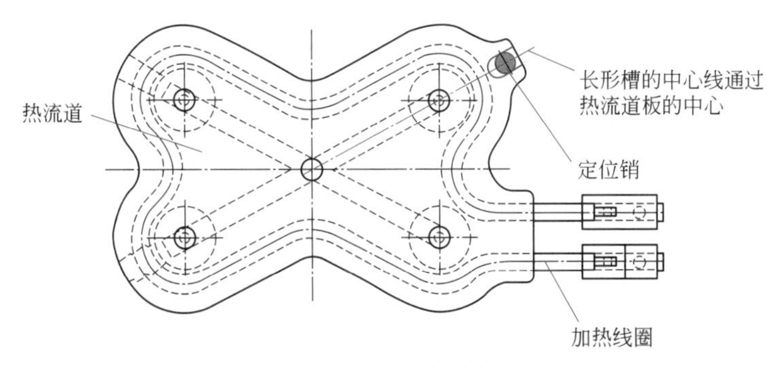

图 5-45　热流道板的定位（二）

⑥ 热膨胀量的计算：由于浇口套、热流道板受热膨胀，所以模具设计时应预算膨胀量，并修正设计尺寸，使膨胀后的浇口套、热流道符合设计要求。此外，模具中应预留一定的间隙，不应存在限制膨胀的结构，如图 5-46 和图 5-47 所示。

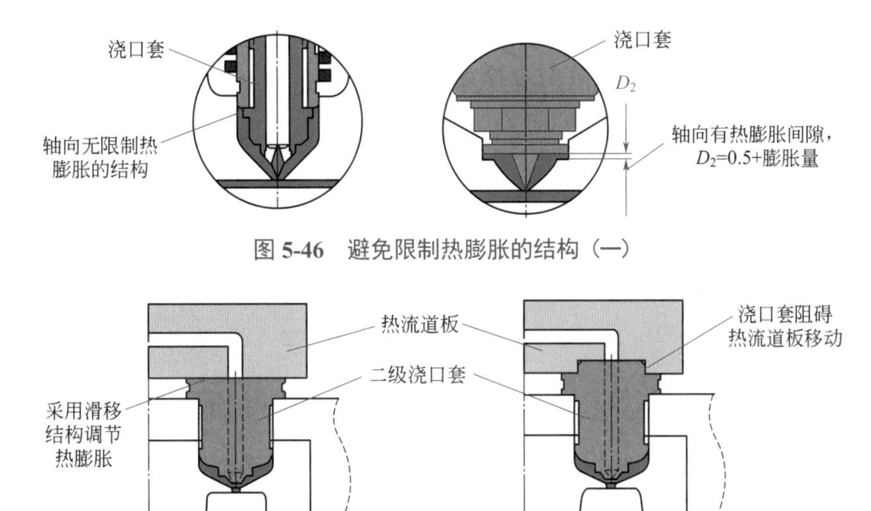

图 5-46　避免限制热膨胀的结构（一）

图 5-47　避免限制热膨胀的结构（二）

5.3.3　热流道注塑成型实践经验

注塑生产实践中，大多数成型产品的缺陷是在塑化和注射阶段造成的，但有时也与模具设计不当有关，可能的影响因素包括：模腔数，冷 / 热流道系统的设计，浇口的类型、位置和尺寸，以及产品本身的结构等。因此，为了避免由于模具设计而造成的产品缺陷，需要在模具制造完成后，对模具进行试模，试模的一般步骤如下。

（1）设置烘料温度

需要注意的是，初始的料桶温度设置必须依据材料供应商的推荐。这是因为不同厂家、不同牌号的相同材料可能具有较大的差异，而材料供应商往往对自己的材料有着相当深入的研究和了解。用户可根据他们的推荐进行基本的设置，然后再根据具体的生产情况进行适当的微调。

除此之外，还需要使用仪器测量熔体的实际温度，因为生产时所设定的料桶温度往往由于环境、温度传感器的型号和位置深度不同等原因，并不能保证与熔体温度完全一致。譬如，由于油污的存在或其他原因，熔体的实际温度和料桶的设置温度差别很大。

（2）设定模具的温度

一般情况下，初始的模具温度设置也必须根据材料供应商提供的推荐值进行设定。需要注意的是，此处所述的模具温度指的是模腔表面的温度，而不是模温控制器上显示的温度。很多时候，由于环境以及模温控制器的功率选择不当等原因，模温控制器上显示的温度与模腔表面的温度并不一致。因此，在正式试模之前，必须对模腔表面的温度进行测量和记录；同时，还应当对模具型腔内的不同位置进行测量，查看各点的温度是否平衡，并记录相应的结果，以为后续的工艺参数优化提供参考数据。

（3）设定主要的注塑工艺参数

根据经验，初步设定塑化量、注射压力值、注射速度、冷却时间以及螺杆转速等参数，并对其进行适当的优化。

（4）进行充填试验并找出 P/V 转换点

P/V 转换点是指从注射阶段到保压阶段的切换点，它可以是螺杆位置、填充时间和填充压力等。这是注塑过程中最重要和最基本的参数之一。在实际的填充试验中，需要遵循以下几点：

① 试验时的保压压力和保压时间通常设定为零；

② 产品一般填充至 90% ～ 98%，具体情况取决于壁厚和模具的结构设计；

③ 由于注射速度会影响转压点的位置，因此在每次改变注射速度的同时，必须重新确认 P/V 转换点。

④ 通过充填试验，可以大致看出熔体在模腔里的流动路径，从而判断出模具在哪些地方容易困气，或者哪些地方需要改善排气等。

（5）找出注射压力的限定值

在此过程中，应当注意注射压力与注射速度的关系。对于液压系统，压力和速度是相互关联的。因此，无法同时设定这两个参数，使其同时满足所需的条件。

在注塑机控制屏幕上设定的注射压力是实际注射压力的限定值，因此，应当将注射压力的限定值设定为始终大于实际的注射压力。如果注射压力限定过低，使得实际注射压力接近或超过注射压力的限定值，那么实际的注射速度就会因为受到动力限制而自动下降，从而影响注射时间和成型周期。

（6）找出优化的注射速度

此处所述的注射速度，是同时满足使填充时间尽量短、填充压力尽量小的注射速度。在这一过程中，需要注意以下几点：

① 大部分产品的表面缺陷，特别是浇口附近的缺陷，都是由于注射速度引起的。

② 多级注射只在一次注射不能满足工艺需求的情况下才使用，特别是在试模阶段。

③ 在模具完好、P/V 转换点设定正确，且注射速度足够的情况下，注射速度的快慢与

飞边（溢边）的产生没有直接关系。

（7）优化保压时间

保压时间也是浇口的冷凝时间，一般可以通过称量塑件重量的方式估算浇口的冷凝时间，从而得到不同的保压时间，而最优化的保压时间则是使每一模的制品达到最大值时的时间。

（8）优化其他参数

如保压压力和锁模力等。

至此，试模工作初步完成，在获得试模结果后，操作者通常需要对模具的具体情况进行评估，以免在对模具进行修改的过程中增加不必要的成本和时间。大多数情况下，这种评估还包括对机器工艺参数的设定。也就是为了弥补模具设计中的不足，操作者可能会在不知情的情况下进行不正确的设置。在这种情况下，设备的生产运作过程是不正常的，因为生产合格产品所需的参数设置范围非常小，一旦参数设置出现任何微小的偏差，都可能导致注塑出来的制品无法达标，而由此付出的实际费用往往比事先进行模具优化所产生的费用高得多。

试模的目的就是要找出合理的模具结构和工艺参数，通过了试模检验，即使是材料、工艺设定或者环境等因素发生了变化，也依然能够确保稳定和不间断的批量生产环境。

5.4 气体辅助注塑成型技术

5.4.1 气体辅助注塑成型的工艺原理

气体辅助注塑成型（gas assistant injection molding，GAIM）技术工艺过程主要包括四个阶段：熔体充填阶段、气体注入阶段、气体保压阶段及气体回收（脱模）阶段。GAIM 具体成型过程：首先向模具型腔中注入经过准确计量（大约 75% ～ 90%）的塑料熔体，然后再由浇口位置或者是预先设置的进气口在塑料熔体内部注入高压惰性气体（常用氮气），气体在聚合物熔体内部沿阻力最小的方向（熔体芯部）扩散前进，对聚合物熔体进行穿透及排空行为，当聚合物熔体冷却收缩时，高压气体作为动力推挤聚合物熔体补偿熔体收缩并对聚合物熔体进行保压，待制品冷却凝固后，卸压回收气体再开模顶出制品，如图 5-48 所示。

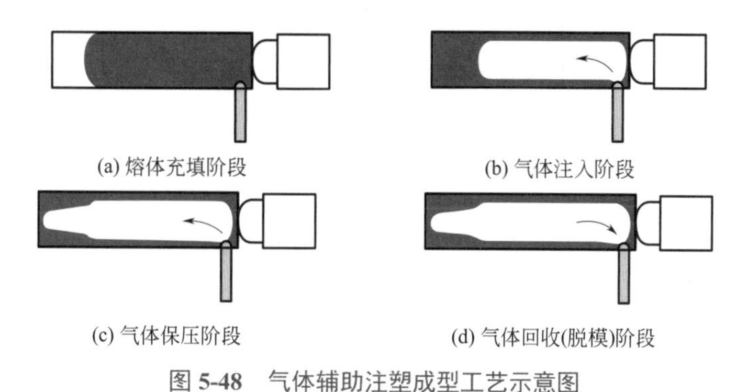

图 5-48　气体辅助注塑成型工艺示意图

气体辅助注塑成型的工艺流程如图 5-49 所示，该过程可以分为以下几个阶段：

① 注射期。以定量的熔融塑料充填到模腔内，这一阶段是为保证在吹气期间，气体不会把产品表面冲破及能有一理想的吹气体。

② 吹气期。可以在注塑期中或后，不同时间注入气体。气体注入的压力必须大于注塑压力，以使产品成中空状态。

③ 气体保压期。当产品内部被气体充填后，气体作用于产品中空部分的压力就是保压压力，可大大降低产品的缩印及变形。

④ 脱模期。随着冷却周期的完成，模具的气体压力降至大气压力，产品由模腔内顶出。

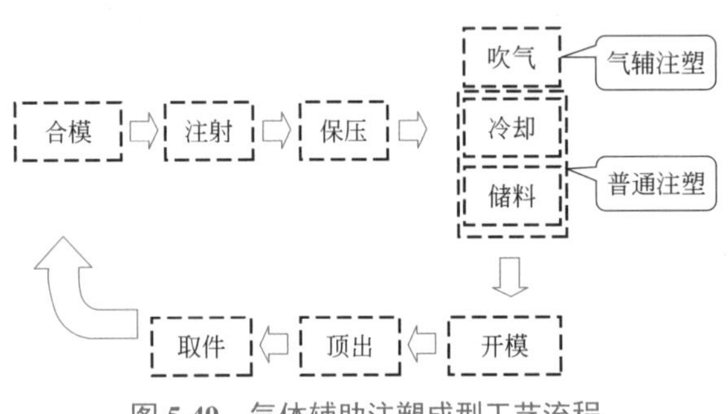

图 5-49　气体辅助注塑成型工艺流程

由于气体具有高效的压力传递性，可使气道内部各处的压力保持一致，因此，气体辅助注塑成型具有注射压力低、制品翘曲变形小、表面质量好以及易于加工壁厚差异较大的制品等优点。与传统的注塑成型工艺相比，气体辅助注塑成型有更多的工艺参数需要确定和控制，因而对于制品设计、模具设计和成型过程的控制都有特殊的要求。

5.4.2　气体辅助注塑成型的关键技术

气体辅助注塑成型有三种方式：溢料注射工艺、缺料注塑工艺和满料注射工艺，分别叙述如下。

① 溢料注射工艺。如图 5-50 所示，将模腔全部注满，然后通过注射气体挤压一些熔体到溢流腔。溢流腔用来控制芯部材料的流动，从而实现芯部材料的均匀分布。

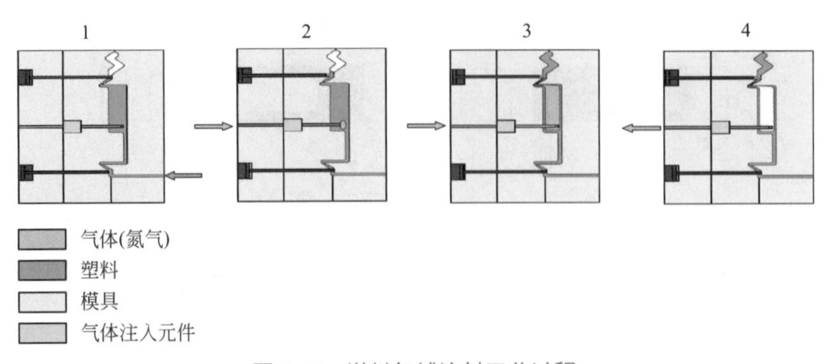

图 5-50　溢料气辅注射工艺过程

② 缺料注射工艺。如图 5-51 所示，熔体不将模腔全部注满，然后通过注射气体挤压熔体紧贴模具型腔壁而成型。

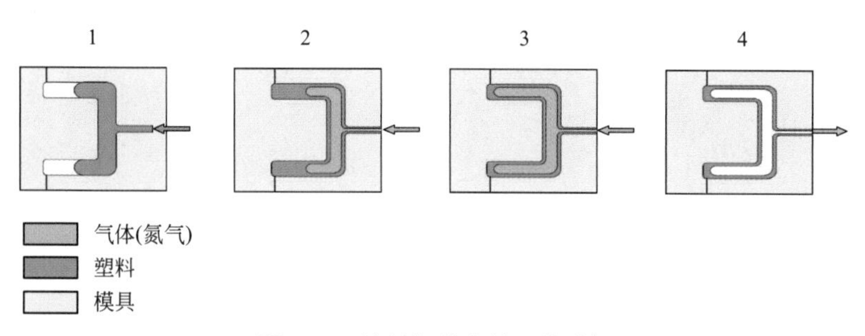

图 5-51　缺料气辅注射工艺过程

③ 满料注射工艺。如图 5-52 所示，熔体刚好将模腔全部注满，然后通过注射气体将塑料进一步挤压密实再成型。

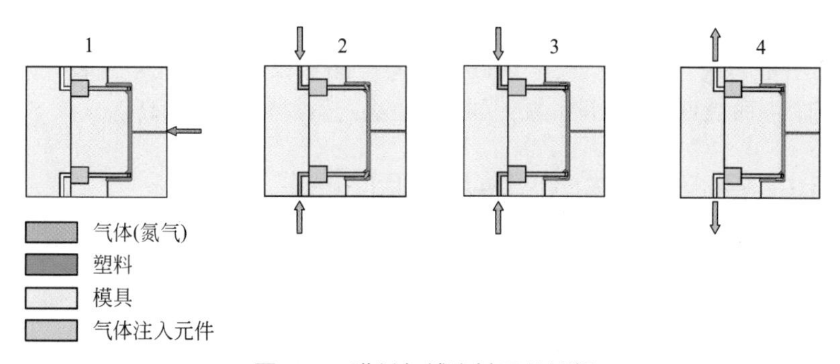

图 5-52　满料气辅注射工艺过程

气体辅助注塑成型工艺参数除了传统注塑工艺参数外，气体的充填曲线尤为重要，充填曲线在很大程度上决定了制品的质量，理论上气体的充填压力曲线如图 5-53 所示。

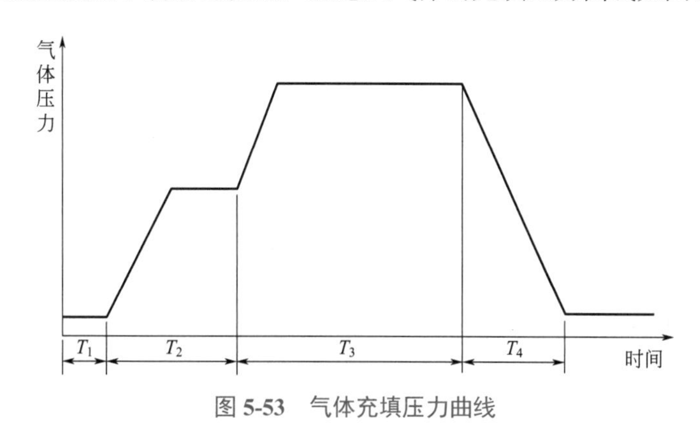

图 5-53　气体充填压力曲线

从图 5-53 中可以看出，气体充填过程分为 4 个时间阶段，分别是：

① 准备充填阶段（T_1）。指熔融塑料开始充填模具型腔到完成充填 90% ～ 95% 的这段时间，其长短取决于气道在产品中的位置等参数。

② 充填阶段（T_2）。在这段时间内气道形成，充填动作全部完成。

③ 保压阶段（T_3）。当制品内部被气体充填后，气体作用于成品中空部分的压力就成为保压压力，同时进行制品冷却。

④ 降压阶段（T_4）。产品冷却定型后，释放气体并准备开模。

5.5 注塑生产的绿色制造

传统的塑料成型工业在设计阶段仅考虑产品的功能、质量、成本和寿命等，而很少考虑其环境属性和对资源、能源造成的浪费。因此，在塑料成型工业中提倡绿色制造尤为重要。

绿色制造是产品制造、环境影响和资源优化三方面的有机结合，是一个综合考虑环境影响和资料利用率的现代制造模式，其目标是使产品从设计、制造、包装、运输、使用到报废处理的整个生命周期中，对环境的负影响最小，资源使用率最高。

5.5.1 面向绿色制造的注塑模具设计

绿色模具的设计宗旨是，将环境性能作为产品的设计目标，力求从产品开发阶段起消除潜在的、对环境的负面影响，将环境属性融入到概念设计—结构设计—包装设计—材料选择—工艺设计—使用维护—回收处理的整个过程中。

（1）模具的绿色并行工程

绿色并行工程是现代模具设计和开发的新模式，其核心是将塑料模具开发各阶段看成一个过程的集成，强调产品设计及其相关过程同时交叉进行。因此，涉及产品整个生命周期的各部门必须协同工作。工艺、制造、质量、客服、销售等各部门都要参与产品的设计工作，对产品设计方案提出修改意见等，以确保设计和制造的一次成功率。

（2）材料的绿色选择

绿色的模具材料是绿色模具设计的基础。在选材时应从以下几方面考虑：

① 减少所用材料种类，既可简化产品结构，又方便原材料的标识、分类和零部件的生产、管理，在相同产品数量下，可得到更多的某种回收材料。

② 绿色模具材料应：a. 低能耗、低污染、低成本；b. 易加工和加工过程中无污染或少污染；c. 可降解，易回收等。例如，可直接用不锈钢材料加工防腐模具，以避免电镀、电解等表面处理过程中产生的环境污染。

（3）模具的可拆卸设计

塑料模具在使用过程中部分零部件因承受过大的摩擦与冲击造成磨损时，只需更换这部分零部件模具仍可使用。如果模具不具备可拆卸性，不仅造成大量可重复零部件材料的浪费，而且因废弃物处理不当还会污染环境。因此设计初期就应尽量使模具结构易于拆卸，方便维护。例如：尽可能选择通用结构，以方便更换；在满足强度要求的前提下，尽量采用可拆卸连接（如螺纹连接），不用焊接、铆接；采用组合模架等。

（4）模具零部件的可回收性设计

在模具设计初期就应将材料的可回收性、回收处理方法和回收经济效益等问题考虑在内，从而在后续生产中尽量节约原材料。因此，应尽可能减少所用材料的种类；减少或不使用含铜、铅等污染环境的材料；避免使用与现有循环再回收过程不相容材料等。

（5）模具的标准化、模块化设计

模具标准化是组织模具专业化生产的前提，而模具的专业化生产是提高模具质量、缩短制模周期、降低成本的关键。标准模架及标准件由专门的企业通过社会化分工进行生产，使有限的资源得到优化配置。此外，模架的标准化可以使生产模架所用的设备、夹具数量大大减少，在节约资源的同时，缩短了设计周期，方便加工，利于管理。模块化设计是在一定范围内，在对不同功能或相同功能下的不同性能、不同规格的产品进行功能分析的基础上，划分并设计出一系列功能模块，通过模块的选择和组合构成不同的产品，以满足市场的不同需求，如模具的侧向分型与抽芯机构、脱模定位机构等都可以按这些方法设计、组合、再利用。

（6）模具的高寿命设计

对于注塑模具，如采用随形冷却水道可有效避免塑件在冷却过程中产生的翘曲变形，提高注塑成型精度和模具使用寿命；此外还可将结构复杂的凹模设计为镶拼式结构，减少应力集中现象引起的模具变形问题，并且在使用磨损后还方便修磨，从而有效延长模具寿命。

（7）模具的智能化、自动化设计

对模具制造业，CAD/CAPP/CAM/CAE 一体化是模具设计自动化的重要措施和基础。采用 CAD/CAPP/CAM/CAE 技术，可实现少图纸或无图纸加工，在节约资源的同时可有效缩短模具设计与制造周期。例如，现在广泛应用的 CAD 三维软件（Pro/E、SolidWorks、UG 等）基本都集成了 CAE 技术，可模拟熔体的流动情况并进行强度、刚度、抗冲击性等性能的实验模拟，预知塑件有可能出现的成型缺陷，防患于未然。

5.5.2 注塑模具的绿色制造技术

绿色制造工艺是“绿色模具”生命周期中的重要一环。要在提高经济效益的同时，产生的能耗最低，对环境影响最小，除了利用现代设计技术之外，还需要采用模具先进制造技术。

（1）模具设计中的反向工程

反向工程（reverse engineering，RE）是通过扫描测量获得已有产品实物或模型的几何信息，然后利用 CAD/CAM 技术快速、准确地建立产品的数学几何模型，经过工程分析、结构设计和 CAM 编程，数控加工出产品模具，最终制成产品的过程。现已广泛应用于模具翻制、产品改型等生产活动中。RE 技术是学习先进技术进而改造和开发新产品，加速设计、制造过程的重要手段。

（2）模具快速原型制造技术

快速原型制造技术（rapid prototyping manufacturing，RPM ）集成了机械、计算机、数控、激光和材料技术等现代科技成果，突破了传统加工技术去除材料的方法，基于离散/堆积原理，根据 CAD 造型生成的零件三维几何数据，通过激光束等方法使材料逐层堆积成样件或零件，极大地提高了材料的利用率。由于无需经过模具设计制造环节，RPM 技术大幅度降低了新产品开发研制的成本，极大地缩短了生产周期。

（3）模具高速切削技术

传统模具制造中的型腔加工基本采用电火花完成，但其加工速度较低。除窄缝、深槽以及很细的纹理等，一般形状不太复杂的浅型腔已能在高刚度的铣床或加工中心上用涂层铣刀进行高速加工。而小曲率半径的深型腔可用高速铣削加工作为粗加工和半精加工，而电加工只作为精加工，这样可大大节约电火花和抛光的时间以及相关材料的消耗，从而减小对环境的负面影响。例如，德国 Droop 公司生产的 FOG2500 铣床，主轴转速为 10000 ～ 40000r/min，加工精度达 50μm，可用于汽车车身冲压模具和塑料模具的加工。

5.5.3 注塑成型中的绿色技术

注塑机是塑料成型工业的重要工艺装备，广泛应用于汽车、家电、航空航天等领域。而现代制造业中，80% 以上的塑料制品都采用注塑成型的方法加工制造。随着全社会环境保护和资源节约意识的不断增强，塑料成型工业中不断涌现出多种绿色节能环保新技术。

（1）面向绿色制造的注塑机

① 节能的动力驱动系统。随着伺服电机驱动液压泵的伺服节能系统的出现，注塑成型过程中节电 20% ～ 80% 已成为可能。例如，宁波海天集团推出的天泰系列电液复合动力注塑机，其整机采用直压式锁模单元，配以单缸注射结构，采用伺服电机与滚珠丝杠结构实现“S”形开关模动作，并用线性导轨导向，速度快、平稳性好、精度高，能耗显著降低。

② 微型注射机。随着电子、通信、生化、光学等产业的飞速发展，相关产品逐渐趋向小型化、轻量化和功能多样化，对微细化零部件的需求日益增大。用传统注塑机生产微型塑件，流道凝料常占注射总量的 90% 左右，导致塑料浪费严重，此外还伴随着质量难以控制、废品率高等问题。因此，微型注塑机应运而生，例如，香港力劲机械国际有限公司推出的 SP 系列微型注塑机，其注射系统精度可达 5μm，最小注射量为 0.01g，该微型注塑机采用无阀门结构设计，排除了物料滞留于阀门的隐患，并可减少材料浪费。

（2）面向绿色制造的注塑成型工艺

① 超高速注塑成型。对于薄壁、深腔制品的成型，注塑成型过程复杂，采用传统的注塑成型工艺会导致熔体充模流动非常困难，而超高速注塑成型（注射速度达 800mm/s）能有效消除成型缺陷，降低废品率。

② 热流道技术。由于热流道成型从注塑机喷嘴到浇口的通道塑料始终保持熔融状态，每次开模时不需要固化成废料取出，滞留在浇注系统中的熔料可在下一次注塑时被注入型腔，这样可以最大限度地减少原料的浪费。

第6章

注塑成型工艺优化与计算机仿真技术

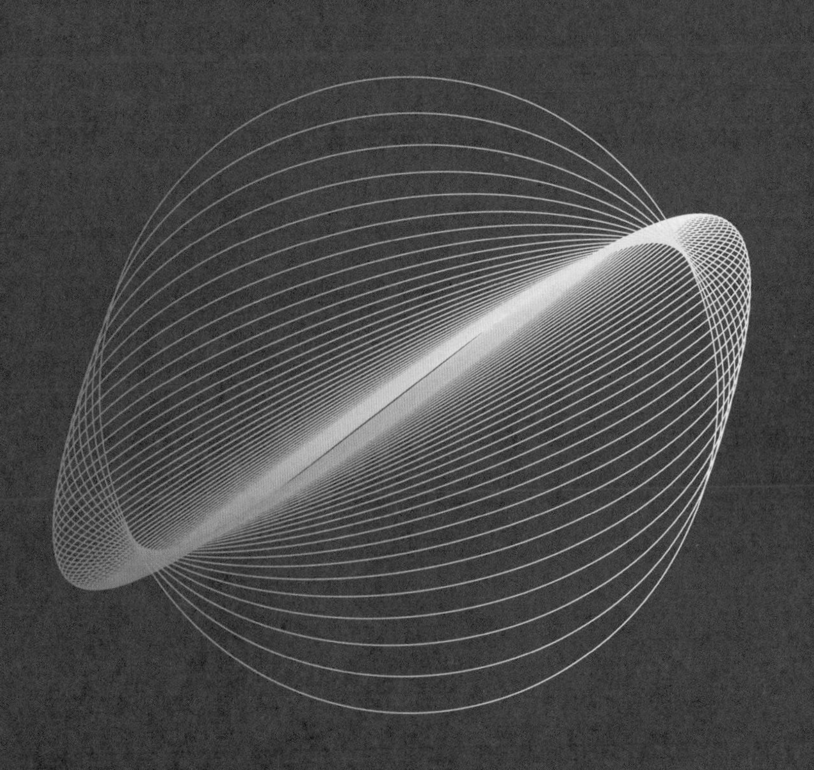

6.1 注塑工艺参数优化技术

6.1.1 注塑工艺参数优化原理

传统的注塑工艺参数设置方法主要是尝试法，即依据操作者有限的经验和比较简单的计算公式进行反复的“试凑”。但是在实际生产中，塑料熔体的流动性能千差万别，模具结构千变万化，工艺参数相互影响，仅凭有限的经验和简单的公式难以对这些因素作全面的考虑和处理，因此需要反复试模，从而导致生产周期长、费用高、产品质量难以保证等。对于大型、复杂和精密制品，问题更加突出。随着塑料行业的迅猛发展和市场竞争的日趋激烈，对塑料产品的生产质量及生产效率要求越来越高，研究新型的注射机工艺参数设置与优化方法，缩短工艺设置周期，提高产品质量，降低生产成本，使注射机工艺参数的设定建立在科学分析的基础上，以突破经验的束缚，已成为我国注塑生产行业发展的关键，具有十分重要的工程意义和广阔的应用前景。

因此，国内外许多学者致力于研究不同的方法来优化注射工艺参数，以实现塑料制品的快速、稳定生产。目前广泛的研究方法大致可分为两类：基于机理模型的研究方法和基于经验模型的研究方法。基于机理模型的研究方法采用塑料注射成型过程的数值模拟技术预测工艺参数与制品质量之间的隐含关系，而基于经验模型的研究方法则采用多项式回归、人工神经网络和专家系统等经验模型反映制品质量与工艺参数的映射关系。

(1) 基于成型机理的注塑工艺优化

基于成型机理的注塑工艺优化是采用有限体积法对塑料注射成型的充模过程进行三维模拟，并根据模拟结果再返回去修正工艺参数。目前，国际上较有影响力的商品化注塑模拟软件主要有 Autodesk Moldflow，如图 6-1 所示。目前最新的版本为 Autodesk Moldflow 2021。

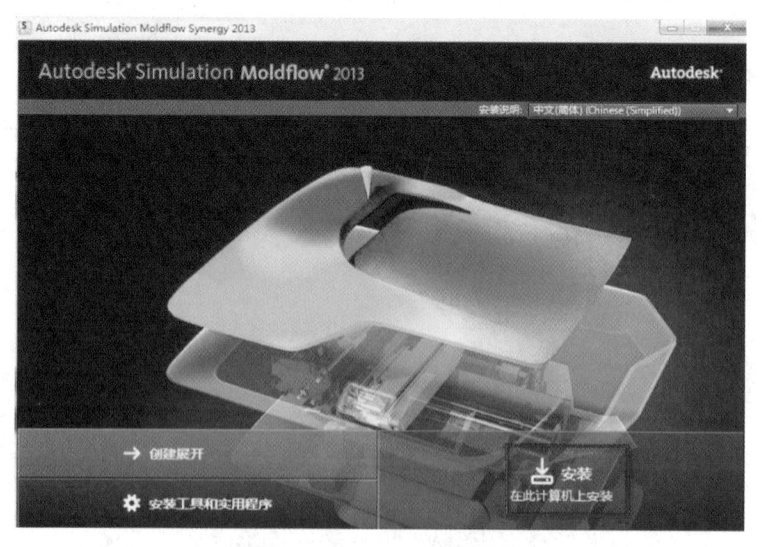

图 6-1　Moldflow 安装界面

注塑成型模拟软件可用来代替实际注射生产，借助于有限元法、有限差分法和边界元法等数值计算方法，分析型腔中塑料的流动、保压和冷却过程，计算制品和模具的应力分布，预测制品的翘曲变形，并由此分析工艺条件、材料参数及模具结构对制品质量的影响，为工艺人员优化工艺参数提供了科学依据。

（2）基于经验模型的工艺参数优化

基于经验模型的成型工艺参数优化方法，主要包括人工神经网络、专家系统、实例推理和模糊逻辑等。

① 人工神经网络优化法　人工神经网络是一种算法数学模型，类似大脑神经突触结构，可以进行分布式并行信息处理，具有非线性特性、大量并行分布结构以及学习和归纳能力。反向传播（BP）神经网络在人工神经网络中使用最广泛。人工神经网络具有自学习和自适应的能力，可以通过相互对应的输入输出数据分析潜在规律，用新的输入数据依据分析得出的规律推算输出结果，该过程被称为训练。

人工神经网络可以无限逼近任何连续的非线性函数，具有较强的容错能力并可在线调节以适应环境变化，是应用最为广泛的一种方法。其基本思路是以关键加工变量和材料性能参数作为输入，以制品质量为输出的人工神经网络模型（如图 6-2 所示）对制品质量进行预测，试验测试表明，训练后的神经网络能够快速预测出制品缺陷。

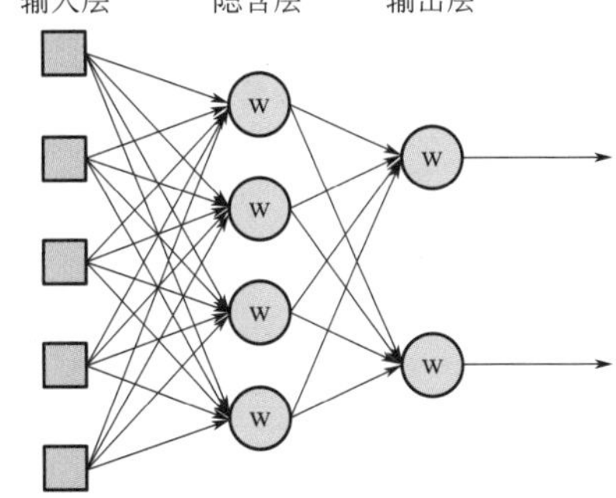

图 6-2　人工神经网络基本思路

但是，人工神经网络优化方法存在学习样本收集的瓶颈，正确而充足的学习样本才能保证神经网络的性能。有些学者引入了实验设计方法用于学习样本的收集与组织等，比如，应用实验设计方法组织学习样本训练神经网络，用于建立工艺参数与制品质量指标之间的隐性关系，并以最小的收缩量为优化目标，采用遗传算法优化影响收缩的关键工艺参数。

② 专家系统法　专家系统是人工智能的一个分支，是基于领域内的特定知识，模拟人类专家进行推理的一门技术。比如，EIMS 专家系统采用了多维矩阵的方法，如图 6-3 所示。该系统构造了基本对策矩阵、结果矩阵、过程检核矩阵和对策历史矩阵来表征注射参数与专家经验之间的关系。

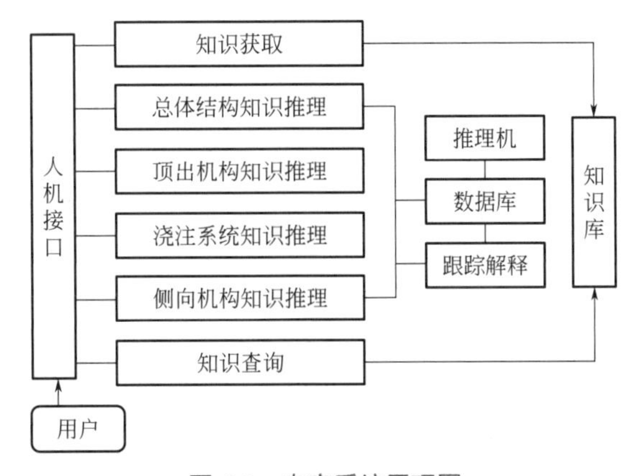

图 6-3　专家系统原理图

由于专家系统中的专家知识难以获得等，有人提出了一种基于实例推理的系统，实现注射成型工艺参数的设定。实例推理是一种类比或相似推理的方法，实例本身包含了丰富的经验知识，如表 6-1 所示。该方法解决了专家知识难以获得的问题。也有学者将基于规则的推理和基于实例的推理相结合，实现工艺参数的设定与优化。

表 6-1　注塑成型专家系统的数据表

注塑工艺条件	PA610	PA612	PA1010	玻纤增强 PA1010	透明尼龙	聚碳酸酯 PC	PC/PE	玻纤增强 PC	聚砜 PSU	改性 PSU	玻纤增强 PSU	聚芳砜 PAS	聚醚砜 PES	聚苯醚 PPO	改性 PPO	聚苯硫醚 PPS
注塑机类型	螺杆 - 线式	螺杆 - 线式	螺杆 - 线式	螺杆 - 线式	螺杆 - 线式	螺杆 - 线式	螺杆 - 线式	螺杆 - 线式	螺杆 - 线式	螺杆 - 线式	螺杆 - 线式	螺杆 - 线式	螺杆 - 线式	螺杆 - 线式	螺杆 - 线式	螺杆 - 线式
螺杆形式	突变式	突变式	突变式	突变式	突变式	突变式	突变式	突变式	突变式	突变式	突变式	突变式	突变式	突变式	突变式	突变式
转速 /（r/min）	20 ～ 50	50 ～ 50	20 ～ 50	20 ～ 40	50 ～ 50	20 ～ 40	50 ～ 40	20 ～ 30	20 ～ 30	20 ～ 30	20 ～ 30	20 ～ 30	20 ～ 30	20 ～ 30	20 ～ 50	20 ～ 30
喷嘴形式	自锁式	自锁式	自锁式	直通式	自锁式	延伸式	延伸式	直通式	延伸式	延伸式	直通式	延伸式	延伸式	延伸式	延伸式	延伸式
喷嘴温度 /℃	200 ～ 210	200 ～ 210	190 ～ 200	190 ～ 210	220 ～ 240	230 ～ 250	220 ～ 230	240 ～ 260	280 ～ 290	250 ～ 260	280 ～ 300	380 ～ 410	240 ～ 270	250 ～ 280	220 ～ 240	280 ～ 300
料筒温度（前）/℃	220 ～ 230	210 ～ 220	200 ～ 210	230 ～ 250	240 ～ 250	240 ～ 280	230 ～ 250	250 ～ 290	290 ～ 310	250 ～ 280	300 ～ 320	385 ～ 420	250 ～ 290	250 ～ 280	230 ～ 250	300 ～ 310
料筒温度（中）/℃	230 ～ 250	210 ～ 230	220 ～ 240	230 ～ 250	250 ～ 270	260 ～ 290	240 ～ 260	270 ～ 310	300 ～ 330	280 ～ 300	310 ～ 330	345 ～ 385	280 ～ 310	260 ～ 290	240 ～ 270	320 ～ 340

续表

料筒温度（后）/℃	200～210	200～205	190～200	190～200	220～240	240～270	230～240	260～280	280～300	260～270	290～300	320～370	260～290	230～240	230～240	260～280
模具温度/℃	60～90	40～70	40～80	40～80	40～60	90～110	80～100	90～110	130～150	80～100	130～150	230～260	90～120	110～150	60～80	120～150
注射压力/MPa	70～110	70～120	70～100	90～130	80～130	80～130	80～120	100～140	100～140	100～140	100～140	100～200	100～140	100～140	70～110	80～130
保压压力/MPa	20～40	30～50	20～40	40～50	40～50	40～50	40～50	40～50	40～50	40～50	40～50	50～70	50～70	50～70	40～60	40～50
注射时间/s	2～5	2～5	2～5	2～5	2～5	2～5	2～5	2～5	2～5	2～7	2～5	2～5	2～5	2～5	2～5	2～5
保压时间/s	20～50	20～50	20～50	20～40	20～60	20～80	20～80	20～60	20～80	20～70	20～50	15～40	14～40	30～70	30～70	10～30
冷却时间/s	20～40	20～50	20～40	20～40	20～40	20～50	20～50	20～50	20～50	20～60	20～50	15～20	15～30	20～60	20～50	20～50
总周期/s	50～100	50～110	50～100	50～90	50～110	50～130	50～140	50～110	50～140	50～130	50～110	10～50	40～80	60～140	60～130	40～90
干燥设备	卧式沸腾	卧式沸腾	卧式沸腾	卧式沸腾	卧式沸腾	卧式沸腾	卧式沸腾	卧式沸腾	卧式沸腾	卧式沸腾	卧式沸腾	卧式沸腾	卧式沸腾	卧式沸腾	卧式沸腾	卧式沸腾
干燥温度/℃	110～120	110～120	110～120	110～120	110～120	130～150	120～140	130～150	130～150	120～140	130～150	150～170	130～150	130～150	125～140	150～170
干燥时间/h	0.5～1.0	0.5～1.0	0.5～1.0	0.5～1.0	0.5～1.0	2.0	2.0	2.0	1.0～2.0	1.0～2.0	1.0～5.0	2.0	2.0	1.0～2.0	1.0～2.0	2.0

③ 实例推理和模糊逻辑法　在实际生产中，制品缺陷的严重程度常常无法精确描述，建立在模糊集合理论基础上的模糊逻辑推理技术适用于此类不精确问题的求解。有人采用模糊多目标优化方法，将变形、收缩、缩痕、无光泽等缺陷划分为不同的目标优先等级，对冷却水温度、喷嘴温度、注射速度、保压压力和冷却时间等工艺参数进行了优化。

(3) 注塑质量的控制

塑料制品的质量控制按照注塑机控制对象的不同，可划分为底层控制、中层控制和顶层控制三个层次，如图 6-4 所示。

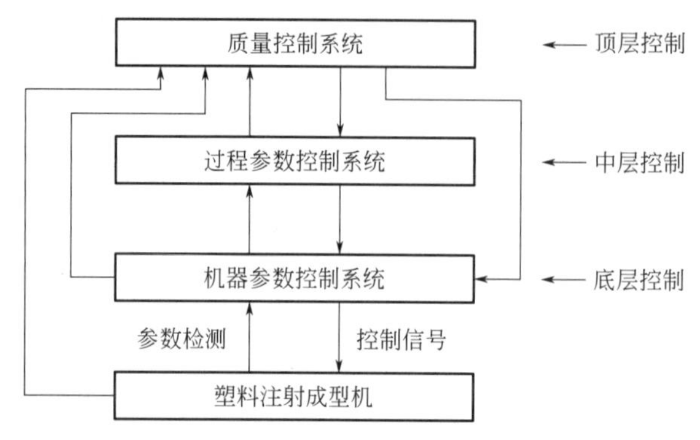

图 6-4　注塑成型工艺参数的多层控制结构

底层控制指的就是对注塑机机器参数的直接控制。底层控制保证注射生产过程的稳定性，是中层控制和顶层控制的基础。底层控制系统追求的目标是保证各循环周期的可重复性以及控制的精确性和灵敏性，不具备工艺参数的优化功能，并不能保证成型制品的质量最优。随着新型传感器技术的发明和先进控制技术的应用，注塑机的底层控制已经相当成熟。

制品质量存在难以表征的问题，有部分学者采用软测量技术设计易于测量的二次变量实现对制品质量的间接表征。二次变量包括型腔压力、喷嘴压力，熔体温度和熔体前沿速度等，中层控制指的就是对这种二次变量的控制。

顶层控制的直接被控对象是制品质量，如重量、飞边、短射、烧焦和翘曲等。中层控制可理解为开环的顶层控制。顶层质量控制是所有注射机控制系统研究者的理想目标。但是，由于该系统的复杂性，顶层质量控制目前还处于研究的初级阶段。

注塑制品的质量包括内部质量和表观质量两方面的内容。内部质量是指与力学性能有关的拉伸、冲击和熔合纹强度，以及与聚合物结构形态有关的结晶、取向及内应力分布等。制品的内部质量会影响其使用性能。制品的表观质量直接影响到制品的美观性，常见的表观缺陷有，短射、飞边、烧焦、缩水、剥离、波纹、表面暗色、光泽不良和透明不良等。塑料制品的表观质量与内部质量有着十分密切的内在联系。表观质量是内部质量的必然反映。本章将以塑料制品的表观质量作为控制对象，针对不同的塑料材料、模具结构和注塑机型号，分析注塑工艺参数的设置与优化方法，使注塑机达到最佳工作状态并生产出优质的塑料制品。

(4) 注塑工艺参数优化发展趋势

随着计算机技术的发展和数值优化方法的应用，注塑参数的优化成为改善塑料制品质量的重要手段之一。大量的研究者致力于开发新的智能算法或采用多种现有优化算法对注塑工艺缺陷进行优化，提高了模具生产效率和制造质量。通过总结近年来研究人员的研究方法可以发现，注塑工艺参数优化研究呈现试验因素和试验方法多样化、研究方向由点及面、优化方法由单目标转多目标以及数学模型预测越来越精确等发展趋势。图 6-5 为注塑工艺参数优化发展趋势。

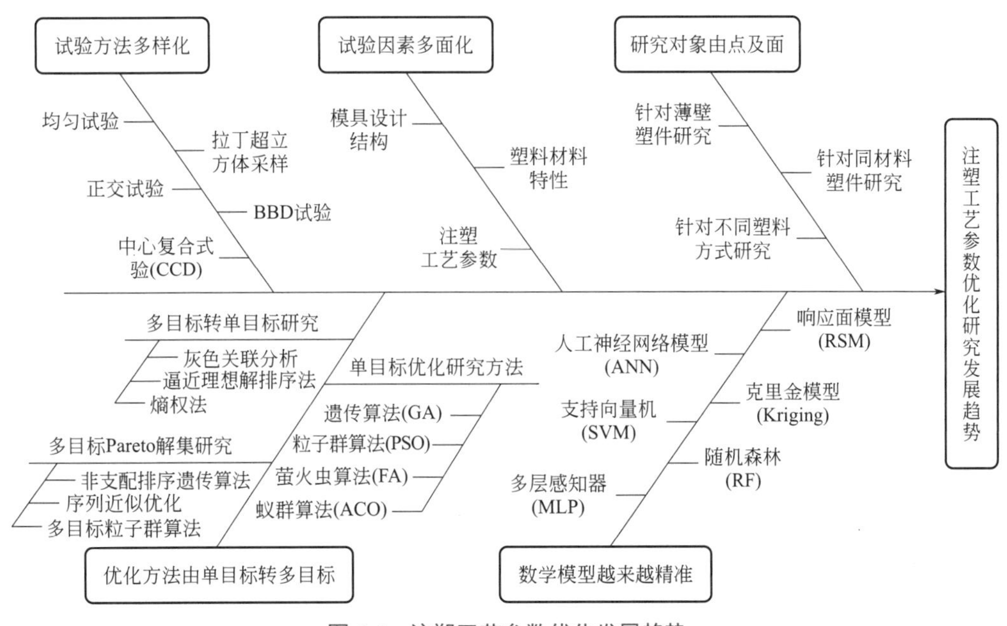

图 6-5　注塑工艺参数优化发展趋势

6.1.2　基于人工神经网络原理的注塑工艺参数优化

本小节介绍采用人工神经网络技术模拟注射成型中两个重要参数（压力和温度），根据基于压力和温度参数的优化原则，选出最佳的工艺方案。

（1）优化原则和目标函数的确立

在注塑成型过程中，过高的注射压力不仅提高了对注射机的要求，而且往往会导致成型制品的各种缺陷（如飞边、翘曲变形等）。所以较小的成型压力是模具设计人员追求的目标。同时，成型过程中的塑料温度对成型质量也有重要影响。过大的温差导致熔体冷却不一致，局部过热使塑料发生降解等。均匀而适当的熔体温度也是成型质量的保证。

因此，基于压力和温度的优化原则可描述为：较小的注射压力，较小的温差，较小的温降。相应的优化目标函数为：

$$F(P,\ T_{max},\ T_{min})=w_1\times P+w_2\times(T_{max}-T_{min})+f_1(T_{max})+f_2(T_{min})$$

式中　F——目标函数；

P——注射压力；

T_{max}——熔体最高温度；

T_{min}——熔体最低温度；

f_1——罚函数，若 T_{max} ＞降解温度，有值，否则，无值；

f_2——罚函数，若 T_{min} ＜不流动温度，有值，否则，无值；

w_1，w_2——权值。

当目标函数取得最小值时，即达到优化目标，相应的一组工艺参数为最优参数。

由此可以看出，建立正确的压力模型和温度模型是优化问题求解的关键。

（2）基于神经网络的压力、温度模型的建立

① 神经网络概述。人工神经网络（artificial neural network，ANN ）是在人类对大脑神经网络认识理解的基础上人工构造的能实现其某种功能的、理论化的数学模型，是基于模仿大脑神经网络结构和功能而建立的一种信息处理系统。它实际上是由大量简单元件相互连接而成的复杂网络，具有高度非线性，能够进行复杂的逻辑操作和模拟复杂的非线性系统。

BP 网络（back-propagation network）是目前大量采用的一种网络模型，从理论到实践都很成熟，理论上已证明可用之模仿任何非线性系统。本节正是采用 BP 网络作为计算压力、温度参数的神经网络模型。

② 网络输入输出参数的确定。确定输入输出参数是建立神经网络过程中的关键环节。参数的选择应当既反映被模仿系统的行为规律，又力求简洁（单个输入参数含义明确、参数之间彼此独立、输入输出关系尽量简单）。

对于以压力、温度参数作为控制对象的注射成型物理系统，其行为规律是极其复杂的，往往需要一组联立的偏微分数理方程和边界条件来描述，尤其是注射压力，其影响因素甚多，而且诸因素之间还存在耦合关系，从这样一个系统中提取一组能反映压力变化的参数是比较困难的。

从力学模型来看，浇口处所需注射压力应当满足下述关系：

$$P=\int_0^L \frac{\partial p}{\partial l}\times \mathrm{d}l$$

式中 P——注射压力；

$\frac{\partial p}{\partial l}$——单位流动长度的压降；

L——流动长度。

而$\frac{\partial p}{\partial l}$正比于流动率 S

$$S=\int_0^b \frac{z^2}{\eta}\mathrm{d}z$$

式中 b——制品壁厚；

η——剪切黏度。

$$\eta=\frac{\eta_0}{1+\left(\frac{\eta_0\gamma}{\tau}\right)^{1-n}}$$

式中 η——剪切黏度；

η_0——零剪切黏度；
γ——剪切速率；
n——非牛顿指数。

$$\eta_0=Be^{T_b/T}e\beta_P$$

式中　T——熔体温度；
B，T_b，β_P——材料参数。

综合考虑上述公式，压力网络的输入参数可归结为流动长度、注射流量、制品壁厚、注射温度时的零剪切黏度和熔体最低温时的剪切黏度，输出参数为注射压力。其神经网络模型如图 6-6 所示。

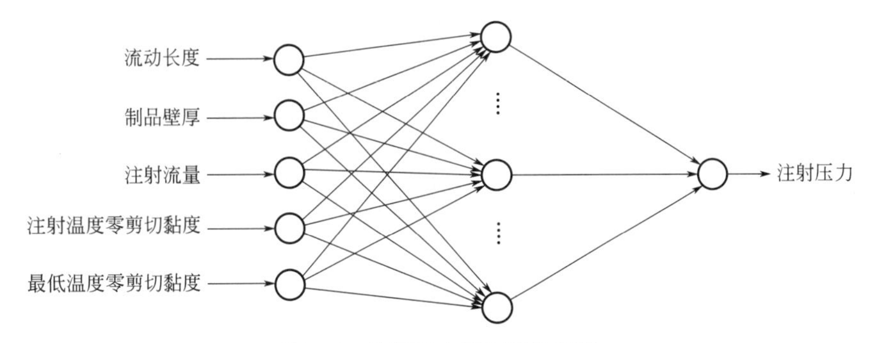

图 6-6　注射压力神经网络模型

在 CAE 系统中，流动长度、制品壁厚可由制品的网格及浇口信息获取，注射流量由充模时间及制品体积确定，两个剪切黏度参数则与所选材料及熔体温度相关，熔体温度的获取有赖于温度网络模拟值。

温度网络参数的选取较为简单。引起温度变化的因素主要是热传导、热对流作用和流动过程中的剪切发热。可用注射时间、制品壁厚、材料的热扩散系数作为网络的输入参数，用充模完成时熔体的最高、最低温度与注射温度之差作为网络的输出参数，模拟注射成型过程的温度系统。其神经网络模型如图 6-7 所示。

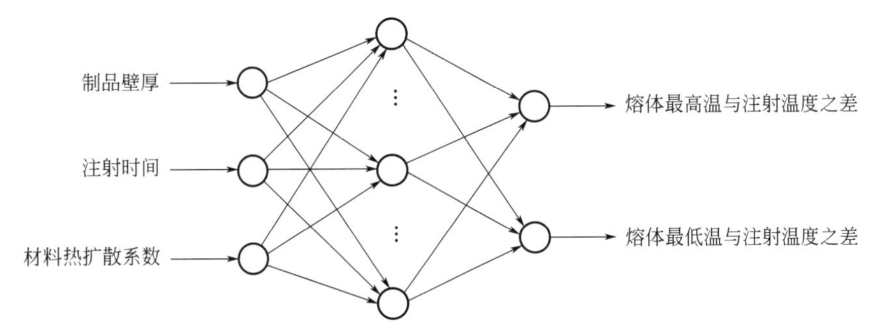

图 6-7　注射过程熔体最高、最低温度神经网络模型

③ 网络训练样本的获取　在网络结构确定之后，学习样本的选择也是至关重要的。充足而正确的学习样本才能够正确反映系统的性能。因此，再利用有限元分析系统来获得不同条件下的学习样本。实际过程中，选取不同制品壁厚、不同流动长度、不同材料

以及不同注塑时间下共计 600 个用于压力网络的学习样本，160 个用于温度网络的学习样本。

④ 网络的训练　采用 MatLab 5.2 神经网络工具箱作为神经网络的训练工具，经过长时间反复训练，网络获得了良好的收敛效果。

(3) 试验

为了验证网络对压力、温度参数的模拟效果，进行了实例验证。制品为鼠标外壳，图形如图 6-8 所示。外围尺寸 136mm×86mm×42mm，材料 ABS，注射温度 235℃。

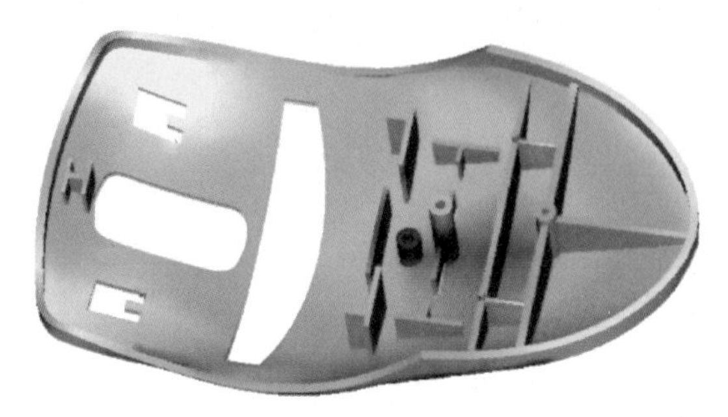

图 6-8　实验塑件——鼠标上盖

试验结果分析：

① 如图 6-9 所示为由于注射时间变化而引起熔体温度变化的曲线图。由该曲线图可知，温度神经网络可反映熔体温度随注射时间的变化趋势。

② 如图 6-10 所示为注射压力随注射时间变化的曲线。由图可看出，压力神经网络能够反映注射压力随注射时间变化的复杂关系，拟合出二者间 U 形关系曲线，从而优化出最小注射压力对应的注射时间。

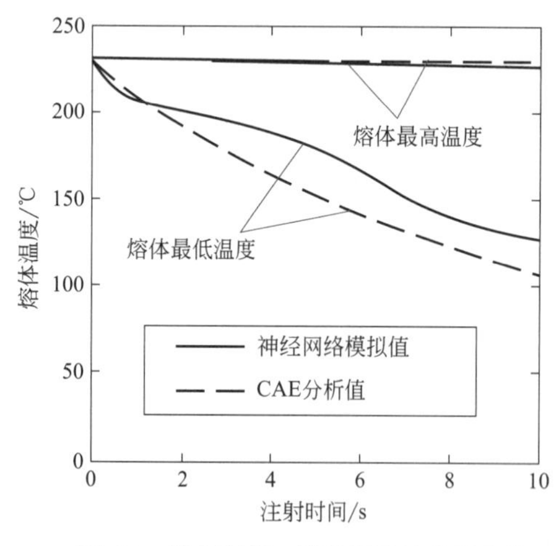

图 6-9　注射时间 - 熔体温度的关系曲线

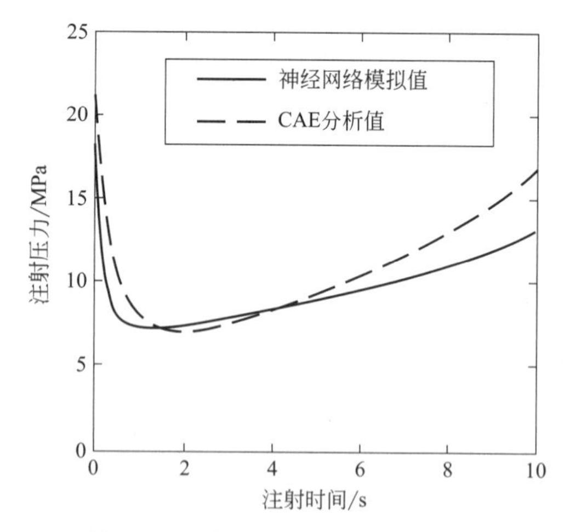

图 6-10　注射时间 - 注射压力的关系曲线

(4) 工艺参数优化系统的建立

基于上述压力、温度模型构建了如图 6-11 所示的工艺参数优化系统。

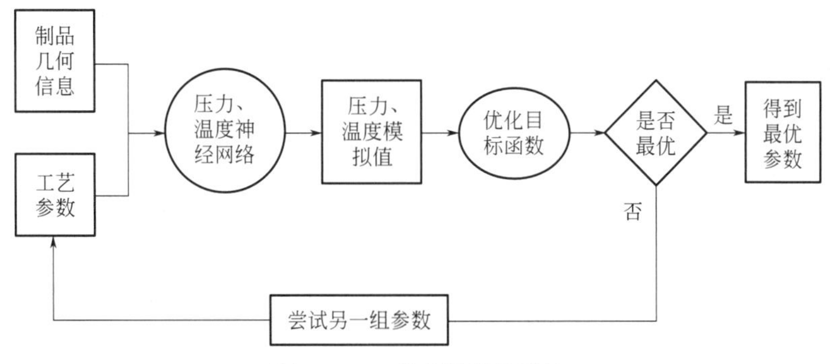

图 6-11 工艺参数优化系统

制品几何信息包含了流动长度、制品壁厚信息，工艺参数包含了流量（与充填时间有关）、材料物性参数（剪切黏度、热扩散系数）等信息。系统提取上述信息作为压力、温度神经网络的输入，由神经网络模拟出注射成型时的压力、温度值，利用优化目标函数并在一定优化策略下得出一组由优化系统确认的最优参数，此参数可由 CAE 系统分析做进一步验证。

6.1.3 人工智能在注塑工艺参数优化中的应用

虽然注塑工艺参数是一个强经验、弱理论的工作，很难精确地建立为数学模型。但是人工智能的出现，将很多原来的“不可能”变得“可能”。

6.1.3.1 人工智能优化注塑工艺参数的技术路线

（1）基于仿真计算的优化

这是业界较为熟悉，也是普遍认为可行的方案。Moldflow、Moldex 3D、Hscae 等等，这些仿真模拟软件分析塑料在模具型腔中的流动、冷却过程，预测成型产品的缺陷、翘曲变形与材料性能。然后通过优化多个成型条件，评估不同参数输出的结果。

但是这种方法仍有很多不足之处：

① 仿真的精度：涉及非常多的学科理论知识，如高分子流变学、聚合物力学、传热学、有限元法等。

② 仿真计算的效率：往往一个大型零件需要计算数小时，实际生产是不可能等这么久的，需要加快时间以及算法优化。

③ 仿真结果与实际注塑机的衔接：仿真软件做不到精确模型，这个需要更多的计算。

（2）专家系统（实例推理系统）

注塑工艺参数与制品质量之间很难用确定的关系表达式来描述，所以需要依据经验和算法。专家系统内存储了许多注塑模型，将工艺参数与制品质量之间建立模糊的连接，分析出更好的优化工艺参数模式。

工艺人员通过回忆、比较、借鉴过去类似的模具、原料、缺陷问题来逐步改善工艺参数，符合实例推理 (case-based reasoning，CBR) 人工智能解决方法。美国 IBM 公司生产的超级国际象棋电脑“深蓝”（Deep Blue）就是同类的人工智能产品，“深蓝”存储的一百多年来全球优秀棋手的对局达两百多万局，从而成为了国际象棋的“专家级”棋手。

专家系统需要具备3个能力：专家级知识（所有的塑料参数、模具分类模型等）、模拟专家思维（成型理论等）和专家级解题水平（注塑工艺参数与制品质量的关系、优化工艺参数等）。

（3）试验设计与优化

前文说到注塑工艺参数与制品质量之间很难用确定的关系表达式来描述，试验设计就是解决这个问题的，通过机器自动运行动作，然后输入产品质量结果，实时获得这种关系表达式，从而优化工艺。这种方法的优点在于可以适应不同的设备和模具，缺点也非常明显：

① 注塑成型工艺参数实在是太多了，参数之间也会有耦合关系，这就导致机器的“训练样本”（可以理解为自动调机产生的不良品）很多；

② 质量结果难以自动描述给注塑机，人一眼就了解的注塑缺陷，机器需要很久很费力才能“理解”某个缺陷；

③ 在机器或者其他条件变化时，工艺与制品质量之间的关系表达式就发生了变化，很难做到稳定性，“雨滴汇入山谷的具体路径是不可预测的，但它的大方向是必然的”。

石英高温压力传感器安装在喷嘴（射嘴）处，可测量高达2000bar[1]的压力，能耐400℃熔体高温，但其只能测量注射压力，不能测量温度，如图6-12所示。

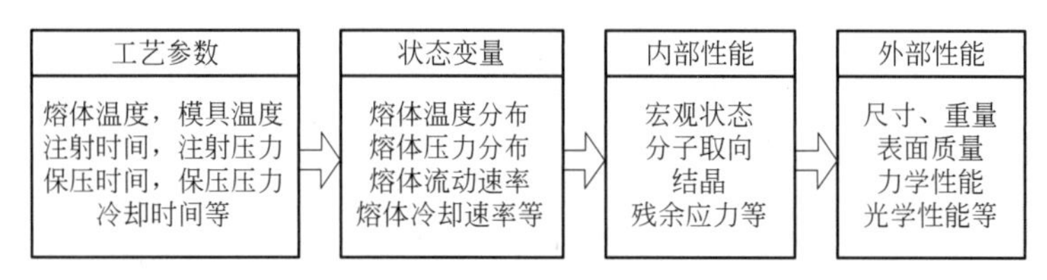

图6-12　传感器

6.1.3.2　人工智能优化注塑工艺参数的原理

人工智能优化注塑工艺参数最重要的是收集足够的专家经验和知识，进行大量的试验研究和验证，涉及的方面有：注塑参数与材料性能间的关系，注塑参数相互间的影响关系，注塑参数和缺陷项间的关系等。这些方面都已有了许多研究成果。

比如，国外科学家们针对几种材料研究了充模时间对材料力学性能的影响。有人针对聚苯乙烯研究了注射压力和保压时间与材料表面性能间的关系；甚至有人研究了注射速度对蛇形、翘曲、溢料等缺陷的影响。相关的研究表面，保压时间是影响凹痕的最有效参数，而熔体温度和模具温度对凹痕也有一定限度的影响。有人对聚碳酸酯（PC）形成的表面水波纹研究后发现，增加熔体温度、模具温度和注射速度可以防止水波纹的形成。

在国内，我国专家钟汉如和郁滨等研究了注塑模腔几何形状与喷嘴压力的关系，并提出对注射速度进行分级设定；王喜顺和彭玉成分析了机筒存料与熔体温度的分布，并对注塑模具中圆形截面浇口封闭时间作了研究；姚磊和方康玲对料筒温度的模糊控制系统作了研究；李萍等对充模过程平均模腔压力进行了研究；申长雨等对保压过程进行了数学描述；吉继亮和汪琦等研究了注塑制品的冷却时间；吴虎林对注射成型过程中加工工艺参数对浇口封闭过程的影响作了研究，等等。所有这些相关的研究都是人工智能设定注塑参数

[1] $1bar=10^5Pa$。

的理论基础和知识来源。

（1）消除缺陷的方法研究现状

针对如何有效地消除注塑件的缺陷，人们也已经有了不少研究成果。专家 Bryce 对消除缺陷的过程做了分析，针对注塑过程中出现的各种缺陷，分析了各种缺陷产生的原因，并说明了解决方法，指出参数调整的方向。专家 Tan 提出了一种设定注塑参数与消除缺陷的方法，他从简单结构的注塑件和单一缺陷入手，进而研究复杂结构注塑件的多缺陷问题，强调从注塑机、聚合物材料性质和注塑模具几何尺寸出发对初始参数进行设定，提出寻找缺陷消除有效方向的原则和算法，对缺陷消除中的参数设定问题进行了深入的研究，并用 C-Mold 对其方法进行了验证。专家 Pate 以一尼龙注塑件为研究对象，通过不断改变参数，设计不同的实验来研究各种缺陷和注塑参数间的关系，提出根据缺陷的严重程度，将缺陷分成 10 级，再根据其严重程度设定缺陷消除优先级，并用 C-Mold 仿真对缺陷的消除方法进行了研究。

（2）人工智能设定注塑工艺参数的研究

在上述研究成果的基础上，考虑到注塑参数的设定很大程度上依赖于专家经验和知识，因此将人工智能引入注塑参数的设定过程中。而如何有效地利用专家经验和知识，是人工智能设定注塑参数的关键。

注塑参数的设定是注塑过程中一个很重要的步骤，与产品形状、尺寸、原材料和注塑机类型等密切相关，各参数间又互相关联，设定参数的过程中专家知识尤为重要。为了充分利用专家知识，工程师 Seiji Kaeoka 等开发出一个用于解决此问题的专家系统 ESIM（expert system for injection molding），利用此专家系统设定参数的流程如图 6-13 所示。

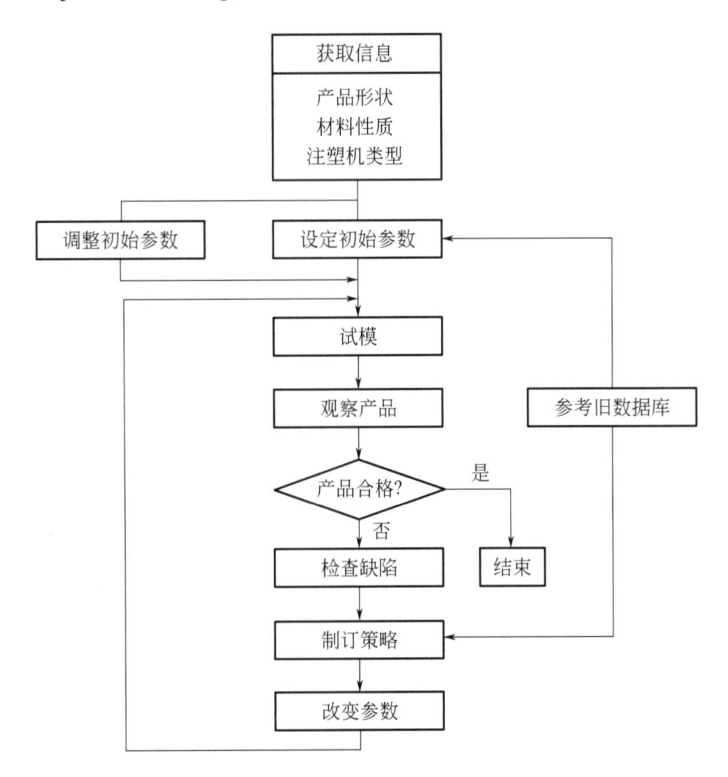

图 6-13　ESIM 注塑工艺参数设定流程图

考虑到每个策略都是在以往对策的基础上作出的，ESIM 采取如图 6-14 所示的推理机制。

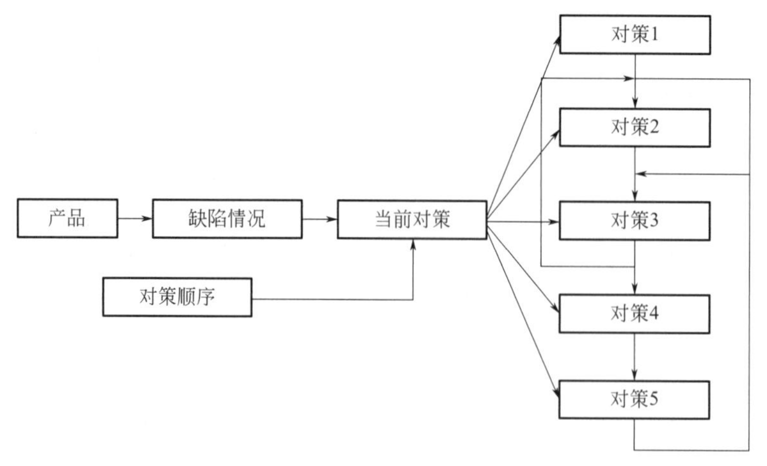

图 6-14　ESIM 的推理机制

此外，ESIM 中采用了一种多维矩阵的方法，其中构造的矩阵有基本对策矩阵、结果矩阵、过程检核矩阵和对历史矩阵，用这些矩阵来表达注塑参数和专家经验之间的关系。据称此专家系统已达到中级技术人员的操作水平。

由于专家知识难以获得、不易表达，知识的获取是专家系统的瓶颈。科学家 Kwong、Smith 和 Hu 开发了一个基于范例推理的 CBRS（case-based reasoning）系统来解决注塑机参数设定的问题，系统结构如图 6-15 所示。

使用者通过用户输入界面输入用于索引的数据和信息（注塑件几何尺寸、材料类型、产品体积等），范例库以结构化的形式存储旧的注塑范例，推理机进行范例的检索、获取、匹配和修正，此外用户还可以通过编辑界面对范例进行编辑修改。范例主要由以下三部分组成：问题描述，参数设定，结果。系统推理的基本算法如图 6-16 所示。

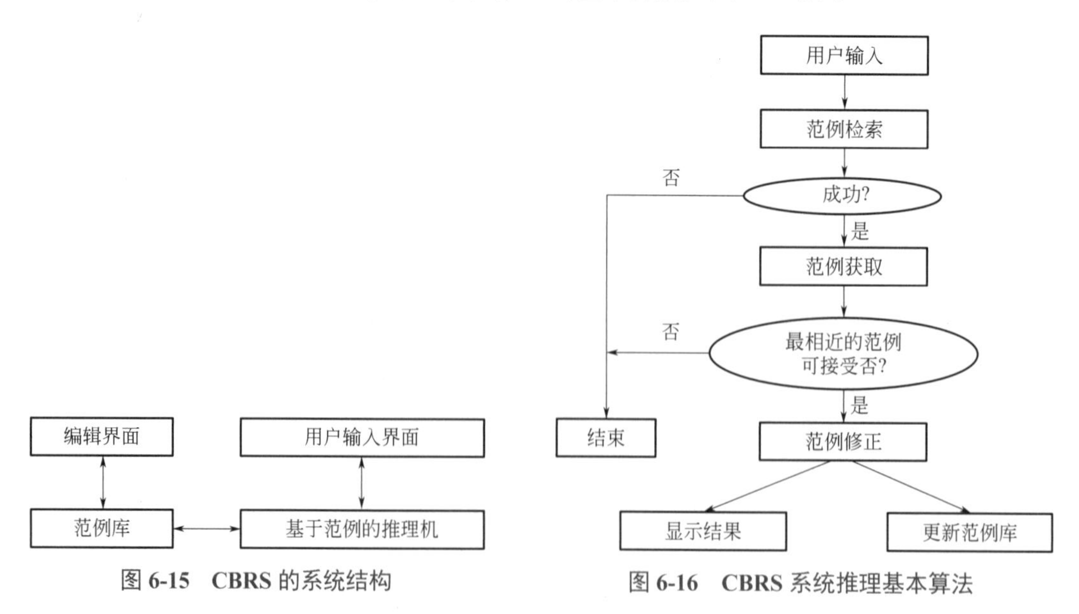

图 6-15　CBRS 的系统结构

图 6-16　CBRS 系统推理基本算法

科学家 K.Shelesh Nezhad 和 E.Siorest J 则将基于规则的推理（rule-based reasoning，RBR）和基于范例的推理（case based reasoning，CBR）结合起来，开发了一个注塑过程参数设定的智能系统，基于范例的推理用于初始参数的设定，即首先从范例库中获得最匹配的范例，在其基础上修正，获得初始参数，其推理过程如图 6-17 所示。

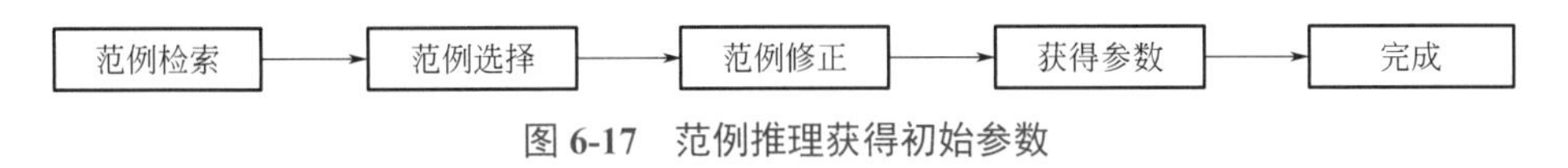

图 6-17　范例推理获得初始参数

获得初始参数后，系统用基于规则的推理，根据缺陷项对参数进行进一步修正，直到得到满意的结果。范例库是利用 Moldflow 分析获得的，整个智能系统的结构如图 6-18 所示。

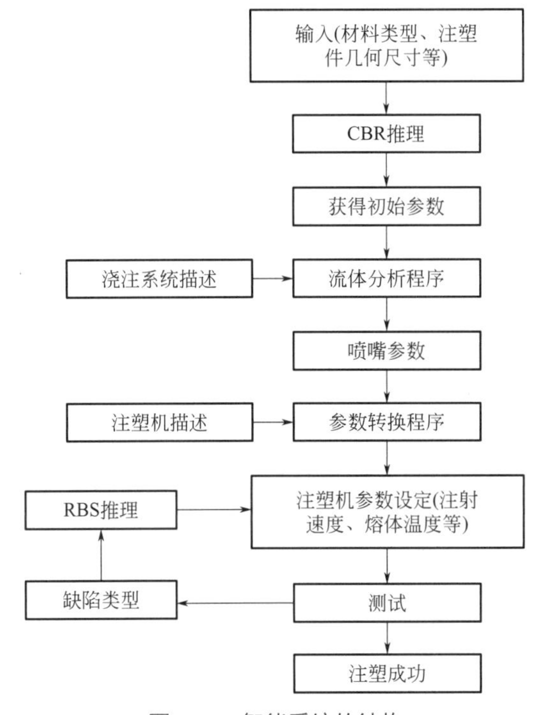

图 6-18　智能系统的结构

科学家 Pate 等提出将知识库系统和 C-Mold 结合起来进行注塑机过程参数的设定，注塑过程中根据材料、注塑件、注塑机的不同加以归类，针对各个类别有不同的专家知识，运用专家知识进行参数设置，然后由 C-Mold 仿真来校验是否有缺陷存在，直到获得优化的参数为止。

国内也已有人采用人工智能的技术进行注塑参数的设定，周华民等用 C++ 软件开发了一个塑料成型缺陷诊断专家系统 PPFDES，该系统可根据缺陷来进行原因诊断，并提出参考方法，调整参数。该系统的结构如图 6-19 所示。

PPFDES 系统采用基于规则的知识表示方法，考虑到知识的不确定性和模糊性，知识表达采用了不精确性的特征，其推理采用了 MYCIN 的不精确推理模型，整个系统采用了混合推理方法。推理诊断过程如图 6-20 所示。

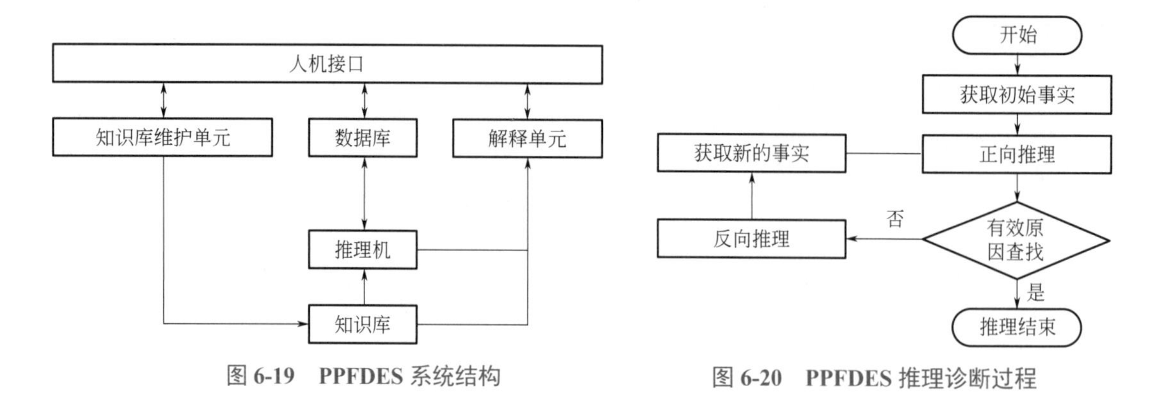

图 6-19　PPFDES 系统结构

图 6-20　PPFDES 推理诊断过程

将人工智能引入注塑参数的设定过程，能充分利用专家的知识和经验，使参数设定过程智能化、简单化，同时有助于注塑成型行业的发展，具有巨大的社会效益和经济效益。人工智能技术在注塑参数设定中的应用，其发展将取决于以下几个方面：一是人工智能技术本身的发展和成熟；二是注塑过程理论研究和仿真模拟的进展；三是注塑行业本身的发展需要。

可以预见，随着社会对注塑行业越来越大的需求和理论研究的深入，人工智能在注塑行业的应用会越来越广，在注塑工艺参数设定上的应用也会越来越成功。

6.1.4　注塑制品缺陷及工艺优化专家系统实例

注塑生产中对于塑件缺陷的分析与控制，一直是人们追求的目标。塑件质量受加工过程中多种因素的影响，其中工艺参数的设置对成型过程中塑料熔体的状态和最终塑件质量有着直接的影响。传统的工艺设置方法是靠人工进行注塑缺陷诊断以优化工艺，强烈依赖于操作人员的知识和经验，而这些经验很难用数学公式加以描述。因此，采用人工智能技术，建立基于知识和经验的 DOFP（diagnosing and optimizing the flaws of injection molding part）专家系统，在系统中收集大量注塑专家的知识和经验，使得该专家系统可以处理有关塑件缺陷诊断方面各种错综复杂的问题，分析缺陷产生的原因并且提出优化解决方案，从而达到提高塑件质量的目的。

6.1.4.1　DOFP 专家系统设计

（1）系统模块

本系统的基本结构以推理机和知识库为核心，共包括知识库、综合数据库、推理机、解释机、知识获取机和用户界面 6 个部分，如图 6-21 所示。

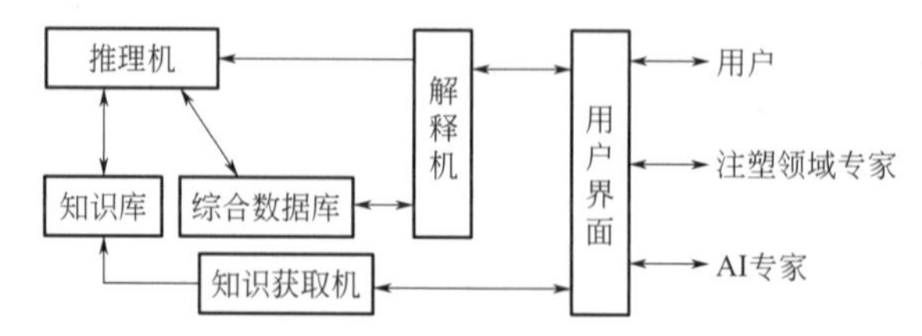

图 6-21　注塑制品缺陷诊断及工艺优化专家系统的结构

(2) 知识获取和表达方法

该专家系统中的知识库中包括了注塑生产中的各种因素以及和制件缺陷产生有关的知识，如常见制品质量缺陷（欠注、气泡、熔接线/融合痕等）信息、树脂材料信息、注塑工艺参数（注射压力、保压压力、冷却时间、注射速度、模具温度等）对注塑缺陷的影响状况等。这些知识主要来源于一些长期从事注塑工作的专家的知识和经验，以及国内外有关注塑件缺陷诊断分析的专著和文献。

(3) 推理控制策略

该专家系统的整个推理过程分两个阶段进行，首先是基于浅知识的缺陷诊断，然后根据诊断的结果信息进行基于深层知识的推理，从而获得可以消除缺陷的优化的工艺参数设置。

推理过程的作用是根据事实和推理规则推出结论。常用的推理算法有正向推理、逆向推理和正反向混合推理三种。本系统采用的是正向推理，推理流程如图 6-22 所示。

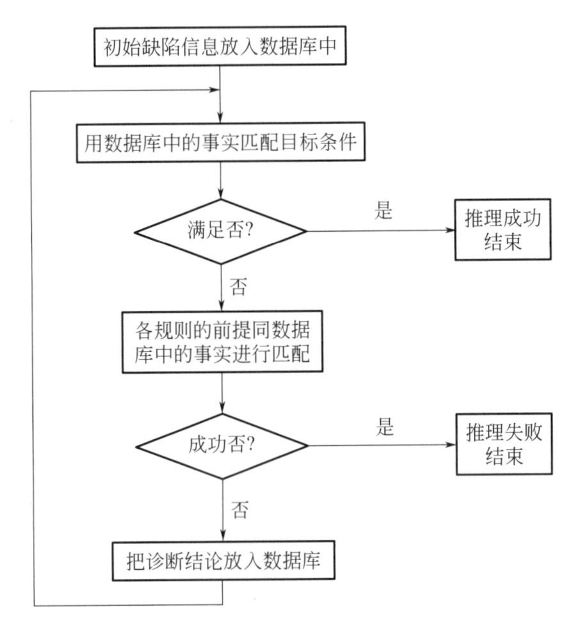

图 6-22 DOFP 专家系统推理流程

(4) 不确定性推理

由于专家系统中处理的注塑生产信息常常是不确定、模糊或不完备的，所以系统需要在这种不确定的知识基础上，推理得出一个具有一定可信度的结论，这就是不确定性推理。

本系统采用不确定性推理的确定性理论模型。尽管这种模型理论基础较弱，但简单直观，理论计算也不复杂，易于被掌握和使用。不确定性推理模型描述如下。

在专家系统中知识一般表示为：

IF E，THEN H；CF（H，E）

其中，E 为一些证据（或断言）的组合逻辑；H 为结论；CF（H，E）称为可信度因子。当证据 E 成立时，结论 H 有 CF（H，E）的可信度成立。

$$CP(H,E)=\begin{cases}\dfrac{P(H/E)-P(H)}{1-P(H)} & P(H/E)>P(H)\\ 1 & P(H/E)=P(H)\\ \dfrac{P(H)-P(H/E)}{P(H)} & P(H/E)<P(H)\end{cases}$$

本系统利用不确定因子法建立不确定推理模型，但实际使用时，规定的 CF（H，E）值并不是由 P（H/E）、P（H）计算得到，而是由专家根据经验给出，取值为 0 ～ 1。

（5）系统诊断及优化参数流程

系统诊断与优化参数流程如下：

① 用户输入缺陷信息和模糊化缺陷严重度，求出其隶属度。

② 选择材料名称和塑件的相关信息，调用材料信息数据文件，对当前各个工艺参数进行模糊化处理。

③ 选择合适的规则并调用出来，以确定引起缺陷的真正原因和结论可信度。

④ 根据诊断信息，利用模糊化推理推出各工艺参数的调整幅度，并且输出。

⑤ 按照上一步最终确定的调整幅度，修改当前工艺参数，并利用该组新的参数注塑一个制品，或用 CAE 软件模拟充填过程。

⑥ 缺陷是否消除，是，则结束；否，则回到①。

6.1.4.2 应用实例

某塑件在成型过程中出现变形，对该塑件变形缺陷诊断工艺优化推理过程如下。

首先，在初始工艺设置方案下，利用 Moldflow 软件对该模型进行流动分析，最大变形量为 6.017mm，如图 6-23 所示 。

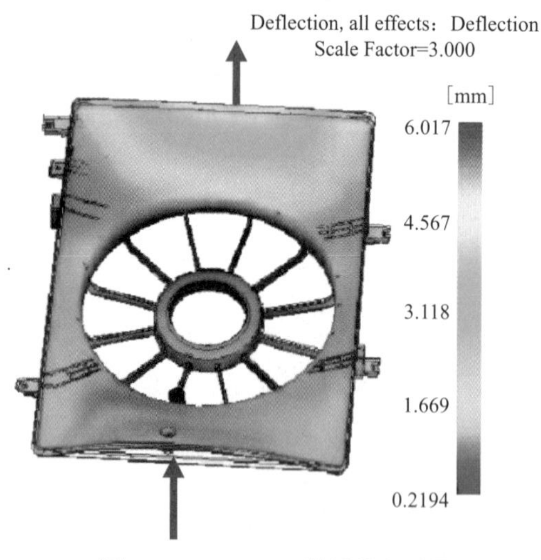

图 6-23 Moldflow 模拟的变形量

然后，利用专家系统对缺陷的成因进行诊断，并得到优化的工艺参数设置。优化后，产品的缺陷得到明显改善，最大变形量降低为 2.812mm。

6.1.4.3 结论

利用人工智能专家系统技术，采用 VC++ 语言，开发了注塑制品缺陷诊断及工艺优化专家系统。实际应用证明，DOFP 专家系统软件通用性强，用户界面友好，操作简单，可进行包括欠注、翘曲变形等在内的 11 种常见注塑制品缺陷的原因诊断，且系统参数优化合理，智能化程度较高。

该系统创新点是，以知识表达方式结合模糊函数控制，运用正向推理控制策略，使用不确定性理论来解决注塑过程的不确定性，有效地将制品缺陷诊断和工艺优化结合在一起，实用性较强。

6.2 注塑成型的计算机仿真技术

6.2.1 注塑成型的计算机仿真

计算机仿真（computer added engineer，CAE）技术是一种先进的技术手段，起源于20世纪70年代，是现代制造业重要的手段之一，它比传统的CAD技术更高一级，一般是在完成产品的结构设计之后，利用计算机技术对产品的三维模型进行仿真分析，以提前预知产品的性能、制造工艺及可能存在的缺陷，从而缩短产品的开发周期，优化加工制造的工艺，降低产品的制造成本。

塑料产品从设计到成型生产是一个十分复杂的过程，它包括塑料制品设计、模具结构设计、模具加工制造和模塑生产等几个主要方面，它需要产品设计师、模具设计师、模具加工工艺师及操作工人协同努力来完成，它是一个设计、修改、再设计的反复迭代、不断优化的过程。传统的手工设计、制造已越来越难以满足市场激烈竞争的需要。计算机技术的运用，正在各方面取代传统的手工设计方式，并取得了显著的经济效益。计算机仿真技术在注塑成型中的应用主要表现在以下两个方面。

（1）塑料制品及模具结构的优化

商品化三维CAD造型软件如Pro/Engineer、UG、CATIA等为设计师提供了方便的设计平台，其强大的曲面造型和编辑修改功能以及逼真的显示效果使设计者可以运用自如地表现自己的设计意图，真正做到所想即所得，而且制品的质量、体积等各种物理参数一并计算保存，为后续的模具设计和分析打下良好的基础。同时，这些软件都有专门的注塑模具设计模块，提供方便的模具分型面定义工具，使得复杂的成型零件都能自动生成，而且标准模架库、典型结构及标准零件库品种齐全，调用简单，添加方便，这些功能大大缩短了模具设计时间。同时，还提供模具开合模运动仿真功能，这样就保证了模具结构设计的合理性。

（2）注塑成型过程的仿真

运用CAE软件如Moldflow模拟塑料熔体在模具模腔中的流动、保压、冷却过程，对制品可能发生的翘曲进行预测等，其结果对优化模具结构和注塑工艺参数有着重要的指导意义，可提高一次试模的成功率。

6.2.2 Moldflow模流仿真实例

6.2.2.1 Moldflow概要

Moldflow原来是澳大利亚Moldflow公司于1978开发的产品。该公司注塑成型CAE技术的领导者和革新者，于2000年与同类公司C-Mold合并，并于2008年被美国著名的CAD供应商Autodesk公司收购，并将该软件的全称更名为Autodesk Moldflow，如图6-24所示。目前最新的版本为Autodesk Moldflow 2021。

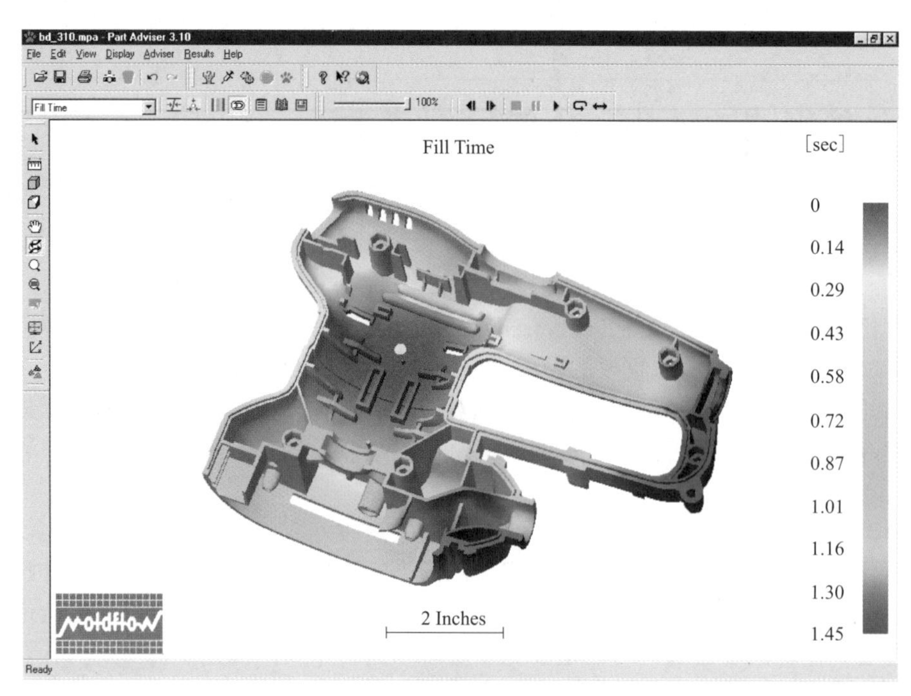

图 6-24 **Moldflow** 软件

Moldflow 利用计算机技术模拟注塑成型全过程，预测制品最终可能出现的缺陷，找到缺陷产生的正确原因，在模具加工之前得到最优化的制品设计、模具设计方案和最适宜的成型工艺条件，确保产品以最短的周期、最低成本投入市场，增强市场竞争能力。

（1）Moldflow 软件的三个模块

① Moldflow Plastics Advisers（产品优化顾问，简称 MPA）。塑料产品设计师在设计完产品后，运用 MPA 软件模拟分析，在很短的时间内，就可以得到优化的产品设计方案，并确认产品表面质量。

② Moldflow Plastics Insight（注塑成型模拟分析，简称 MPI）。对塑料产品和模具进行深入分析的软件包，它可以在计算机上对整个注塑过程进行模拟分析，包括填充、保压、冷却、翘曲、纤维取向、结构应力和收缩，以及气体辅助成型分析等，使模具设计师在设计阶段就找出未来产品可能出现的缺陷，提高一次试模的成功率。

③ Moldflow Plastics Xpert（注塑成型过程控制专家，简称 MPX）。集软硬件为一体的注塑成型品质控制专家，可以直接与注塑机控制器相连，可进行工艺优化和质量监控，自动优化注塑周期、降低废品率及监控整个生产过程。

（2）Moldflow 的主要功能

① 优化塑料制品。运用 Moldflow 软件，可以得到制品的实际最小壁厚，优化制品结构，降低材料成本，缩短生产周期，保证制品能全部充满。

② 优化模具结构。运用 Moldflow 软件，可以得到最佳的浇口数量与位置、合理的流道系统与冷却系统，并对型腔尺寸、浇口尺寸、流道尺寸和冷却系统尺寸进行优化，在计算机上进行试模、修模，大大提高模具质量，减少修模次数。

③ 优化注塑工艺参数　运用 Moldflow 软件，可以确定最佳的注射压力、保压压力、

锁模力、模具温度、熔体温度、注射时间、保压时间和冷却时间，以注塑出最佳的塑料制品。

(3) Moldflow 在注塑成型中的应用

① 最佳浇口位置分析。根据塑件的形状结构，分析出最佳的浇口位置，如图 6-25 所示。

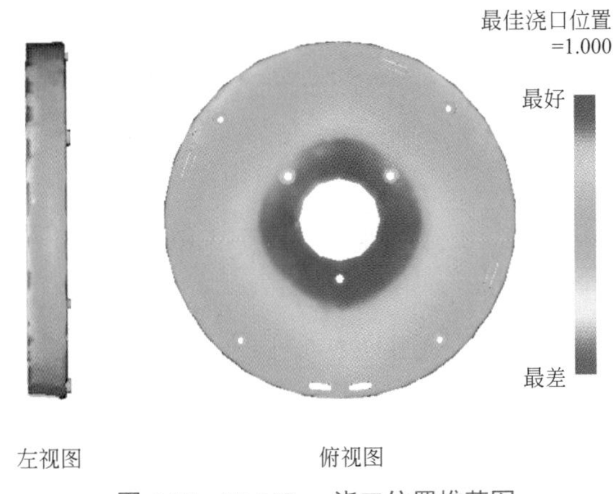

图 6-25 Moldflow 浇口位置推荐图

② 熔体填充过程动态模拟。通过填充、保压、冷却、开模等模拟来推算制品成型周期，可以看出是否出现缺胶或者短射现象，如图 6-26 所示。

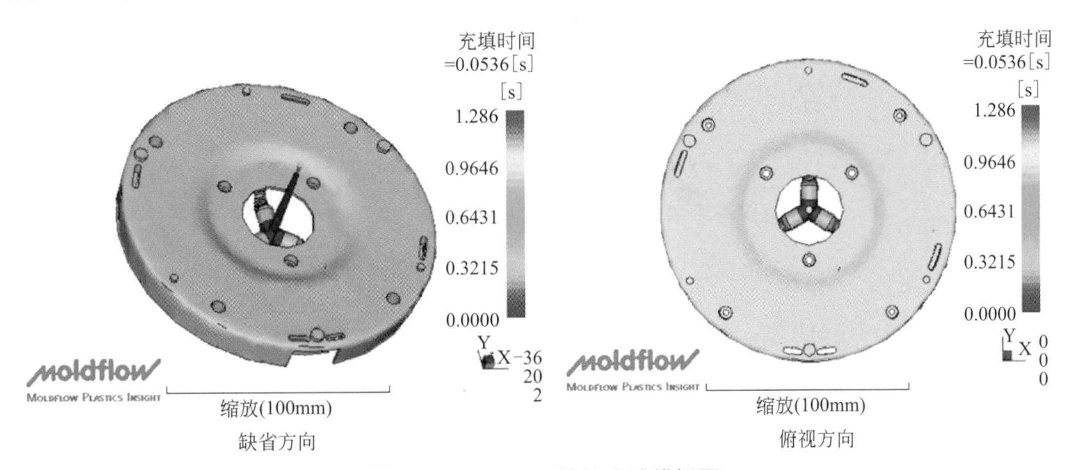

图 6-26 Moldflow 熔体充填模拟图

③ 翘曲变形分析。通过对比分析不同冷却、不同收缩、不同分子取向所引起的翘曲变形量及变形位置面积，来确定引起变形的主要原因。例如：该塑件的所有因素综合变形量为 1.022mm，而有不同收缩引起的变形量是 1.011mm，所以引起变形的主要原因是不同收缩，可以通过提高模温来改善该问题，如图 6-27 所示。

④ 气穴和熔接痕位置模拟分析。模拟气穴与熔接痕的位置，从而确定模具的修改方案，如图 6-28 所示。该塑件气穴较多，在分型面位置所出现的气穴可以忽略，因为分型面

处排气效果较优，而其他部位的气穴通过加强排气系统的设置来改善；熔接痕较少，所在位置不影响产品外观，可不做处理。

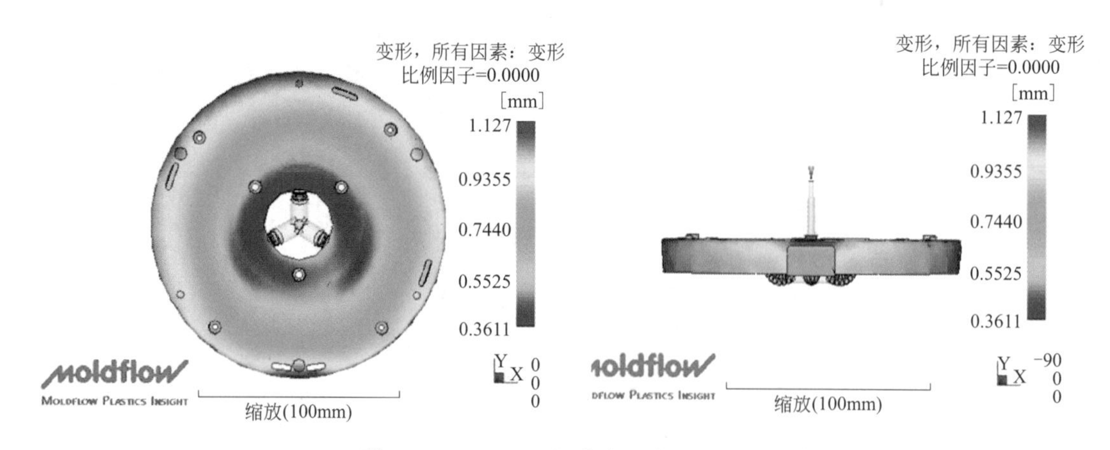

图 6-27　Moldflow 翘曲变形分析结果图

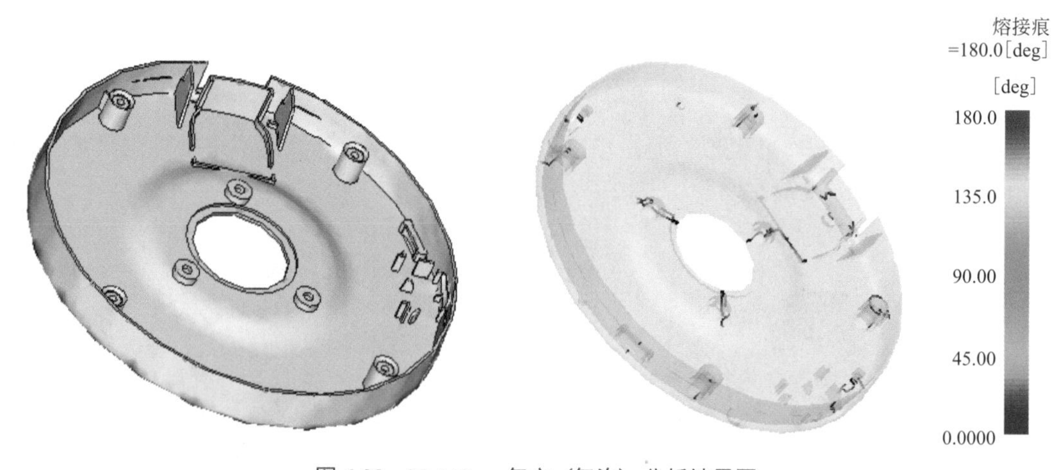

图 6-28　Moldflow 气穴（气泡）分析结果图

⑤ 迭代分析。以某一组基准条件开始进行分析，评估结果，一次改变一个变数并且重新分析，详细记录每一次迭代分析的结果。例如，改变保压压力，分析保压压力对成型的影响，如图 6-29 所示。

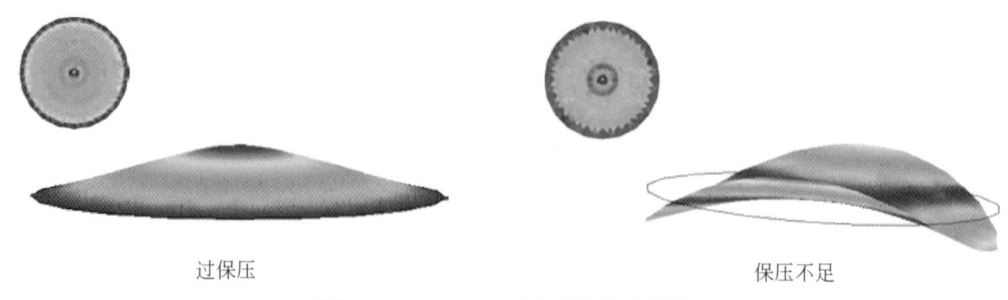

图 6-29　Moldflow 保压分析结果图

⑥ 冷却分析。分析冷却水路的冷却效果，冷却不均会导致产品翘曲变形，如图 6-30 所示，冷却水路进出口水温在 2 ～ 3℃为佳。

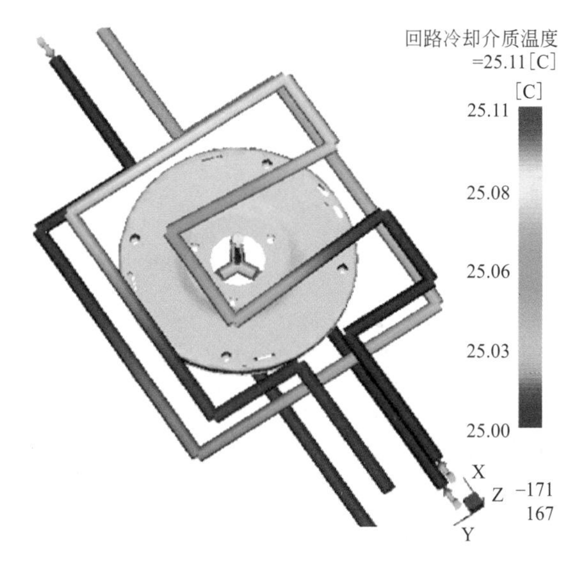

图 6-30　Moldflow 冷却分析结果图

6.2.2.2　Moldflow 应用案例

（1）制品所用塑料

某款汽车前保险杠，所用的材料为 PP+T15（商品名称 Daplen EE188AI ），该材料的特性如下：

① 推荐注射温度：240.0℃；

② 推荐模具温度：40.0℃；

③ 顶出温度：108.0℃；

④ 不流动温度：200.0℃；

⑤ 许可剪切应力：0. 25MPa；

⑥ 许可剪切速率：100000s^{-1}。

在本次分析中，选择相近材料 Borealis EE188AI（PP+T16），通过对流动过程与保压过程的模拟分析来预测浇注系统的可行性。

该材料的速率 - 黏度曲线、PVT 曲线分布如图 6-31 和图 6-32 所示。

采用 MPI/FILL、MPI/PACK 来进行分析，预测充填状况、型腔压力分布、温度分布、锁模力大小、体积收缩率、熔接痕、困气位置。

（2）预设注塑工艺参数

该模具一模一腔，采用顺序阀式热流道系统，6 点顺序阀，如图 6-33 所示。

确定的主要注塑工艺参数如下：

① 模温： 40.0℃；

② 熔体温度： 230.0℃；

③ 注射时间： 6.8s；

④ 采用 3 段保压，各段参数如表 6-2 所示。

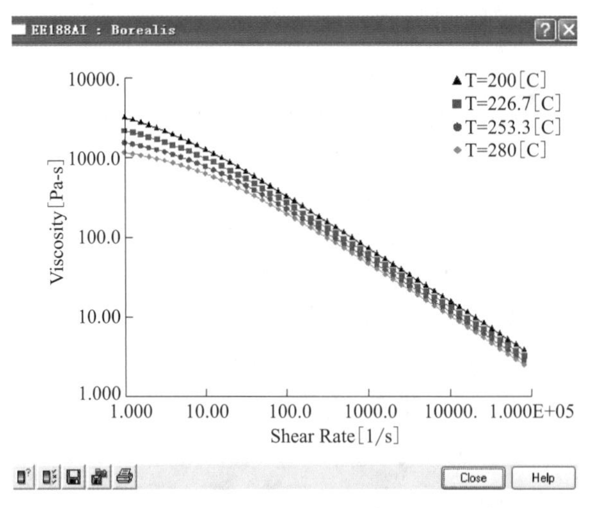

图 6-31 PP+T16 塑料的剪切速率 - 黏度曲线

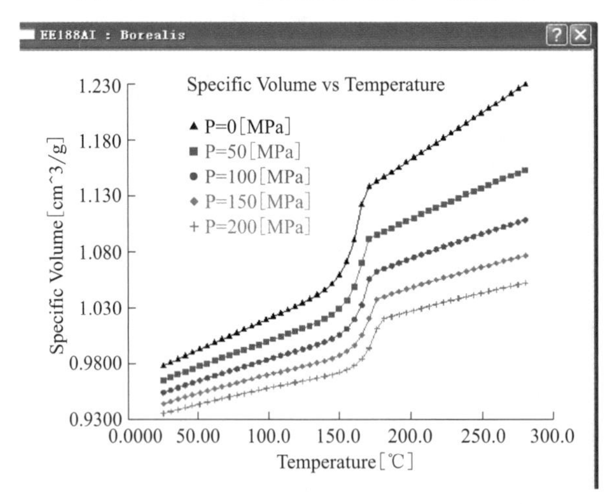

图 6-32 PP+T16 PVT 曲线

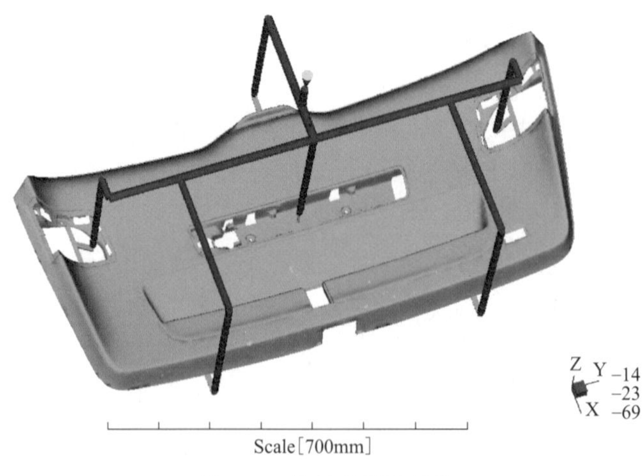

图 6-33 设计的浇注系统

表 **6-2**　设定的保压参数

保压压力 /MPa	保压时间 /s
50	6
40	4
0	4

（3）分析结果

① 熔体填充情况。如图 6-34 所示，从蓝色到红色表示填充的先后次序。评估填充情况质量的标准主要有两个：一是流动是否平衡，二是各个参数是否超过材料的许可值。

结论：中间喷嘴先注射，其余顺序注射，填充较平衡。

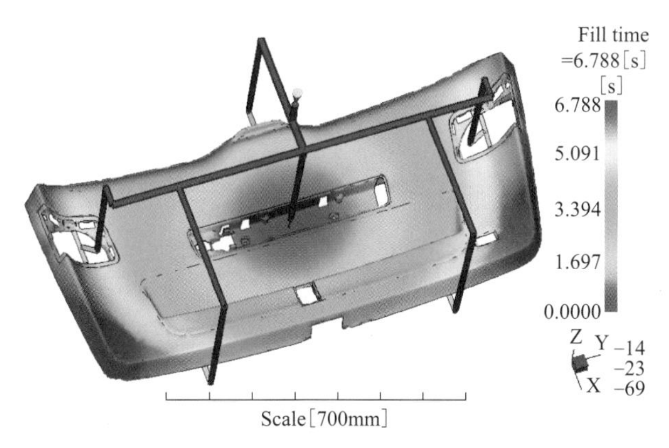

图 **6-34**　熔体充填情况

② 熔接痕位置。如图 6-35 所示为熔接痕分布位置。

结论：熔接痕迹在可接受范围内。

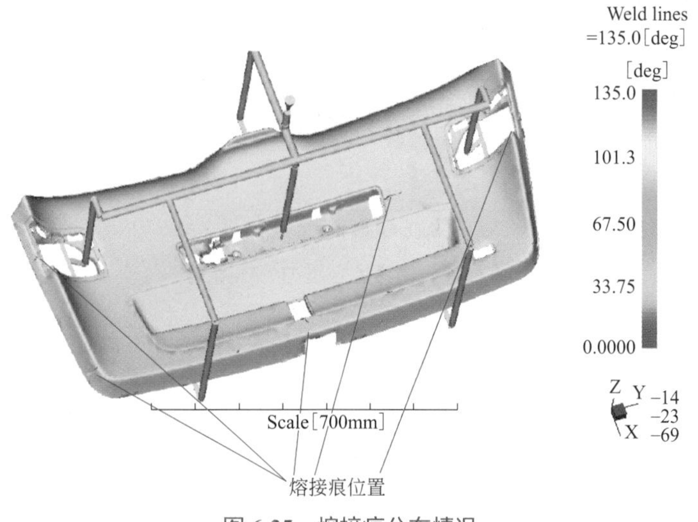

图 **6-35**　熔接痕分布情况

③ 困气位置。如图 6-36 所示为塑件注塑过程中的困气位置，实际生产中此处应开设排气系统。

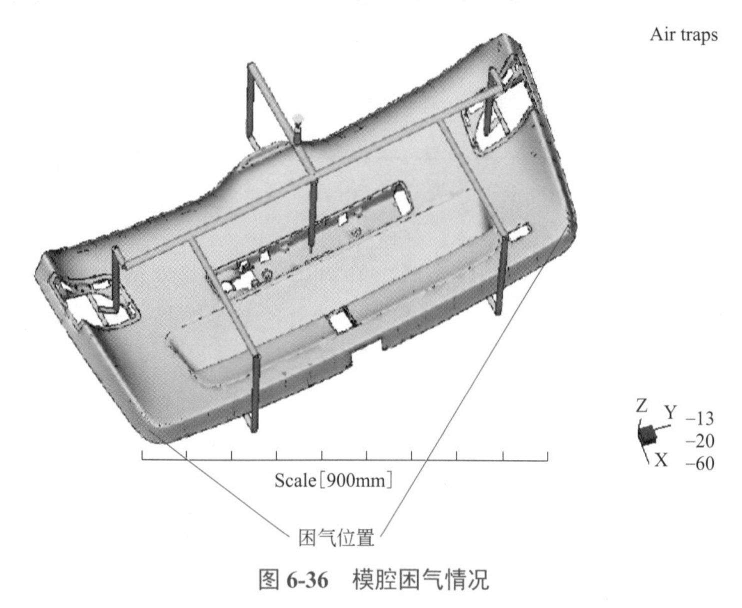

图 6-36　模腔困气情况

④ 压力分布。图 6-37 为型腔充满瞬间的压力分布。从此结果可知成型所需注射压力和型腔压力降均匀与否。此方案压力分布较为均匀。

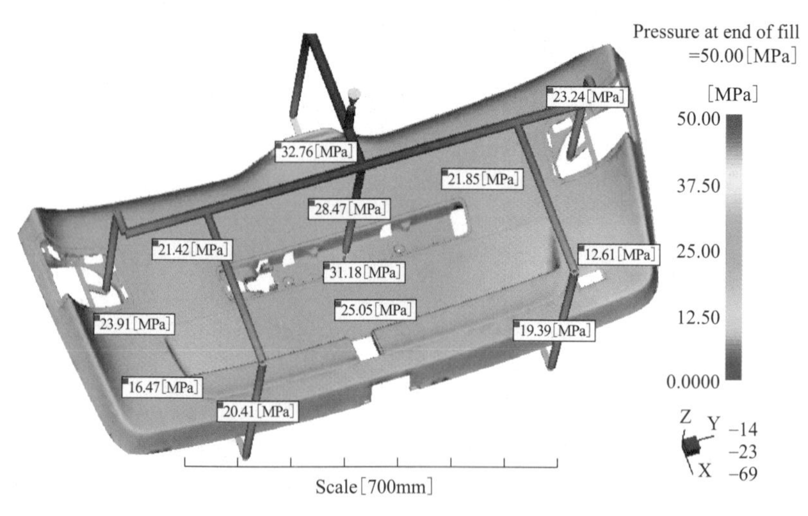

图 6-37　模具型腔压力分布情况

⑤ 熔体前锋温度分布。图 6-38 所示为温度分布情况，可见此注塑方案下，熔体前锋的温度分布较为均匀。

⑥ 喷嘴处的压力分布。如图 6-39 所示为浇口（即注塑机的喷嘴）处压力 - 时间曲线图。从图中看出，所需入口最高注射压力约为 62MPa，实际成型压力约为 80MPa，因此满足实际注塑成型需要。

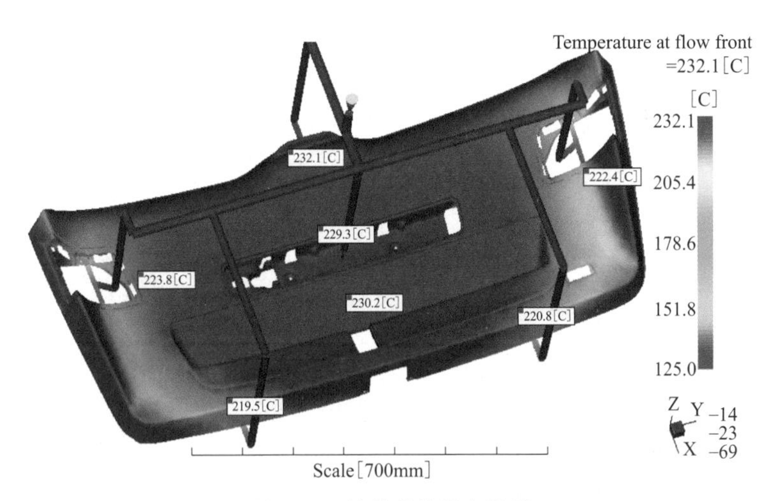

图 6-38　熔体前锋温度情况

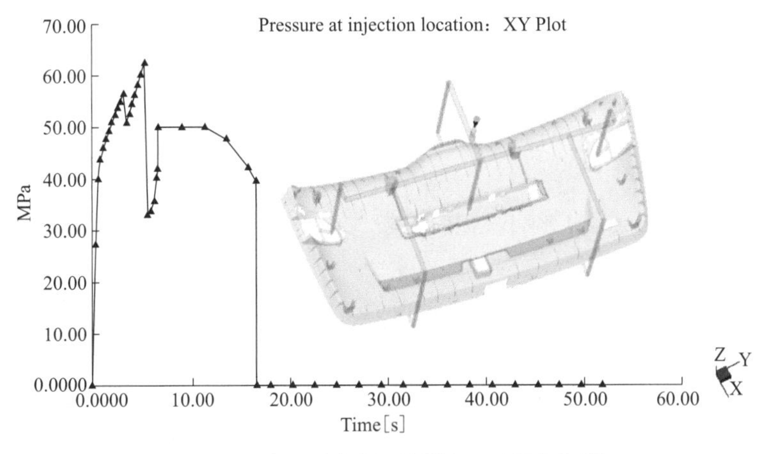

图 6-39　浇口（喷嘴）处压力 - 时间曲线图

⑦ 锁模力。如图 6-40 所示为锁模力 - 时间曲线图。从图中看出，所需最大锁模力约为 2297t。受保压压力影响，锁模力较大，实际生产中可通过降低保压压力来降低锁模力。

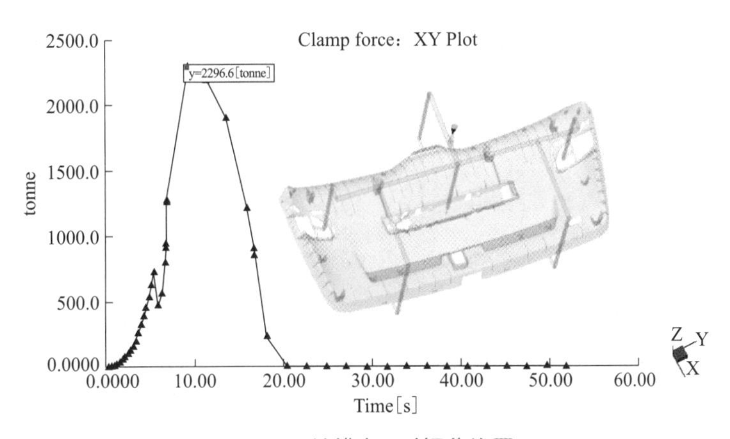

图 6-40　锁模力 - 时间曲线图

⑧ 体积收缩率。收缩不均匀是制品出现缩痕和翘曲变形的重要原因之一。在本例中，从图 6-41 看出，制品的体积收缩率大部分为 2.8% ～ 3.5%，总体收缩较均匀。

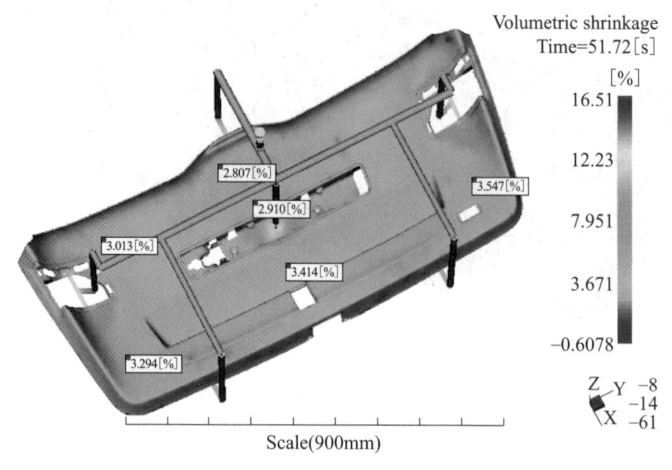

图 6-41　制品的体积收缩情况

⑨ 综合结果。

a. 该方案注射较为均衡，成型压力适中，型腔压力分布较为均衡，体积收缩较为均匀。

b. 受投影面积及保压压力影响，锁模力较大，可在实际投产时通过降低保压压力来降低锁模力。

c. 在制品边角处形成困气，熔料包合容易烧焦或熔接痕明显，需调整浇口位置及顺序阀开关时间。

d. 可采用 6 点顺序阀式热流道方案，建议调整下面两点喷嘴及浇口位置，减小两喷嘴间距，调整开阀注射时间，以改善充填状况及困气情况，优化保压工艺。

第 7 章

注塑生产自动化与智能化

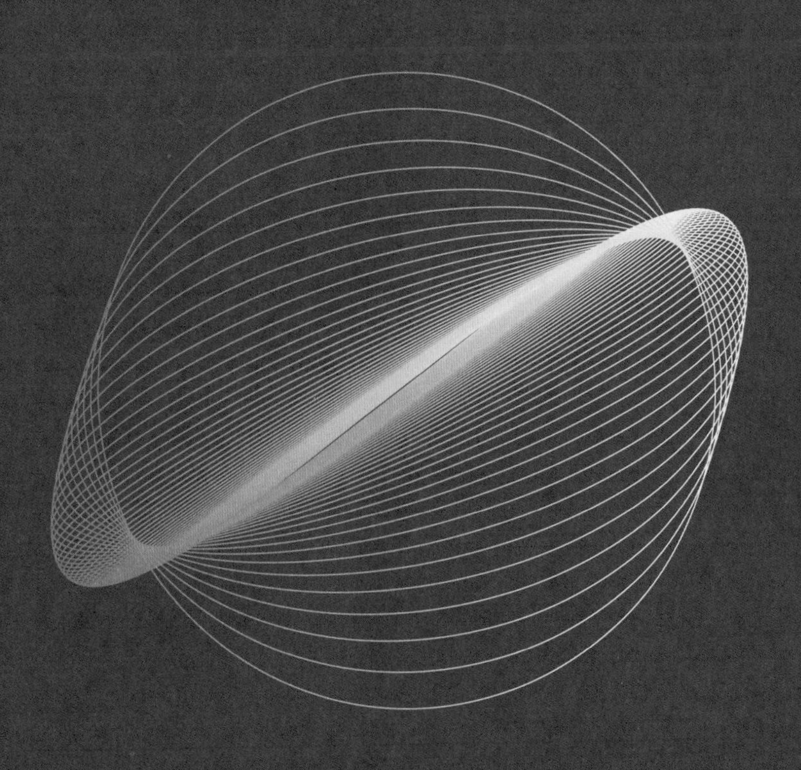

7.1 传统注塑生产面临的挑战与机遇

7.1.1 传统注塑生产面临的挑战

7.1.1.1 注塑生产企业面临的挑战

注塑生产属于典型的传统制造业。近年，受到原材料价格涨价、劳动力成本攀升、产能过剩、竞争白热化、客户个性化需求日益增长等因素影响，传统注塑生产企业面临着巨大的挑战，如图 7-1 所示。

图 7-1 注塑生产企业面临的挑战

在企业层面，面对白热化的市场竞争和日新月异的技术进步，传统注塑生产或多或少都将出现如下一些现象。

（1）生产状态不稳定

我国注塑生产企业大部分是中小企业，中小企业通常是给大型企业配套的供应商。这就意味着绝大多数中小企业都处在产业链的中低端，不稳定因素如下：

① 订单不稳定，插单改单现象多。中小企业不像在产业链高端的大型企业可以根据销售预测、市场分析来进行相对准确的定量生产，插单、改单、加单、消单现象非常普遍，在订单的预测方面处于被动状态。

注塑企业因客户的需求，经常会改变生产计划以满足客户的要求，主要表现在日期变更、颜色变更、数量变更以及新单记入等。在实际生产中，因生产赶不上进度等原因，也会进行改单的情况。因为单和单之间的相互影响，所以排程以及改动非常困难。

② 供应链不稳定。因为订单和成本的关系，很多企业的整个供应链是不稳定的，很多企业的供应商都是小作坊式的，有些供应商可能就是“夫妻店”“兄弟厂”。企业要实现整个供应链效益的最大化，困难重重。

③ 生产过程不稳定。很多传统企业，因为自动化程度不高、工艺路线长等原因，经常

出现设备、品质、材料、人员的异常情况。整个生产过程的不稳定在传统企业里面占据着主要位置，也是很多企业最头痛、最难解决的问题。

(2) 生产周期短，产品的交货期压力大

注塑企业客户的需求变更和市场变化较快，产品更新换代周期短，交货期压力大。由于采购物料以大宗物料为主，对于供货的持续能力要求较高。

(3) 企业内部的部门之间沟通不顺畅，无法有效协同

当企业发展到一定阶段，具备一定规模后，就会发现个体效率高不一定等于组织效率高，具体到企业的表现就是：在车间里面员工都很忙，但是，急出的货做不出来，不紧急的货却在仓库堆积成山。同时，各部门之间缺乏统一协调，各自为政，存在相互指责、相互推诿的情况，给企业整体效益带来损失。

(4) 注塑生产基础资料缺失

很多企业在多年的发展过程中建立了一些数据，或者也上了 ERP 系统，但是数据的真实性有很大的改善空间，也不能够起到真正指导生产的作用。这也是企业推行 ERP 系统为什么不成功的重要原因。中小企业主要缺失以下几类生产基础资料：

① 技术资料的缺失。技术参数的档案管理缺失、技术资料的不完善等等。例如 BOM 表是一个产品部件构成最基本的资料，但是在很多企业里面，BOM 表的准确性不高。

② 工艺资料的缺失。很多中小企业里面工艺资料是缺失的，像对应产品的作业指导书、工艺流程等。很多企业在生产过程中全凭管理者个人的经验来进行生产。

③ 生产资料的缺失。很多企业里面仓库账物卡的准确率非常低，仓库是生产产前准备物料的核心，仓库数据都是缺失的，所以就给生产管理带来了很大的难点。

(5)“三哑”问题严重

很多中小企业面临“三哑”问题，也就是哑岗位、哑设备、哑企业。这里的“三哑”是指那些没有入网、不能自动汇报、不能透明化管理的岗位、设备与企业，一个“哑”字，生动形象地描述出这些岗位、设备与企业的信息不交互、不共享、不透明的状况。

传统企业从制造到“智造”，除了技术和设备要升级和改造，还必须解决企业所面临的“三哑”问题。生产岗位、设备与企业的信息交互共享，且生产实时监控，从来料到打包入库，整个生产过程监控和品质管控，均要求生产系统能即时反馈生产进度和及时采集设备或检测数据，并且由系统自动判断是否合格，如有不良则报警提示，防止不良产品流入市场。

(6) 管理水平不足

很多管理者都是跟着企业发展从员工一步一步成长起来的技能型管理人员，没有经过专业的管理培训，也缺乏信息化管理的意识。同时，车间现场人员的素质也参差不齐，很多先进生产管理理念，例如精益生产、JIT（准时生产），无法得到贯彻和实施。

7.1.1.2 注塑车间面临的挑战

注塑生产是实实在在的实体制造业，每一件塑件的生产都必须落实到注塑车间的具体机器、模具、原料和工艺等上面。但作为注塑生产的具体执行单位，传统注塑车间的生产运作仍停留在“低效、高耗、劣质”的生产管理模式上，究其原因，大致有如图 7-2 所示

的这些瓶颈问题。

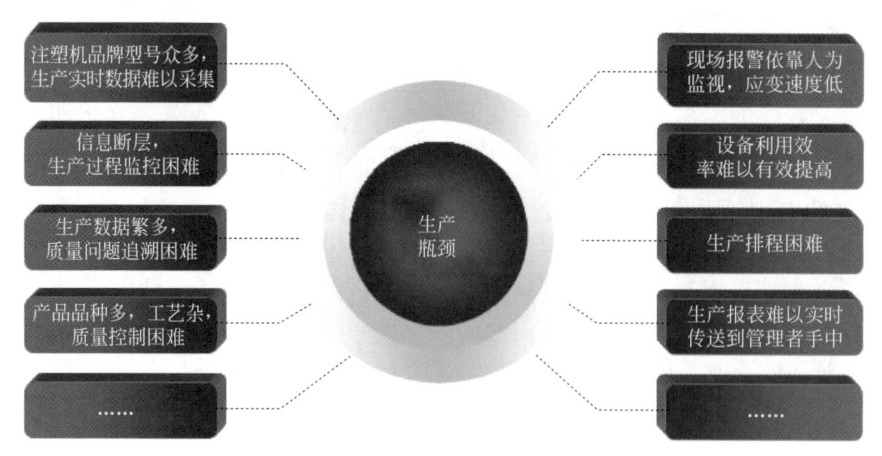

图 7-2 制约注塑生产自动化的因素

① 每台注塑机都是独立的个体，没有进行综合的、有系统的、统一的管理；资料收集统计困难，管理人员难以及时得到综合的信息（如每台机的稼动率、排单情况、机台状态、现场实际操作情况等）。

② 车间现场生产和计划及客户需求脱节，物流部门下达的生产计划无法得到车间有效的响应，车间往往按照自己的便利和绩效有利程度安排生产，这就造成了一方市场和客户所需要的产品没有及时供应，但是仓库却积压了大量的车间生产的而市场不需要的产品。

③ 管理人员无法即时得到每个订单的实际进度信息，无法对车间的生产进度进行有效监控，导致超出原计划数量生产和现场材料挪用的情况非常严重。

④ 车间无法记录和得知废品信息，造成因废品而生产的良品数量少于市场需求数量，需要进行小批量补充生产，降低效率。

⑤ 工艺是经过手工工艺卡管理，在生产过程中，由人工按工艺卡调工艺，工艺随意调整，一旦机器实际作业参数同标准工艺存在严重偏差时，无法及时发现，品质无法保证。

⑥ 车间统计资料靠人手搜集，往往是事后的统计，同时有错误或被人为删改的可能，降低信息反馈速度和可靠性。

⑦ 由于所有资料都依靠人工统计，各机台又没有联网，没有统一的信息平台，造成信息不能共享，没有足够的生产数据供管理人员分析。

⑧ 现场需要依靠大量人力观察，无法及时反馈问题并采取对应措施。

7.1.2 注塑生产面临的机遇

科技革命和产业变革将推动塑料加工业加快转型发展：随着 5G 通信技术、物联网、大数据、高档数控机床、工业机器人、智能仪器仪表等新一代技术装备的应用，将推动我国塑料加工业制造技术快速、跨越式发展。同时，网络协同制造、个性化定制、共享制造等新业态、新模式会不断涌现。“十四五”期间，塑料加工业先进生产力必定依托于科技创新，与塑料行业相关的新产业、新业态、新技术和新模式会不断涌现，为行业进一步跨界融合、生态化、人工智能、网络化信息技术创新发展带来新机遇。

新发展格局将促进产品与产业结构趋向合理：随着新型工业化、信息化、城镇化、农业现代化进程的加快，对国内市场会起到需求增长拉动和深化作用，技术创新能力的提升和制度管理创新将会促进塑料相关产业链提质，同时也会不断提升在国际循环中的优势。

我国超大规模市场优势将拓展注塑行业的应用领域：新型基础设施、新型城镇化和重大项目等举国之力的大规模市场需求优势，拥有广阔发展前景，与塑料加工业密切相关，会促进塑料制品需求增长。此外，雄安新区、海南自贸区、粤港澳大湾区、长江经济带等区域建设也将带动相关地区塑料产业发展，为塑料加工业提供了更加广阔的市场空间。

提质升级的消费市场将促进塑料行业进步：消费对经济增长的拉动作用正进一步强化，消费市场升级呈现新的趋势。消费结构向发展型升级，优质产品需求旺盛，同时随着我国由“制造大国”进入“消费大国”，消费者对高品质制品的需求激增，会助力塑料制品行业向高品质提升。

高标准市场体系建设将推动自主创新进一步发展：国家高标准市场体系建立的进一步加强，将会深化行业供给侧结构性改革，推动引领创造新需求能力的提升，促进自主创新在新形势下的进一步发展。通过加大自主研发投入、专利保护等，提升企业自主创新能力，提升自主品牌影响力和竞争力。

7.2 注塑生产自动化与智能化

7.2.1 注塑生产的自动化

注塑生产智能化的前提是生产过程的自动化，注塑生产自动化主要包括注塑成型机器、周边辅助设备、注塑成型模具、机器人 / 手设备、成品输送设备等，如图 7-3 所示。

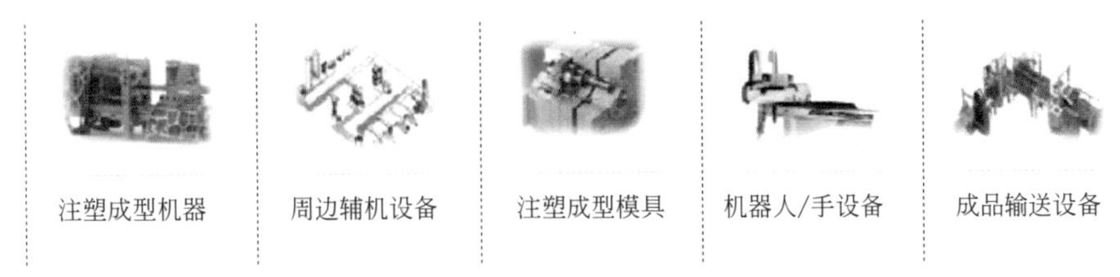

图 7-3 注塑生产主要的自动化设备

（1）注塑机控制系统的数字化

注塑生产智能化的各系统中，注塑机是最核心的生产设备，也是注塑智能化实现的源头。注塑机实行智能制造是关键的一步，通过注塑机控制系统的数字化，辅助制造云平台，才能带动智能管理和智能服务。

注塑机的输入变量有两类：一类是模拟量形式输入，包括料筒温度、注塑系统压力、锁模系统压力、模腔系统压力、螺杆位置等；另一类是数字量形式输入，包括螺杆进退行程开关、射台进退行程开关等。控制系统的硬件是先进控制方法的载体，由信号采集模块、嵌入式计算机控制模块、人机界面设备（例如键盘、显示屏等）三大部分构成。图 7-4 所示为注塑机控制器的结构框图。

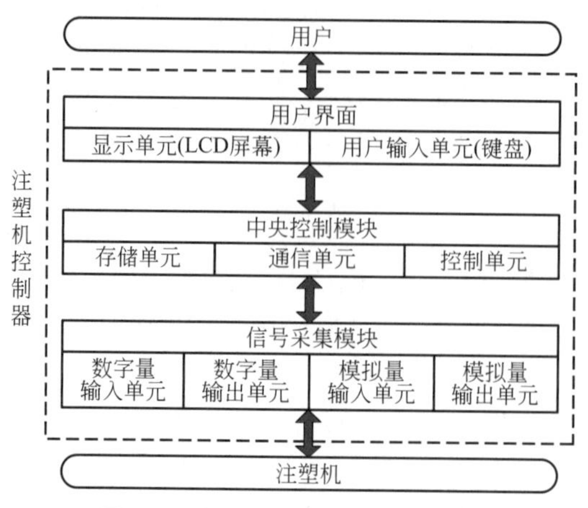

图 7-4　注塑机控制器的结构框图

注塑机控制系统软件部分包括定制的实时软件支撑平台、针对注塑机关键过程变量的先进控制方法、模块化的控制软件系统，以及通信、存储等功能模块。具体的软件部分结构如图 7-5 所示。

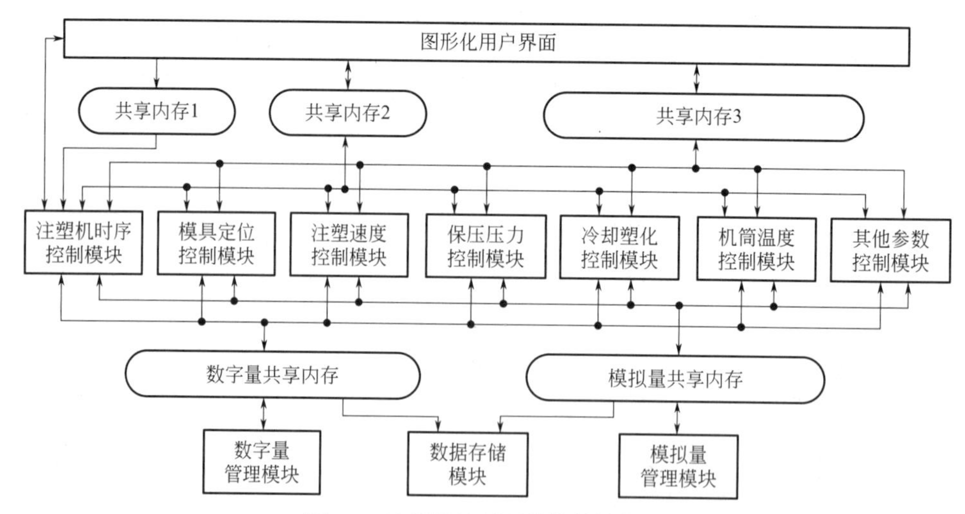

图 7-5　注塑机控制系统软件结构图

注塑过程相对于传统的流程工业具有快速、各阶段过程特性变化大的特点。软件系统必须建立在一个定制的快速切换实时操作系统平台上。控制系统软件部分也是采用模块化的设计，各个模块独立工作完成固定的功能，模块间通过信息传递来实现通信，大量的数据通过共享内存来快速同步。FMS（flexible manufacturing system）系统和其他系统等通过模块形式存在于软件结构中，并以增加共享内存的方式，达到总线加长、带宽加大、频率加高、保证多台集中控制的目的。

(2) 自动供料系统

注塑车间采用集中供料系统可实现将多种原料自动供给不同的注塑机使用，其中包括原料从烘干、配色到水口料的粉碎并按比例回收利用，能够实现这些过程自动化控制及监测，能保障24h连续生产需要。集中供料系统集成度高，操作简易且人性化，只需少数几个人即可控制整个注塑生产的供料需求，从而大大减少了人力成本。其次，减少了在注塑机旁堆放原料及配置上料、回料粉碎等辅助设备，提高了生产现场空间的利用率。集中供料系统可以根据产品要求、原料使用要求、车间布局设计出最优的方案，使原料及粉尘对注塑生产的污染降至最低的程度，可以保持洁净的车间环境，降低噪声，实现无人化、自动化生产车间，树立现代化工厂管理的形象。综上所述，注塑车间采用集中供料系统，具有高效、节能、个性的优点及现代化工厂的形象。

(3) 快速自动换模系统

自动快速换模系统是使用液压夹具或磁力模板替代螺钉，将模具固定在注塑上，使换模工作更省时省力，工作更安全，如图7-6所示。据试验，快速自动换模系统可以使模具装卸时间节约70%以上，特别适合当前“多批少量”的生产模式，大大地提升企业竞争能力，做到安全、快速、准时交货，提高生产效率，避免工伤事故的发生和模具的碰撞损坏，降低生产成本，节约生产时间。

图7-6　自动快速换模系统

① 机械旋拉式换模系统。这是早期的快速换模系统，典型产品出自瑞士STAUBLI公司，如图7-7所示。该系统工作时将模具背部中心夹紧，适用于中小型注塑机，其机械结构比较复杂，夹紧力在模具背板后部中心部位。

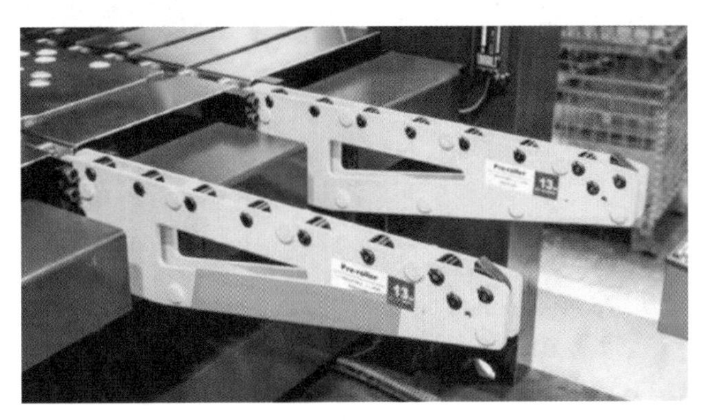

图7-7　机械旋拉式快速换模系统

该系统的优点是：模具四周完全开放，无任何夹压元件，便于外部管路的插接。

该系统的缺点是：模具背板须加装统一的夹紧机构。由于背板四周无夹紧力，工作中模具变形及磨损较大，夹压部位的元件磨损严重，无夹压元件的状态反馈信号供给主机，系统安装、维修难度较大，不适于现有设备的加装。

② 磁力吸盘式换模系统。这是近年来发展迅速、被广为接受和采纳的快速换模系统，典型产品出自意大利 TECNOMAGNETE（泰磁）公司，如图 7-8 所示。该公司在此产品上有十多年的开发、生产和应用的经验，近万套系统应用于世界各地，特别是应用于为汽车工业配套的厂家。近几年，瑞士 STAUBLI 公司和日本 PASCAL 公司也开始从传统的液压换模系统转向磁力系统的开发与销售。

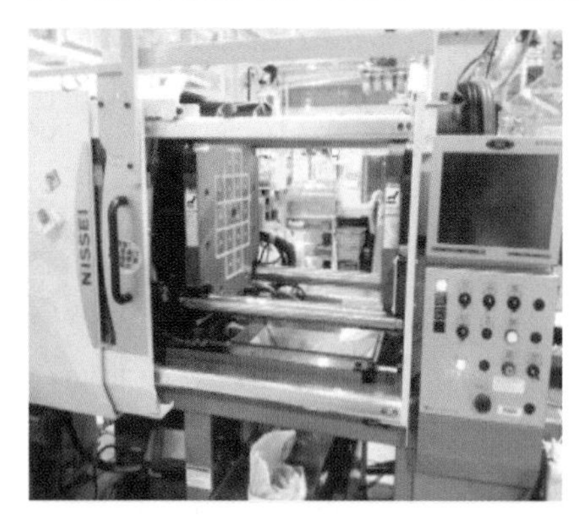

图 7-8　磁力吸盘式快速换模系统

磁力吸盘式换模系统的结构及控制非常简单，无任何机械夹紧元件和动作，在模具背板与吸盘磁极的接触面上，不论是心部还是周边，全部都由永久磁力夹紧，适用于各种形式和规格的注塑机。

磁力吸盘式换模系统的优点是：加装方便，适用于各种规格的液压式和全电动注塑机，夹紧力来自永久磁性材料，工作中无须用电，夹紧状态有实时信号反馈给主机，保证夹紧的绝对安全；由于全接触面夹紧力均匀，模具在工作中变形和磨损很小，注塑件精度及一致性高，模具寿命长；模具周边无任何执行元件，外围管路插接方便。该系统机械上无机械动作，电控上瞬间用电，因此在使用中无须维护，寿命极长。

磁力吸盘式换模系统的缺点是：磁力模板的厚度（54mm+54mm）对小型机的开模行程有一定影响。

（4）机械手

注塑机械手是为实现注塑生产自动化配备的专业智能集成机械装备，它可以替代工人完成简单、重复的体力劳动，提高了安全生产保障，如图 7-9 所示。因此，机械手在注塑成型生产中发挥着越来越重要的作用，机械手取出塑件放置在输送带上输送至指定位置，使无人全自动化操作变为可能，自动流水线更能够节省场地，使得整个厂规划更小，规划布局更加紧凑，管理更方便。

图 7-9　机器人自动取件场景

（5）模具监视器

模具监视器，又称模具保护器、模具电子眼，可对各类型的注塑机在进行模具开模、脱模、合模的运行过程中，进行实时监视、控制，以保护模具，避免非正常损坏。模具监视器由高分辨率的工业相机（或机器视觉系统）、CPU 系统、外设端口控制系统等组成。通过工业相机对运行过程中的模具在开模、脱模、合模时进行图像抓拍，通过 CPU 对图像进行灰度等级处理以及特定的算法处理，有效判断当前产品是否存在异常，当前模具运行是否存在隐患，如发现异常或存在安全隐患，模具保护器则发出异常信号，停止注塑机动作并报警提醒现场作业人员来确认警报情况并进行下阶段处理。

（6）自动仓储与物流系统

自动仓储与物流系统是自动化生产改造不可或缺的一部分，如图 7-10 所示。若机械手把注塑产品从注塑机模具中取出来并放入中转箱内，然后通过相关物流运输到下一工序或车间进行下一工序作业，这样不光会增加物流成本，而且在运输过程容易把产品擦花，影响产品质量，尤其不适合高端产品。另外也容易使生产现场出现分散凌乱的现象，不利于生产现场管理。同时，注塑机在生产过程中，塑料原料熔融需要加热，加热会使周边温度升高，材料高温裂解也会排放出有毒的气体，影响车间的作业环境及危害作业人员的身体健康。采用自动输送系统后，让所有的注塑产品输送到环境舒适的作业区域，原来车间繁忙的物流会变得顺畅，员工的工作环境也会得到改善。

生产入库：每天平均工作20h(两班)，每周工作6天
成品出库：每天平均工作10h(一班)，每周工作6天

主要组成
巷道堆垛AGV
接驳台车出入库系统
出入库输送系统
托盘提升机
DCS总控系统
WMS仓库管理系统

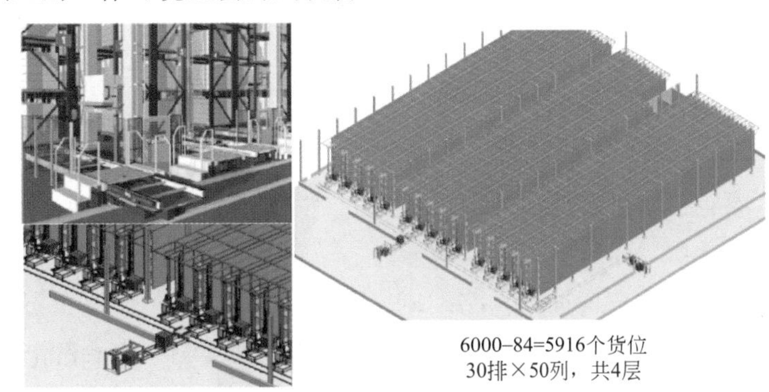

图 7-10　自动化仓储与物流系统

自动仓储与物流系统的核心设备是自动导引运输车（automated guided vehicle，AGV），其具体的类型有背驮式、叉车式、潜伏式和拖挂式等，如图 7-11所示。AGV 运行模式有如下三种：

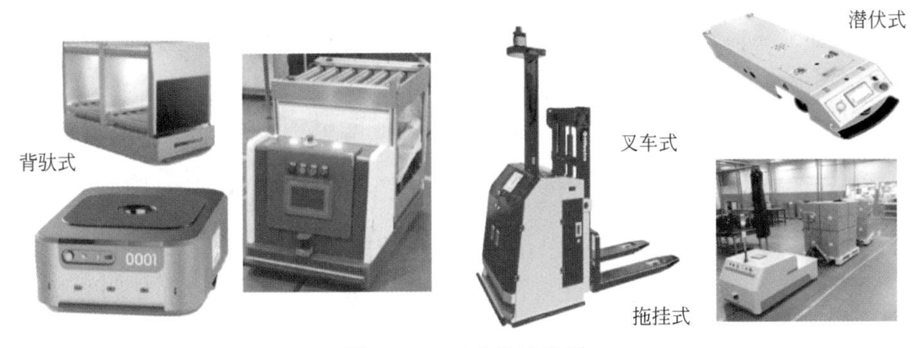

图 7-11　AGV 具体类型

① 公交车模式：物流小车固定路线循环运行，到点停靠，人工上下料。

② 出租车模式：注塑车间通过人工呼叫、调度系统进行调度，派遣空闲小车搬运物料。

③ 全自动无人值守模式：AGV 调度系统对接企业的生产管理系统，实现多车集群控制，完成全自动运行与上下料。

7.2.2 注塑生产的信息化

传统注塑生产面临市场和技术的挑战，就必须建立一个高效、统一的信息管理平台，通过这个平台对现场数据实时、准确处理和分析，实时跟踪和监控整个注塑车间的机器运行状况、模具状态、工艺成型参数、订单生产进度等信息，从而实现生产车间现场的透明化管理，如图 7-12 所示。

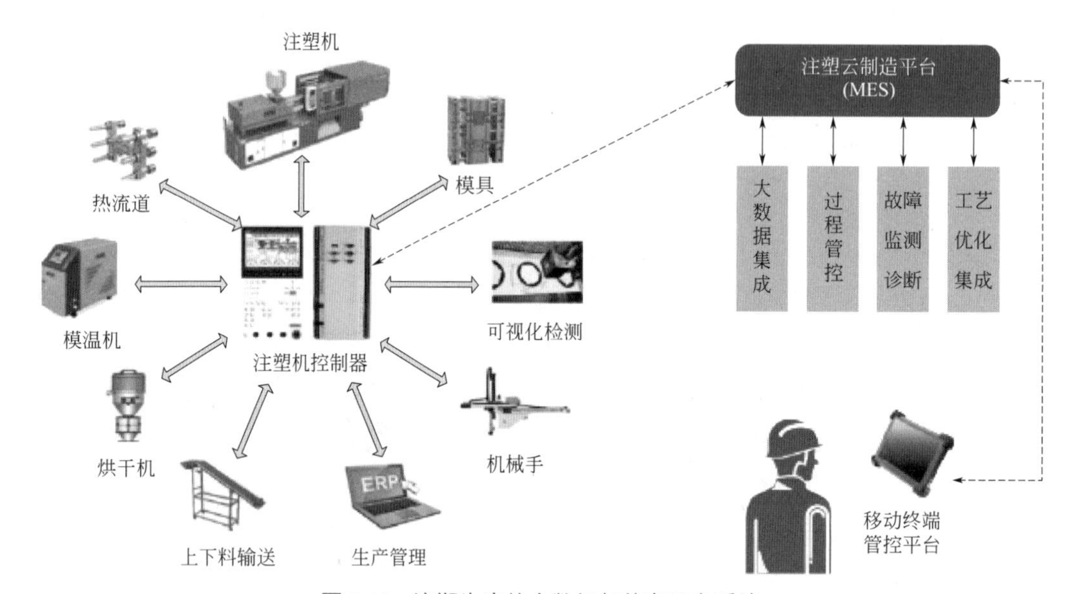

图 7-12　注塑生产的大数据与信息平台系统

目前注塑生产信息化管理有如下两种方式。

第一种是 I/O，也就是外挂感应装备，实时收集现场的开闭模状况，由后台处理分析数据，这种方式目前应用比较广泛，其优点就是不受机器品牌和型号的约束，操作简单，但是数据只是单向传递，数据信息有限。

第二种是嵌入式，也就是嵌入式控制面板，通过网络同服务器和前台客户端实现数据交互，这种管理方式数据处理量大，可以实现现场管理和后台管理的无缝衔接。但是，由于目前注塑行业各种品牌和型号的机器都有各自的数据结构，没有形成统一的数据标准，很难对一个存在不同品牌注塑机的车间建立统一的数据交互平台，所以该模式目前没有得到很好的推广。

由于第一种模式是单向数据传递方式，无法真正实现数据交互，无实用意义，因此第二种模式也就是嵌入式信息化应用可以作为信息化管理的可行方案。

该方案由如下结构组成：基础资料管理、工艺管理、模具管理、生产订单管理、现场看板管理和生产数据分析、接口管理等。

① 基础资料管理：基础资料应该包含产品、客户、原材料、色母色粉、机台、BOM等信息，这些信息不需要像ERP系统那么复杂，只需要代码和名称就可以了，因为需要管理的目标不同，所以没必要做过于复杂的处理。

② 工艺管理：工艺管理应该包括工艺资料的建立和工艺执行过程中的监控，工艺资料所涉及的信息比较多，其中包括锁模、射胶、熔胶、保压、冷却、开模这些过程每个阶段的详细信息和一个循环的生产周期，比如说开关模各阶段的压力、速度、所在位置、温度和标准时间，而现场监测主要是通过现场实际的参数同标准参数进行对比，并绘制成曲线，可以比较直观地发现异常并给予及时处理。

③ 模具管理：包括模具档案（模具代码、模具名称、标准模腔数、水口重量、模具状态等），模具的使用信息，模具的维修保养规程和维修保养管理等。

④ 生产订单管理：系统可以从ERP或MES系统中引入生产计划，并将其转化成生产订单，生产订单可以具体到机台、模具、工艺、数量等，下达后，机台可以读取生产订单，根据生产订单指派的工艺进行生产，减少人为因素干扰，确保生产同市场需求一致，通过工艺指派抛转，降低工艺参数设置随意性，确保品质稳定。

⑤ 现场看板管理和生产数据分析：通过信息系统，可以实现现场看板管理，可以实时监控每一机台的生产状况、生产订单的生产执行状况、现场报废品情况、机台生产效率、现场用料情况，同时可以通过生产日报/周报/月报、机台稼动率、原材料使用情况、品质报表、废品率统计、生产订单进度报表、停机原因统计表、机台负荷、模具实际产量统计表、工时统计表、作业员工效率统计表、温度资料分析、模具使用记录等报表进行统计分析。

⑥ 接口管理：与ERP、PLM、MES、APS、CRM等第三方系统进行数据接口，同第三方软件进行数据交互和业务衔接，形成多系统平台下业务处理的闭环。

图7-13所示为某企业专门针对注塑制造行业而开发的一套信息化管理软件。

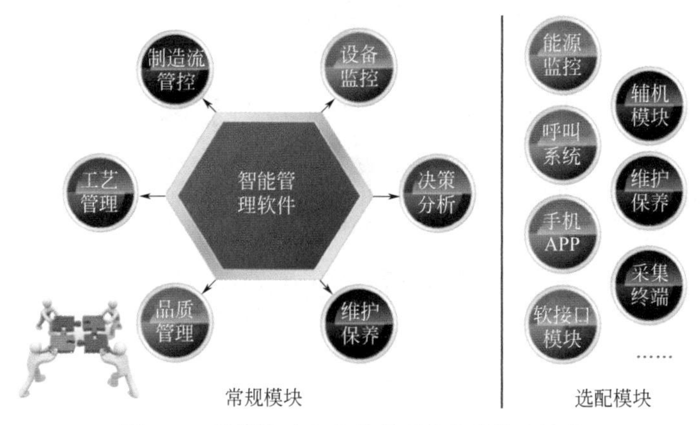

图7-13　注塑生产信息化管理软件的基本结构

该系统通过实时采集生产现场数据，实现生产现场与职能部门的信息共享和互动，达到在任何时间和地点对生产现场实时管控的管理目标；该系统同时提供强大数据追溯功能，并能与ERP等信息系统无缝对接。整个系统具有如图7-14所示的九大功能模块，可以实时采集注塑生产中产生的技术和管理数据，如注塑机的注射压力、单位时间的产量、员工上下班记录，等等。系统经过与预设参数进行比较，自动生成相应的报表，经管理人员修正和确认后生成新的指令，从而将注塑生产调整在最佳状态。

图 7-14　系统的九大功能

7.2.3　注塑生产智能化系统

7.2.3.1　智能化的基本思路

注塑生产的智能化，也可以称注塑生产智能制造系统，其基本思路是在自动化和信息化的基础上，通过终端平台实现工艺数据的集成、过程管理、故障监视、工艺优化等，并带动管理和服务的智能化，如图 7-15 所示。

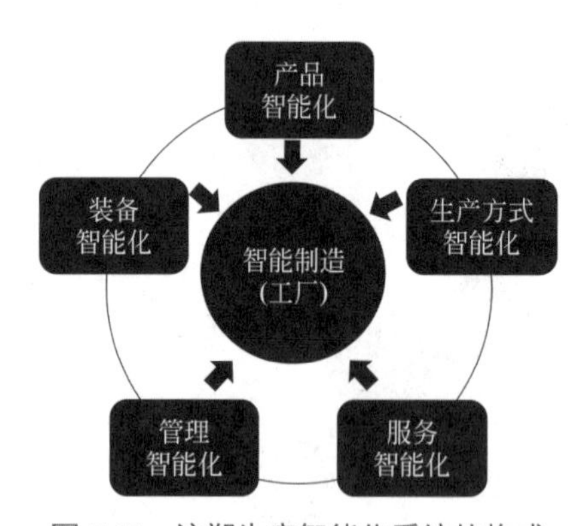

图 7-15　注塑生产智能化系统的构成

注塑生产智能化的总体方案由中央供料仓库、立体仓库、模具仓库、中央控制中心（注塑云 MES）、注塑成型模块、装配生产线以及自动包装线等多个模块组成，如图 7-16 所示。该生产单元通过物联传感将注塑机、冷水机、干燥机和机械手等设备在注塑机电脑上实施闭环控制，同时将数据传送给注塑云 MES，实现设备监控、生产管理、异常停机管理、模具管理、自动报表及派工管理等智能操作，提前做到风险防控、故障预知、趋势预测、精准营销及行业分析。

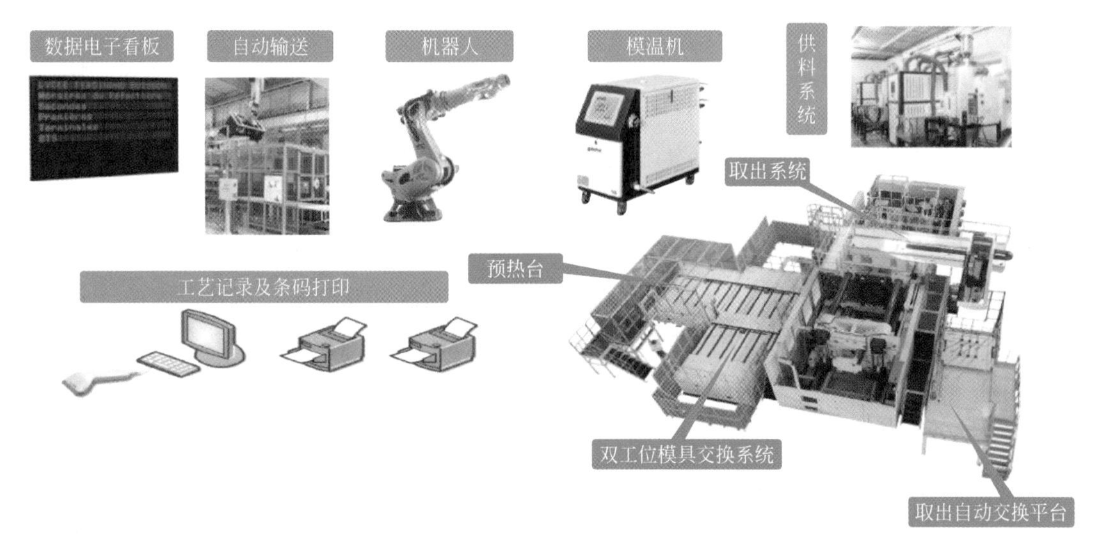

图 7-16　注塑生产智能化场景

注塑生产智能化的核心是注塑单元的智能，即以智能化的注塑机为核心，通过工业以太网和集中统一的信息系统对机器人（机械手）、AGV 物流小车、模温机、干燥机等周边设备进行控制，实现有条不紊的全自动生产，如图 7-17 所示。

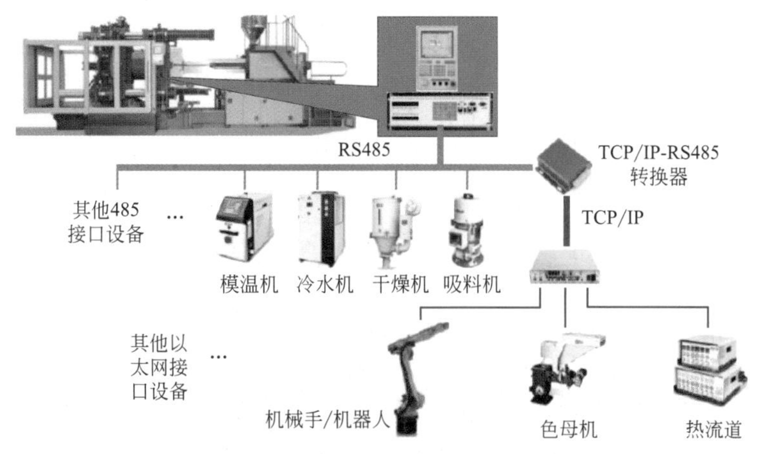

图 7-17　智能化注塑生产单元

7.2.3.2　智能化的切入点

考虑到注塑生产企业大多为传统的制造企业，因此，企业在迈向智能制造的过程中，可以考虑从以下三方面作为切入点，如图 7-18 所示。

图 7-18　智能制造三大切入点

（1）精益生产

精益生产是通过系统结构、人员组织、运行方式等方面的变革，使生产系统能很快适应用户需求的不断变化，并能使生产过程中一切不良、多余的东西被精简，最终达到生产效率、产品质量以及用户反馈各方面最优化的一种生产管理方式。

（2）制造协同

制造协同是在统一的信息系统体系结构下，利用集成的思想和方法，将各个分系统进行集成，解决现有的制造业中的信息孤岛问题，并辅以可视化平台，快速反映生产状况，从而加强企业各部门之间的协同生产管理能力。

（3）整合运营

在整合运营方面，通过实时敏捷协同的供应链整合，提升总体营运效率；采取预测性质量体系，从事后控制向事前防范转移；构建面向制造业务的共享平台，打通并顺滑链接用户端需求与系统资源，帮助企业不断提升用户响应。

7.2.3.3 智能化的关键——建立注塑生产的 MES 系统

注塑 MES（manufacturing execution system，制造业执行系统）系统是专门针对注塑制造车间的管理信息系统，系统通过条形码、数据采集器及扫描枪等数据采集的手段，实时采集生产现场的机台运行状况、模具状态、在制品、物料、订单及品质等的信息，构建完整的制造信息的数据库、生产管控及质量管理的平台，实现车间生产现场的透明化管理，满足生产过程的追溯和管控的需要，并能与 ERP/MRP Ⅱ 等这些信息系统对接和交互，提升相关生产职能部门的信息共享和协同的效率，提高企业的核心竞争力。

注塑行业 MES 功能模块主要集中在维护管理、基础资料、报表管理、工艺管理、品质管理、生产排程、生产监视、数据采集等，如图 7-19 所示。

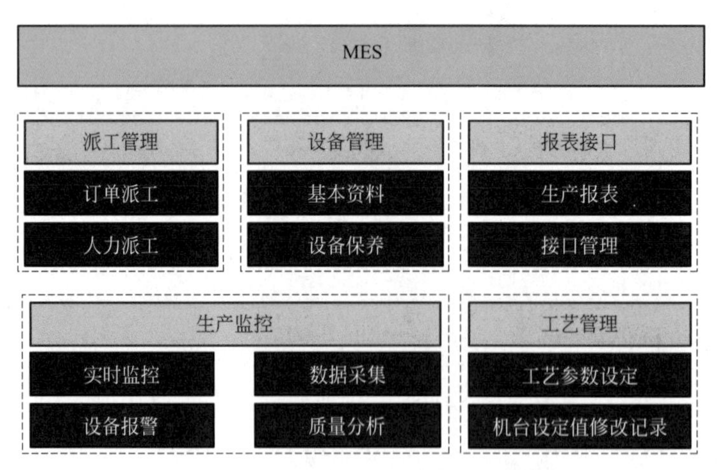

图 7-19 注塑生产 MES 系统的主要模块

同时，工厂根据客户需求生成 BOM 表等，并传递至 ERP 系统，再根据订单相应的生产任务传递至注塑云 MES，自动识别，注塑工厂进行智能排产。

注塑云 MES 搭配智能投料，机械手扫描原料二维码识别信息进行智能投料，每台机器的运行状态由注塑云 MES 进行设备监控。当机器出现问题时，工作人员可以在电脑以及手机上看到报警信息并发送给维修人员进行故障检修（如保压控制、机器警报、质量分析、异常停机管理和实时监控等）。生产需要更换模具时，只需要一键指令就可实现最优模具工艺参数下载到机台，同时注塑云 MES 系统自动匹配最优注塑工艺参数，实现智能化生产。

设备监控、生产管理等信息通过注塑云 MES 从车间第一时间传送给办公室的相关管理人员。进入到装配生产线需要二次加工的注塑制品通过 AGV 小车和 6 轴机器人进行运输和装配。装配完成的产品进入自动打包线进行装箱、封箱，然后通过 AGV 小车运往立体仓库（立体仓库可提供工作完成进度、成品仓储信息和原始数据记录）。

管理人员可以通过注塑云 APP 在手机上随时查看仓储、工作完成进度、早晚班机台利用率及其对比、性能稼动率、良品率、全厂 OEE、机台点检情况以及物流信息，掌握智能注塑工厂的实时动态。

7.2.3.4 注塑成型智能化的控制系统

注塑生产智能控制系统是一个全新的系统，无论是新设备，还是老设备升级改造，都离不开它。它不仅具有数据采集、分析、管理、通信、显示、接口等功能，也有集计算机技术、互联网云技术等为一体的智能化、数字化控制方法，如图 7-20 所示。通过该系统可以实现如下主要功能。

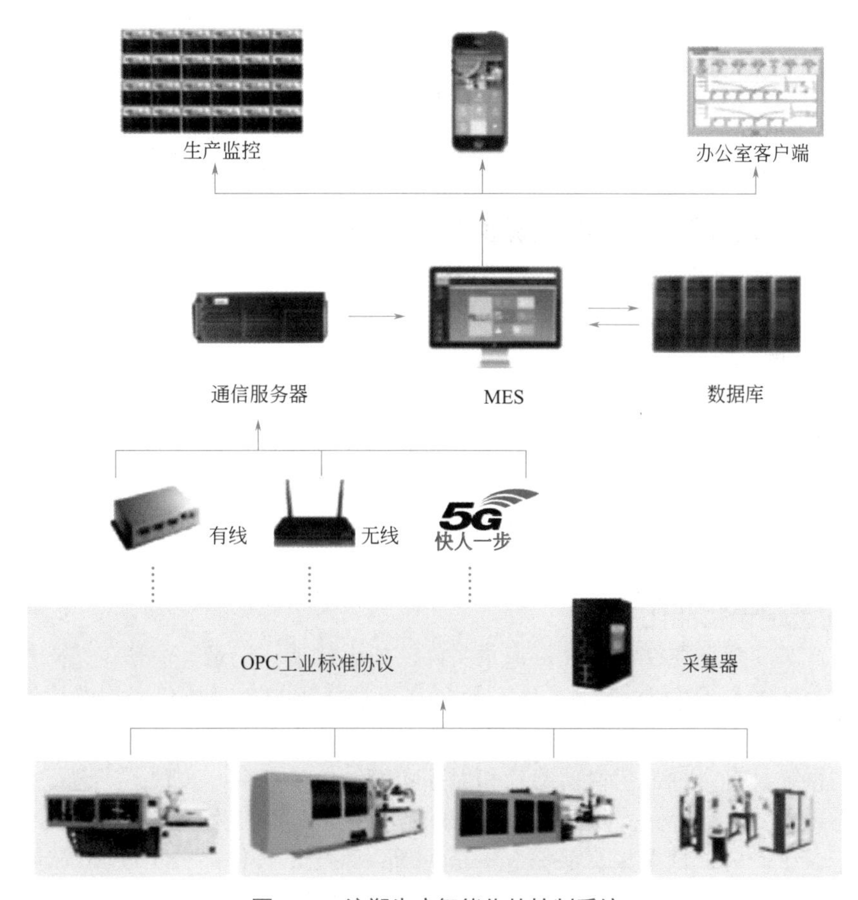

图 7-20　注塑生产智能化的控制系统

(1) 注塑机的智能控制系统

相对于传统的控制系统，注塑机的智能控制系统主要优势为：对注塑生产各个阶段的关键过程参数，包括速度、压力、温度、定位等进行精密控制，对液、机、电一体化驱动系统实现全闭环控制设计，从而保证整个过程和注塑制品质量的稳定性；使用精密智能控制大幅提高原机的加工精度和稳定性，降低注塑加工废品率，降低产品重量和尺寸的波动幅度；系统可靠性强，能屏蔽用户操作错误对系统的影响，不会出现系统异常退出情况；系统易用性高，对于常用的功能，用户不必阅读手册就能使用；软件界面风格保持一致，所有界面元素分布合理，并且都提供了充分而必要的提示，对相关输入限制条件有明确的提示说明（操控界面如图 7-21 所示）；同时此智能控制系统适用于所有品牌和型号的注塑机，只要按原机线路图连接控制系统即可。

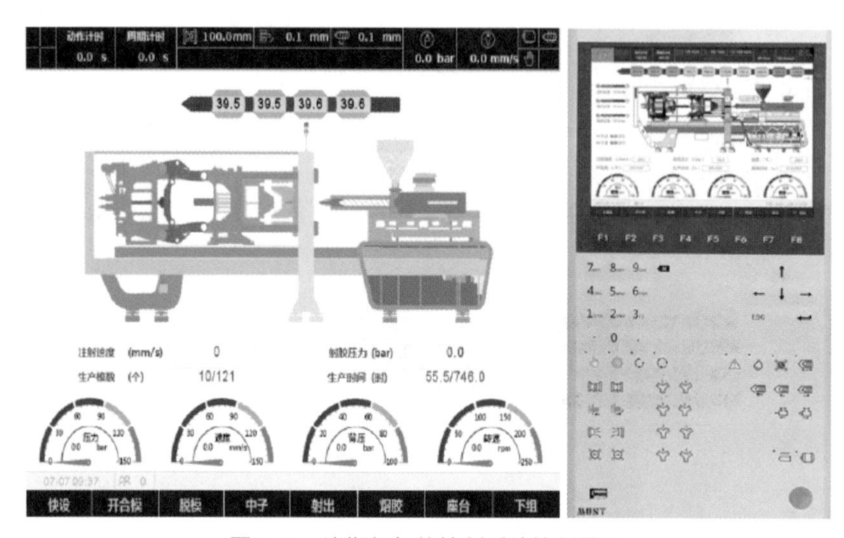

图 7-21　注塑机智能控制系统控制界面

(2) 集成周边装备并智能化

注塑机周边装备有干燥设备、热流道控制器、抽料机、机械手、传送带、模温机、冷水机，还有可视化检测设备、模内传感器控制及模内切装置等。注塑机周边装备都有各自的操作界面，设置和检查需要在各自装备上操控，费时费力。注塑智能控制系统把注塑机和周边的装备集成在控制系统上实现智能化管理，并在系统操作界面一并进行操控、设置、检查、记录和查阅等，如图 7-22 所示。

(3) 工艺记录智能化

注塑生产车间现场往往都有大量记录文件，如烘料工艺记录、注塑工艺点检记录、当班数量记录、不合格品分类统计、设备点检记录、模具点检记录和产品巡检记录等，给操作人员增加了较大的工作量，是第三方或第二方审核的重点，也是现场管理的痛点。注塑智能控制系统具有实时工艺自动记录和保存功能，便于查询，实现了工艺记录智能化管理。员工不再需要用笔纸做大量记录，当班的各种记录都能在系统里保存，其中产品数量记录中能记录生产完成情况、良品率和完成率等；系统不合格品分类缺陷统计中有 25 种不良品统计类型，每个产品的缺陷可以选几个容易发生的缺陷作为分类统计，如缺料、断裂和变形等；工艺记录文件把常规的工艺参数都包含在内，如图 7-23 所示。有了智能化和自动记录设置，大大减轻了现场人员的工作量。

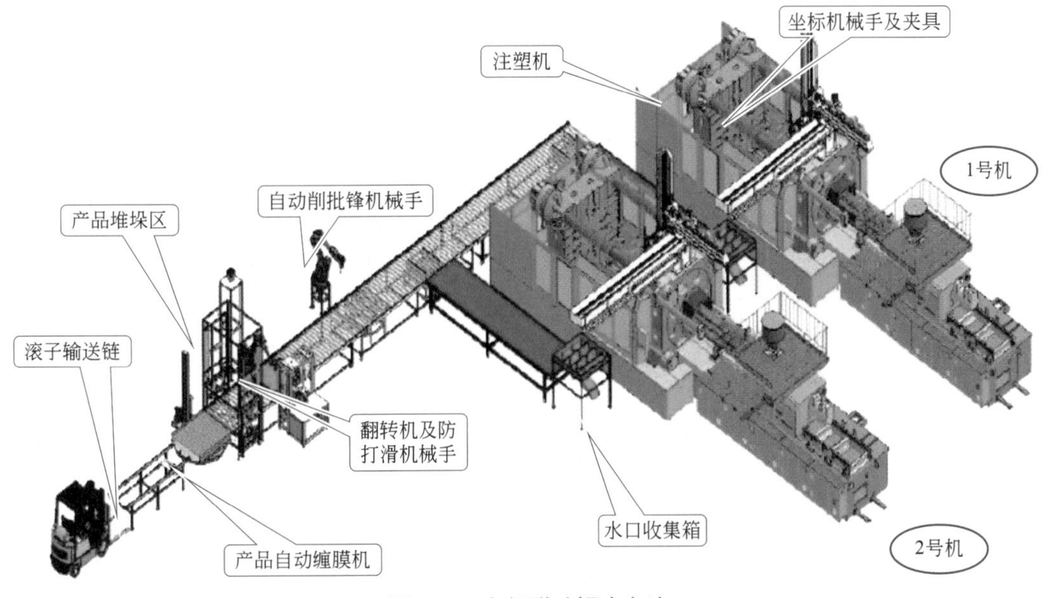

图 7-22　多机联动解决方法

图 7-23　设备实时监测界面

（4）工艺参数智能化监测

注塑智能控制系统采用二维迭代预测控制算法，对注塑工艺参数等设置进行智能化跟踪管理，对注塑机上的过程曲线、精度跟踪、时间跟踪、过程数据跟踪等都实现了智能化记录。过程曲线有注塑曲线、开合模曲线、温度控制曲线等；精度跟踪是对每一模产品的模数、周期、各种压力、切换及开模位置、注射及其他速度等有精确的记录，如图 7-24 所示；时间跟踪是对注塑过程中射胶、熔胶、保压、开模、顶出等时间有跟踪记录，甚至连空隙时间都有记录；精度跟踪和时间跟踪中都有每一模次的具体数据，每一模的各项数据都不可避免地有波动，系统保留小数点后两位，文件最后都有最大值、最小值和波动值的统计。开模重复定位精度 0.35mm，熔胶终点位置重复精度 0.99mm，料温波动误差仅有 0.3℃，重量重复精度 0.04%，时间误差 0.5s 等，显示了系统的精密性，这样对优化工艺有很大的帮助。

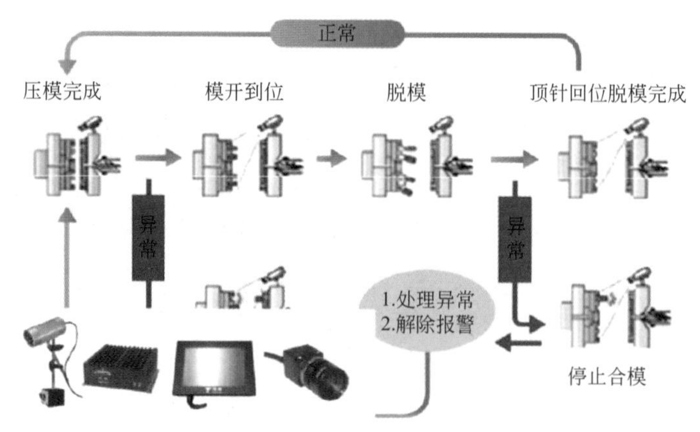

图 7-24　模具内部视觉监测系统

（5）工艺过程智能化监测

注塑过程中工艺情况变化多端，除了人工监控外，还要依赖于系统智能监控。注塑工艺过程跟踪的参数有 20 多个，如温度情况、注射最大压力、最小射胶位置、切换位置、切换时间等，每一个产品有自己的特点，结合设备情况，可以选择对产品影响较大的 4 ～ 6 个项目进行监控。过程跟踪数据有上下偏差和误差值的设定，当设备运行中出现波动，系统自行调整并保存和记录，当波动超出误差值后，系统会做出报警或停机等，提示操作者。智能管理系统（information management system，IMS）还可以自动诊断常见故障，包括加热圈、热电偶、漏胶、过胶圈、压力传感器等，并显示于人机界面上，对快速分析各种事故原因和整改方案有着重要的帮助，如图 7-25 所示。

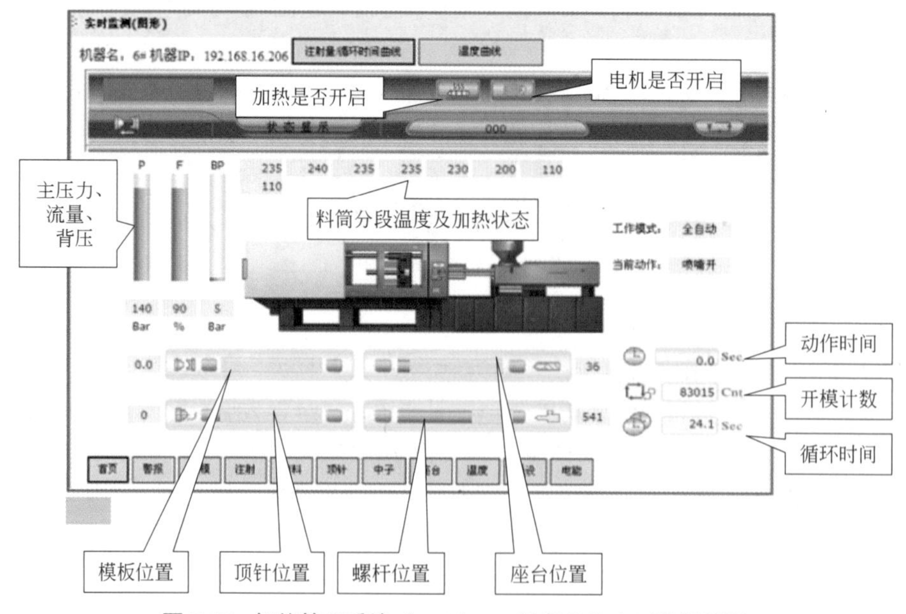

图 7-25　智能管理系统（IMS）——设备参数实时监测界面

（6）系统与显示设备智能化连接

系统除了能在注塑机控制器上使用外，还能在各种显示设备上使用，液晶显示屏可以挂在现场，电脑可以在办公室使用，手机下载 APP 也能操控使用。主要项目有模料信息、生产统计、废品统计、成型工艺、远程监控等，还有生产性能统计、过程数据分析、重量数据分析等过程分析，也可进行若干台机的管控，具体到每个设备生产什么产品、生产实时转台等信息。手机等移动端的使用可让管理人员即使不在公司也能了解现场生产情况，甚至调整工艺参数等。

（7）生产和服务智能化管理

运用注塑智能控制技术，融入 FMS（flexible manufacturing system）系统等，利用去中间环节、高中层信息共享、授权管控等高科技管理手段，使“计划”与“生产”密切配合，产品可追溯，智能排单，全过程管控，使企业和车间管理人员在最短的时间内掌握生产现场的变化，作出准确的判断和快速的应对措施，保证生产计划得到合理而快速修正。也可将公司管理云平台与供应链的上下游客户共享，更直接地链接客户需求和管理服务，如图 7-26 所示。

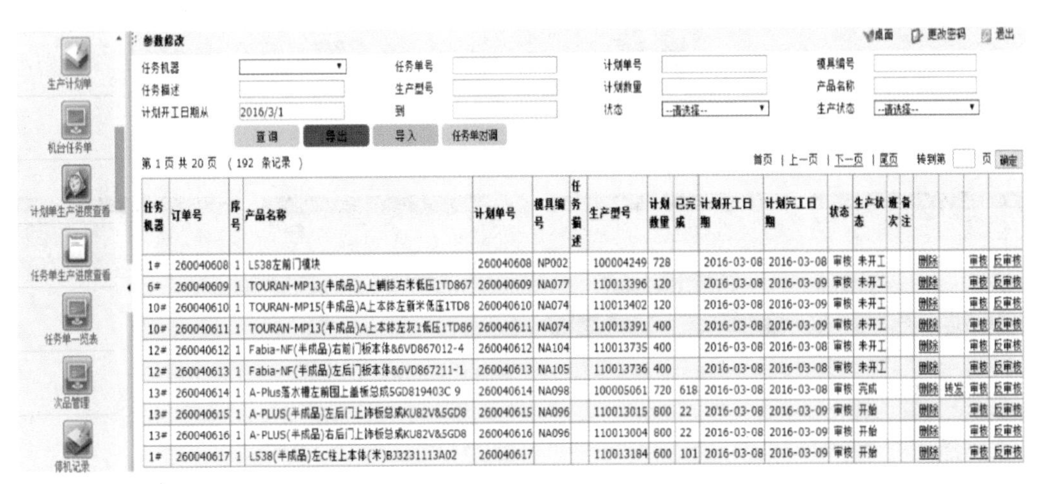

任务机器	订单号	序号	产品名称	计划单号	模具编号	任务描述	生产型号	计划数量	已完成	计划开工日期	计划完工日期	状态	生产状态	班次	备注				
1#	260040608	1	L538左前门模块	260040608	NP002		100004249	728		2016-03-08	2016-03-08	审核	未开工			删除		审核	反审核
6#	260040609	1	TOURAN-MP13(半成品)A上饰件右米低压1TD867	260040609	NA077		110013396	120		2016-03-08	2016-03-09	审核	未开工			删除		审核	反审核
10#	260040610	1	TOURAN-MP15(半成品)A上本体左新米低压1TD8	260040610	NA074		110013402	120		2016-03-08	2016-03-09	审核	未开工			删除		审核	反审核
10#	260040611	1	TOURAN-MP13(半成品)A上本体左灰1低压1TD86	260040611	NA074		110013391	400		2016-03-08	2016-03-09	审核	未开工			删除		审核	反审核
12#	260040612	1	Fabia-NF(半成品)右前门板本体&6VD867012-4	260040612	NA104		110013735	400		2016-03-08	2016-03-08	审核	未开工			删除		审核	反审核
12#	260040613	1	Fabia-NF(半成品)左后门板本体&6VD867211-1	260040613	NA105		110013736	400		2016-03-08	2016-03-08	审核	未开工			删除		审核	反审核
13#	260040614	1	A-Plus落水槽左前围上盖板总成5GD819403C 9	260040614	NA098		100005061	720	618	2016-03-08	2016-03-08	审核	完成			删除	转发	审核	反审核
13#	260040615	1	A-PLUS(半成品)左后门上饰板总成KU82V&5GD8	260040615	NA096		110013015	800	22	2016-03-08	2016-03-09	审核	开始			删除		审核	反审核
13#	260040616	1	A-PLUS(半成品)右后门上饰板总成KU82V&5GD8	260040616	NA096		110013004	800	22	2016-03-08	2016-03-09	审核	开始			删除		审核	反审核
1#	260040617	1	L538(半成品)左C柱上本体(米)BJ3231113A02	260040617			110013184	600	101	2016-03-08	2016-03-09	审核	开始			删除		审核	反审核

图 7-26　智能管理软件——订单管理

（8）产品检验视觉化

为提高产品检测效率和正确性，注塑智能控制系统应在原有基础上运用机器视觉技术对塑胶制品表面缺陷进行智能化检测。机器视觉系统包括光源、成像系统、图像捕捉系统、图像采集与数字化模块、图像处理模块等。在现场主要是 CCD（charge coupled device）摄像机安装在注塑机上将准出模的产品置于传送带附近，通过光学成像系统将被测物体成像在 CCD 像敏面上，由机器视觉技术（评定专家系统）判定塑胶件的缺陷等，如图 7-27 所示。还有像超市里的扫描枪那样对准塑胶件两面扫描一次，由系统判断塑件合格与否。

（9）操作系统手机化

目前注塑智能控制系统已经能在智能手机上使用了，这显示出手机操作的优越性和以后的发展趋势。随着智能手机 5G 的开发与应用，智能手机的各种功能趋于完备，手机反应的速度更加快捷，操作界面在手机上操作更加灵活方便，便于更多的人掌握和操作，如图 7-28 所示。随着手机的威力越来越大，功能也越来越全面，移动网络的铺展也将加速。智能手机与云端计算正在改变人类与数据相处的方式，利用手机对 PC 机（控制器）的操作功能，将会显示出优越性。

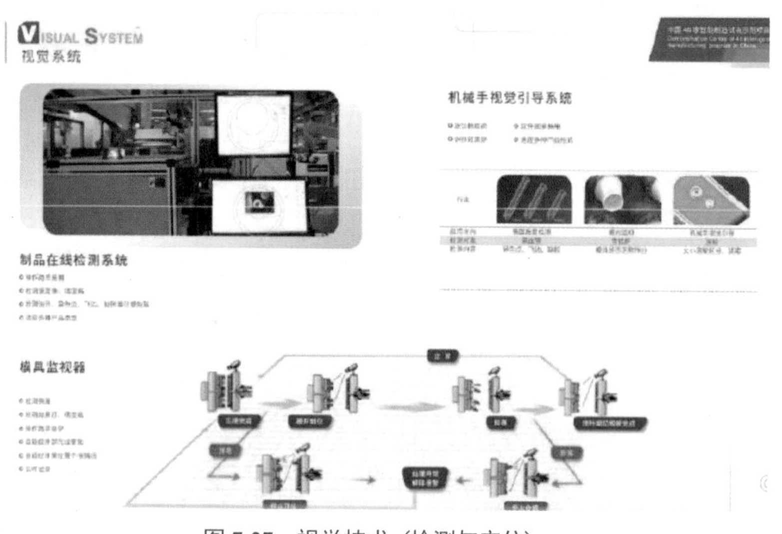

图 7-27 视觉技术（检测与定位）

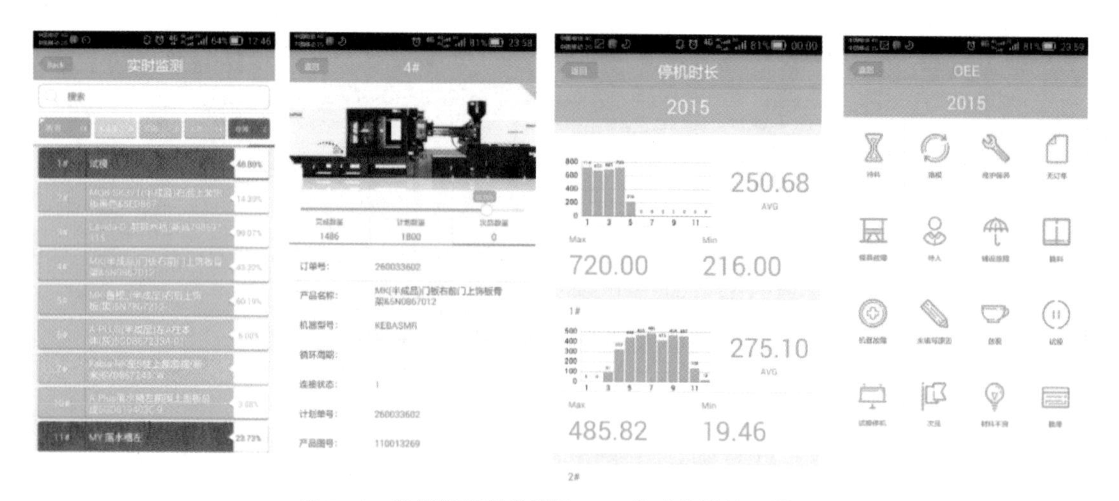

图 7-28 智能管理软件系统——移动终端管理界面

（10）工艺参数模块化

工艺参数模块化是指工艺参数按材料类别做成一定的模块，把常用的材料（如 ABS）在相对理想的状态进行注塑成型的仿真模拟，得到最佳工艺参数模块（包括温度、速度、压力、时间和模温等）。在实际生产时，操作者只需根据塑件的大小来选择相应的工艺参数模块就可以进行试模，再根据试模的结果，对工艺参数做细小的调整即可快速得到最佳的工艺参数。这一设想类似于傻瓜相机用法，便于大众掌握和使用，更加有利于技术一般的工艺人员快速高效地调整到最佳的注塑工艺参数。

（11）工艺设置可视化

工艺设置可视化和工艺参数模块化有着紧密的联系，在模块化后面加一个可视化模块，在试模调整工艺过程中也能通过 PC 机（控制器）或者手机看出材料流动情况和充实情况，对模内情况有控制和监视作用，通过可视化也能识别塑件的缺陷，对塑件工艺做出调整和修订。通过智能注塑系统，注塑生产现场的数据实时采集到系统的数据库中，即使再远的生产现场也犹如眼前，如图 7-29 所示。目前有两种方式，一种是注塑机可视化虚拟设计平台，另一种是注塑制品模内可视化模具，无论采用哪种方式，都要反映在 PC 机（控制器）或者手机上，便于工艺设置可视化。

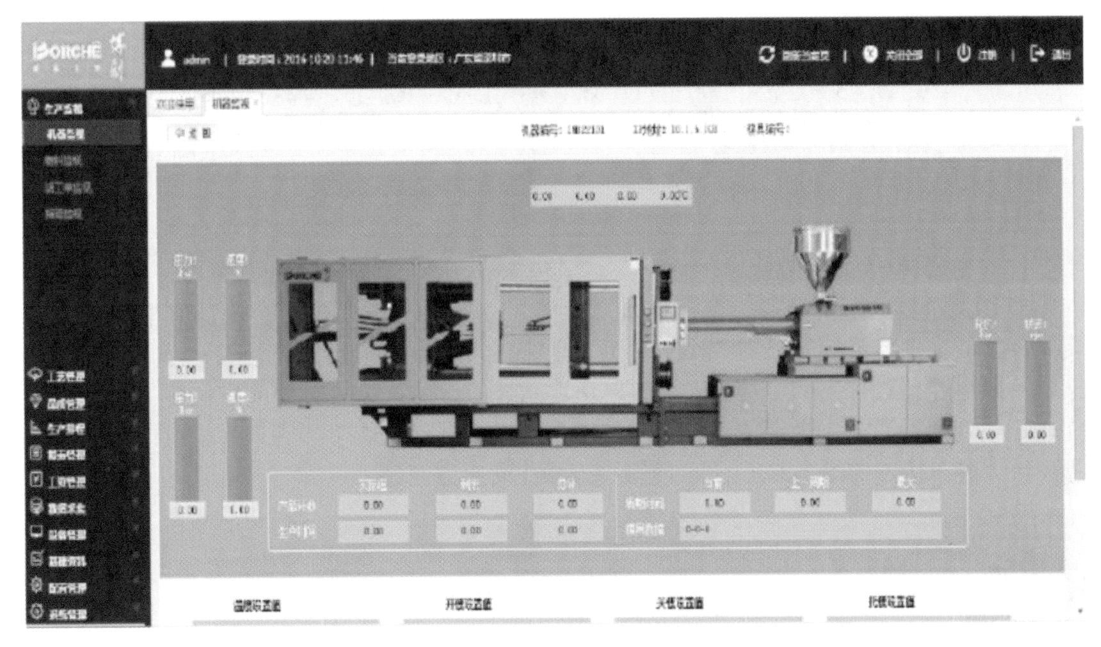

图 7-29　智能化控制系统——工艺参数设置可视化

（12）云端技术协同化

从虚拟化技术开始，运营商着手建立云计算平台，目前已经建立了三个云，一是基础设施云，二是桌面云，三是协同研究云。这三个云基本构成了整个信息中心的生态系统。注塑智能控制基本实现了前面两个云，提升了系统的技术含量，协同研究云现在可租用其他云（如浪潮云、华为云等）。这样当工艺员远距离协同调整工艺，特别是工艺攻关时也可以邀请外面的专家一同来解决现场工艺问题。协同化工艺学习（管理）等都对员工技术是一个新的提升的机会或者过程，使所有的工艺工作处于协同的环境中，可以帮助工艺人员进行辅助性工作，使工艺人员只需考虑生产上的问题，可以提高总体管理效率，提高工艺设置效益，减少报废，同时网络云端提供了无限数据存储、管理数据空间和强大的计算能力。

（13）系统制作个性化

推广智能控制系统对企业来讲是一项增加成本的工作，如果系统上所有的功能都配齐，价格不菲，对一般小型企业推广智能控制系统有一定的压力。因此，推广智能控制系统应该根据企业的要求、设备的情况、产品的需求等做到因“机”制宜，有的放矢，这就需要系统制作个性化。图 7-30 所示为广东某自动化供应商提供的可选择模块。根据动能需要个性化制作系统，降低系统的成本价格，让更多中小型企业用上注塑智能控制系统。当然，也要考虑到一些企业在使用中收回前期投入的成本后，想在原来系统上增加更多功能的情况，因此系统应具有升级功能，满足低成本的升级或扩容的需要。

- 注塑机能够与换模平台实现一键式全自动化换模、半自动换模、手动换模共计三种换模方式。注塑机能够自动识别模具，自动调取换模参数、工艺参数、辅机参数。
- 注塑机屏幕能够显示所有机器(包括辅机)操作简易页面与故障提示(机器可以显示各位置辅机工作状态)，实现注塑岛自动化。
- 压缩注射(低压注射)功能。
- 内置热流道系统。
- 模具流道加热器与注塑机一体化(内置式)。
- 机械手(机器人)与注塑机：采用机械手或六轴机械手取件，提供接口为EUROMAP 67接口。
- 注塑岛自动化系统(单元)与MES管理系统交互。
- 注塑机全生命健康管理系统。

图 7-30 广东某企业开发注塑智能化可选择模块

（14）模具寻找定位化

模具是重要的生产装备，是所有注塑生产的基础。一般来说，企业都有模架帮助模具条理摆放。即使有模架，对一个大中型企业来说，模具数量巨大，要找到模具所在的模架，一般需花费较长时间。模具定位（模块）系统能帮助进行模具瞬间定位，一个按键就能轻松找到模具所在，且定位系统能与注塑智能控制器或智能生产管理系统或模具生产管理系统无缝对接，如图 7-31 所示，使得管理操作简捷方便。

模具编号	模具名称	保养项目	上次保养日期	当前模数	间隔模数	上次保养模数	下次保养模数	实际保养模数	距离下次保养模数	是否保养	备注		
NP006	L538 行李箱下饰板左	小保养		4166	20000		20000		15834			编辑	删除
NP017	L538 左右C柱上部	小保养		4026	20000		20000		15974			编辑	删除
NP022	L538 行李箱门槛条	小保养		12653	20000		20000		7347			编辑	删除
NP005	L538 右后门模块	小保养		18757	20000	482	20482		1725			编辑	删除
NP004	L538 右前门模块	小保养		17608	20000	482	20482		2874			编辑	删除
NP001	L538 行李箱上饰板左右	小保养		894	20000	499	20499		19605			编辑	删除
NP020	L538 左右前门槛条	小保养		15087	20000	783	20783		5696			编辑	删除
NP003	L538 左后门模块	小保养		17111	20000	816	20816		3705			编辑	删除
NP002	L538 左前门模块	小保养		19457	20000	890	20890		1433			编辑	删除
NE018	NCV3 左门板本体	小保养		1752	20000	1084	21084		19332			编辑	删除
NP014	L538 保险盒盖板	小保养	2016-02-18	22181	20000	1103	21103	21553	0	已做小保养		编辑	删除
NE014	NCV3 左右A饰柱	小保养		1702	20000	1208	21208		19506			编辑	删除
NP011	L538 左右轮眉护板	小保养	2016-02-22	21752	20000	1270	21270	21743	0	已做小保养		编辑	删除
NP013	L538 左右A柱外饰板支架	小保养	2016-03-02	21561	20000	1440	21440	21561	0	已做小保养		编辑	删除

图 7-31 智能控制系统——模具信息数据库

（15）系统开发深度化

智能控制系统深度化开发将是针对当下产品高精密难实现、产品高性能难调控、装备高精度难保障的问题而提出来的四个有深度的开发方案：成型精度的静动态复合补偿技术；取向结构在线感知与精确调控技术；高速高压工况下装备精度保障技术；装备集成与自动化产线技术。如果这一系列注塑成型智能控制方案得到解决或者应用，深化了注塑智能控制系统的应用，结合标准化、绿色化等开发应用，将显著提高注塑行业的产品质量和生产效率。

综上所述，随着计算机技术和云技术的快速发展，注塑机控制技术得到了迅速发展和提高。传统的注塑控制技术主要以液压泵、液压阀、油质板、油路管、机械传动等机械参数为控制手段，现在的注塑智能控制技术将产品工艺、注塑机的机械参数和整个工艺参数（注射速度、保压压力、熔胶转速、背压、位置等）组成注塑过程的全闭环进行控制，从根本上确保产品质量（重量、尺寸、外观表面），提升整体产品质量，节约生产成本，增加经济效益。

注塑智能控制技术是智能制造的重要组成部分，以后还有更大的发展空间。通过机器视觉、模具在线质量感知系统和模塑智能集成系统等，建立具有开放的、人机友好的生产效益优化和监测平台，推动注塑生产向智能制造迈进。

7.2.4 注塑生产智能化实例

7.2.4.1 项目背景

广州某汽车配件企业主要生产中高档汽车塑件，如车灯支架、车灯外罩、车门内饰板等。面对汽车行业发展的需求和人工成本急剧攀升的现状，该公司与广东博创智能科技有限公司（Borche）、广东工业大学等单位合作，在注塑装备中引进智能感知、故障诊断、自适应控制和专家系统等先进的智能控制方法，全面提升了注塑装备的智能化水平，逐步实现了注塑生产的智能化，并取得了较好的经济效益。

7.2.4.2 智能制造详情介绍

该企业开展注塑生产智能化项目，主要聚焦于注塑成型装备智能化方法研究、注塑成型装备研发与生产、注塑成型大数据云服务平台构建、注塑成型云服务系统研发与推广（MES 系统、全生命健康周期管理系统）等方面。项目的总体架构如图 7-32 所示。

针对注塑成型装备的网络化、智能化和信息化水平相对低下的问题，本项目构建的系统架构包含 4 层：感知层、传输层、平台层和应用层。

① 感知层：主要由计算机、主控接口、分机控制器及各种传感器组成，采集并捕获注塑成型装备的各种信息。通过感知层全面感知注塑机的信息，并构建新型的智能控制系统，研发智能化的注塑成型装备。

② 传输层：各种通信网络和互联网形成的融合网络，完成信息、数据与指令在感知层与平台层之间的传递。

③ 平台层：基于基础设施和云计算中心数据（广东工业大学面向领域应用的大数据中心），利用大数据中心、运营平台，打通了各机构之间的信息壁垒，构成了一体化联动的信息共享与协同机制。各种数据资源协同联动，实现信息平台的精细化、准确化、实时化管理。

④ 应用层：整合各种信息资源，实现对各类信息服务的统一调用，支撑企业业务协作，构建注塑成型 MES 系统、注塑成型装备的全生命周期健康管理系统等平台。

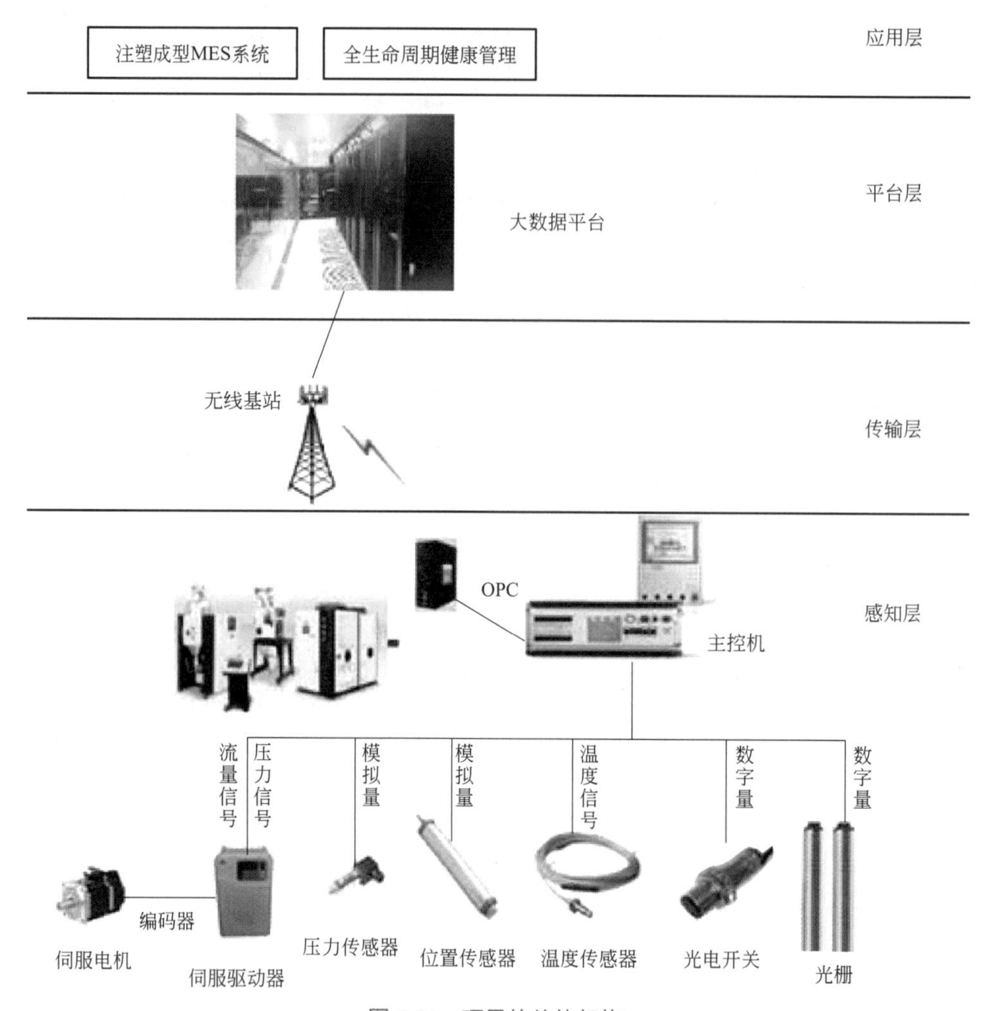

图 7-32　项目的总体架构

7.2.4.3　项目实施与应用情况详细介绍

（1）注塑成型 MES 系统

注塑行业制造执行系统（Borche MES）对整个注塑生产现场进行实时监控和数据采集、信息共享，实现生产现场与职能部门互动。职能部门能实时管控现场，通过网络可在任何时间任何地点远程实时获取生产现场信息，并以此为基础，向用户提供强大的生产数据追溯系统，如图 7-33 所示。

系统提供了注塑生产过程透明化管理的有效途径，弥补了 ERP 和 MRP 偏重对计划的管理而无法监控到制造过程现场执行情况的缺陷，通过自动化数据采集手段，实时获取生产现场在制品、物料、制造过程的品质信息。建立集成的生产控制与品质管理平台和完善的生产过程数据库，从而满足企业对生产过程实时监控与全面追溯的需求，并通过 OEE 等性能控制指标的分析，帮助企业不断提高生产效率，不断改善产品品质，全面达到企业持续提升客户满意度的需求。

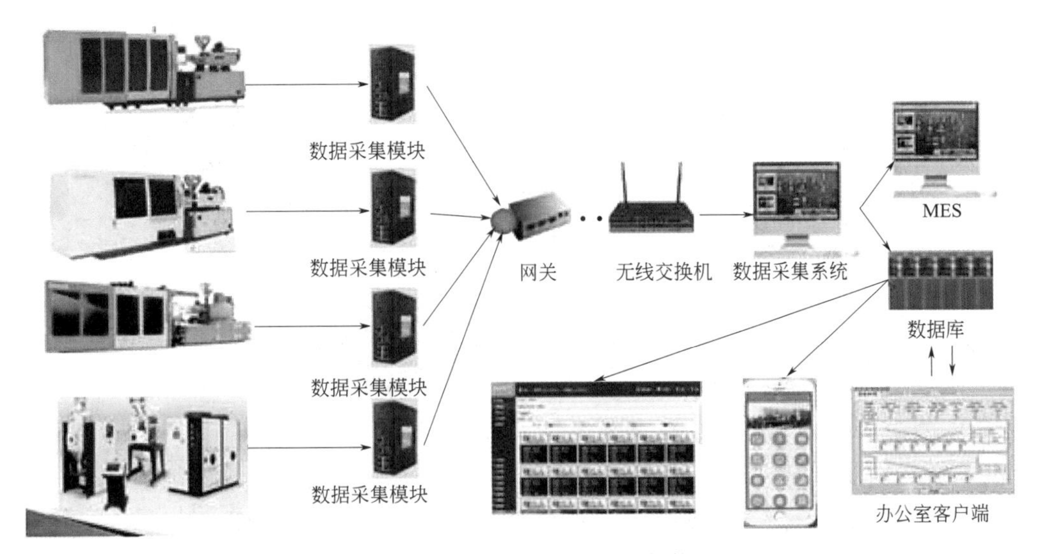

图 7-33 Borche MES 系统网络拓扑图

Borche MES 系统数据采集器采用 ARM 内核进行开发，具有高精度、高稳定性、存储空间大、数据存储时间长、通信方式多、传输速率快、故障报警、自动检测、远程自动升级等优点，连接简单，无需修改注塑机自身电脑电路；采集器将采集回来的数据实时、准确地传输到数据服务器进行后台数据处理，通过 Borche MES 管理软件可以实时查看整个注塑车间的机器运行状况、模具状态、工艺成型参数、物料消耗、订单生产进度等信息，从而实现生产车间现场的透明化管理，如图 7-34 所示。系统提供强大的报表功能，使用户能快速地得到生产车间的统计分析报表。

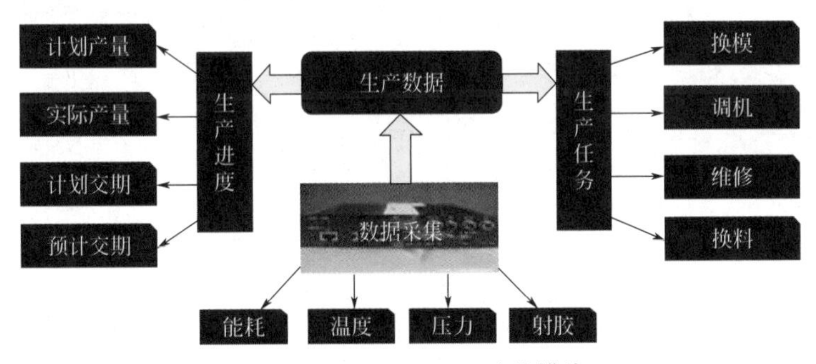

图 7-34 Borche MES 功能模块

① 数据采集模块：该模块是智能控制系统的基础模块，主要的功能如下。

a. 该模块对车间机器进行实时监视，实时掌握车间机器、模具等设备的运行状况，如图 7-35 和图 7-36 所示。

b. 实时跟踪订单执行情况。

c. 实时跟踪车间物料的使用情况。

d. 对生产过程中发生的异常情况进行警示，包括周期报警、机器状态不明报警、温度异常报警、射胶压力异常报警、射胶时间异常报警、射胶量异常报警、预塑时间异常报警、次品率高报警。

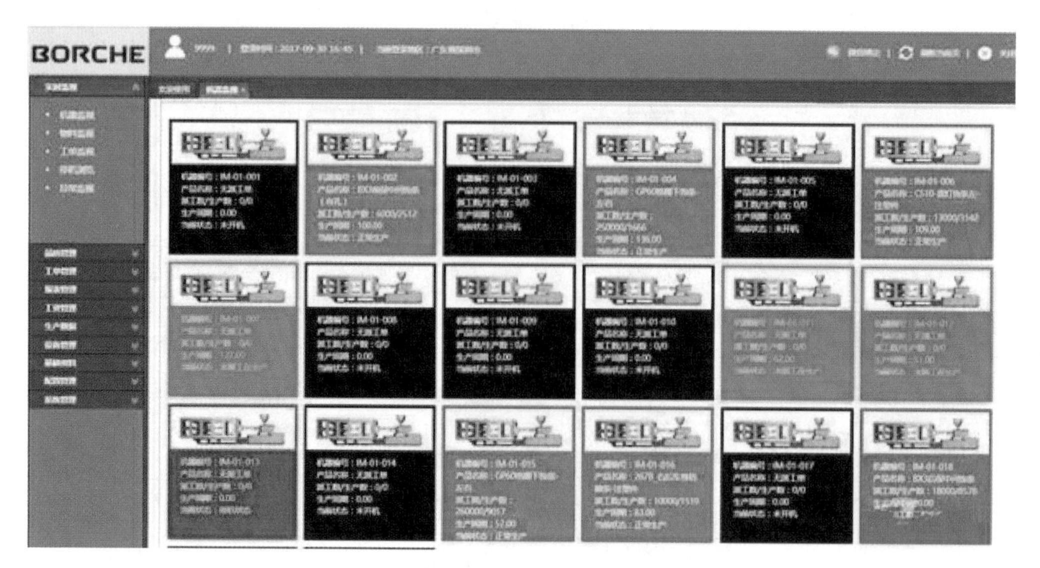

图 7-35　车间生产状况监控

图 7-36　单机生产状态的监控

e. 系统 DNC 技术，通过有线或无线数据采集器，将车间的生产设备实现网络连接，实时、准确、客观地采集生产现场的数据，并进行异常处理，ERP 等信息系统提供数据交互接口。

② 工艺管理模块：实时跟踪注塑过程中成型条件，如注塑周期、注塑压力、最大注塑压力、熔胶温度、模具温度、射胶速度、射胶量、射胶位移等工艺参数。图形化记录每模实际成型参数，做到每模产品质量的可追溯，并实时归档。

③ 生产排程模块：从订单生成工单（可与 ERP 接口），PMC 参照日历查看所有机器的排产和生产进度，再对工单进行排产。也可结合注塑生产工艺特点，自动生成派工单，经过审核后的派工单就自动派工到相应机台，供车间 QC、领班、机修、加料工参考。

④ 品质管理模块：适时收集统计注塑机的产品质量情况、次品类型及合格率，并可以按查询条件生成各类品质分析报表，可以联系相关时间段工艺波动情况进行品质追溯、原因分析和品质改善。

⑤ 报表模块：提供强大的报表支持系统，如生产日报 / 月报、原料使用情况表、品质日报表、生产单进度报表、停机原因统计表、成型条件监测报告、模具实际产量分时统计表、注塑周期明细表、作业员工效率统计表。

⑥ 库存管理模块：实时根据生产状态，对用料情况进行客观记录。自动提示库存状态，对库存红线预警。

⑦ 维护管理模块：提供设备维护、保养计划安排，并将设备的维修情况形成报告，实现设备自动保养提示和性能评估，并为生产排程提供依据。

（2）注塑成型装备全生命周期健康管理系统

注塑机全生命健康大数据平台是利用云技术、数据协议通信技术、移动互联网技术、装备建模、人工智能、模糊神经元、大数据等技术对企业智能装备运行数据与用户使用习惯数据进行采集，实现在线监测、远程升级、远程故障预测与诊断、装备健康状态评价、生成装备运行与应用状态报告等功能的智能服务平台。

智能装备云服务平台是为服务于客户装备高效运行、持续稳定无故障运行、便捷人性化的装备保养、高效售后支撑而实现的智能物联网平台；平台实现设备档案集中高效管理、高效便捷售后支撑系统、人性化的远程装备管理、智能故障诊断和故障预警功能、安全便捷的数据采集服务、多维度全方面数据分析功能。

针对项目实际用户不同的建设要求可以按本地自建监测中心、云平台两套方案来实现。下面分别对这两套方案进行阐述。

① 自建监测中心。企业自建监测中心把系统及服务器部署在企业或企业指定的 IDC 机房，企业注塑装备的控制器通过外部通信接口接入到无线传输设备上传到监测中心，服务器有固定外网 IP，如图 7-37 所示。

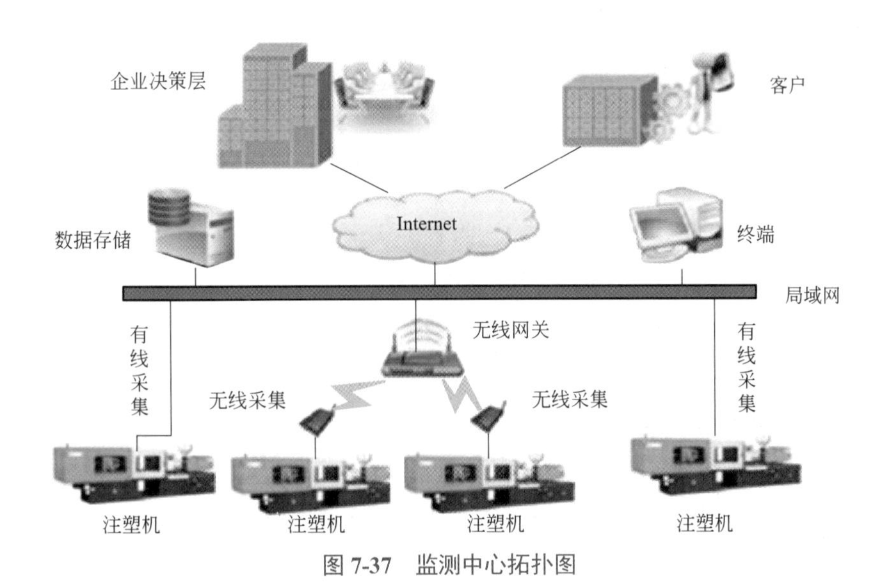

图 7-37　监测中心拓扑图

基于目前的注塑装备控制器特点，在注塑装备端安装带 RS485 的 4G/5G 无线路由器（在有有线网络的条件下，也可以用有线设备的方式传输），用于监测注塑装备 PLC 及电能表，通过 CAN 转 RS485 设备把驱动器监测起来。

② 基于物联网技术构建智能装备云服务云平台。租用成熟服务器，注塑装备端监测设备及传输设备跟自建方式一致。

该项目在云端也是基于物联网技术来构建智能装备云服务平台，如图 7-38 所示，该平台在服务器上搭建 Openstack 实现资源的虚拟化；实现用户接入、第三方应用接入（ERP、PLM、CRM 等信息化管理系统）、平台的状态监测、安全认证、数据存储管理等；基于 Hadoop 搭建大数据中心，根据用户需求实现对运行数据与用户使用习惯数据进行采集，并建模实现深度挖掘、分析、决策，自动生成产品运行与应用状态报告，并推送至用户端；承载在线监测、远程升级、故障预测与诊断、健康状态评价等云服务。通过云计算和大数据技术以及移动互联网技术，建立了高效、安全的智能服务云平台，提供的服务能够与产品形成实时、有效互动，大幅度提升系统的信息化和网络化水平。

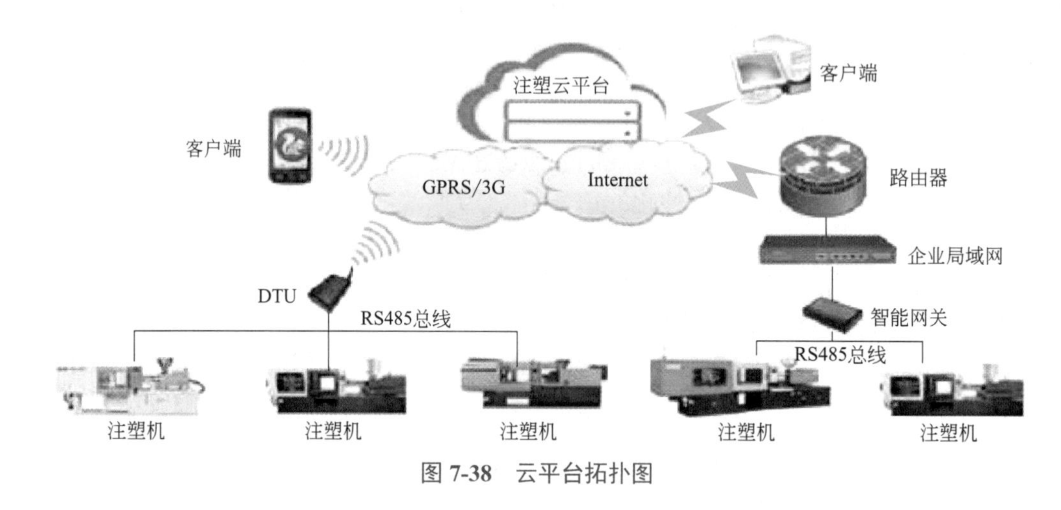

图 7-38 云平台拓扑图

③ 装备全生命周期健康管理系统（iPHM）。该系统包括八大功能模块，并且同时提供移动端的应用，具体如下：

a. 驾驶窗：本页面为全局界面，呈现了所有设备在全球地图上的分布、在线率等，还可以通过点击进入到更细的区域（国家）。

b. 实时监测：对注塑装备的实时运行情况进行监测，包括注塑装备的运行状态、工作电流、电压、压力等。并通过点击某一台设备，查看更为详细的信息。

c. 健康评估：对正常运作的设备进行健康评估，并做出相应的评估报告；主要通过设备的电流、压力、温度等参数的分析，评估是否在合理范围内。以健康评估算法定期对设备进行体检，指导客户定期或按装备健康状态进行维修或保养。

d. 报表管理：对注塑装备的健康评估及运行情况、产量、生产品质等数据进行统计并导出报表。该功能包括模具产量统计、生产品质日报、注塑条件监视、注塑周期明细、停机原因分析、车间进度报表、生产进度报表、生产日报表子功能。

e. 故障预测：对注塑装备各参数实时数据及历史数据进行大数据深度挖掘、分析。故障预测 PHM 技术的发展经历了故障诊断、故障预测、系统集成三个日益完善的阶段，在部件级和系统级两个层次、在机械产品和电子产品两个领域经历了不同的发展历程。当前 PHM 技术的发展体现在以系统级集成应用为牵引，提高故障诊断与预测精度，扩展健康监控的应用对象范围，支持 CBM 与 AL 的发展。

f. 设备运维：对远程的设备维护记录、维护计划进行管理，对出现故障的设备在线报修，并能在线升级，一键拨号来获得帮助。

g. 专家系统：对注塑装备 PLC 的参数及现实运行参数进行比较（需要额外安装传感器来支撑检测实际运行的参数），再用历史数据做参考。若现实运行出现偏差，及时给负责人或其他系统（自动化系统）发出提示。

h. 系统管理：对注塑装备的基本信息进行录入及系统用户管理，包括用户增、删、修改以及用户权限的分配。

7.2.4.4 效益分析

（1）生产效率大幅度提高

① 实时监控人、机、物、料，可远程实时跟踪订单执行情况；
② 各岗位责任更清晰，提高协同效率；
③ 建立注塑机、模具、员工之间的档案，优化生产搭配；
④ 对历史数据进行挖掘分析，为最优派工提供数据支持；
⑤ 提供报表功能，减少人工统计，降低管理成本；
⑥ 随时登录系统了解车间的生产状态，决策更科学。

（2）调机和试模更高效、方便

① 根据记录生成工艺管理数据库；
② 以最优化工艺数据为工艺参数标准；
③ 提供个体设备独立工艺参数作业指导；
④ 大幅提升调机效率，稳定产品品质；
⑤ 大幅降低批量性的质量事故；
⑥ 降低对人员的要求，减少人为因素；
⑦ 调机时间减少 5% ～ 30%；
⑧ 大幅减少调机废料和调剂损坏。

（3）待单待料时间大幅度减少

① 当前生产单结束前，系统自动提醒；
② 在本次生产完成前已进行下张单的物料、模具等的准备；
③ 动态准确预计生产结束时间；
④ 系统根据以往数据进行排单优化；
⑤ 对不用设备与人组合的生产效率进行准确预估，排单更合理；
⑥ 大幅减少停机待料时间。

（4）不良品控制更精确

① 通过以往生产数据优化巡检周期；
② 通过机器记录（刷卡）对巡检实现管控；
③ 出现质量问题立刻报警，大幅降低批量质量事故；
④ 通过看板、短信和邮件等方式报警，快速止损；
⑤ 质量问题发生后，系统自动对生产任务进行调整；
⑥ 系统记录不良品生产记录，为生产优化提供数据。

参考文献

［1］ 刘朝福．注塑生产技术手册 [M]. 北京：化学工业出版社，2020.

［2］ 刘朝福．注塑成型疑难问题及解答 [M]. 北京：化学工业出版社，2017.

［3］ 陶永亮，姚科．注塑过程控制技术和智能化发展趋势 [J]. 工业控制计算机，2019（ 32），4 ：17-19.

［4］ 赵鹏．塑料注射成型机工艺参数在线优化与检测 [D]. 武汉：华中科技大学，2009.

［5］ 王德翔，刘来英，王振宝，等．基于人工神经网络技术的注塑成型工艺参数优化 [J]. 模具技术，2001（6）：1-4.

［6］ 张娜，王利霞．注塑制品缺陷诊断及工艺优化的专家系统 [J]. 河南科技，2008（4）：29-30.

［7］ 朱李平．注塑机的节能控制与改造 [D]. 广州：华南理工大学，2017.

［8］ 万玉明．注塑机动力系统能耗建模及其优化研究 [D]. 广州：广东工业大学，2017.

［9］ 李明军．注塑设备节能技术在生产中的应用 [J]. 轻工科技，2015（7）：95-96.

［10］ 王竞男．浅析塑料成型工业中的绿色技术 [J]. 中国科技信息，2021（9）：156-158.

［11］ 叶巴丁，陆晨风，储能奎，等．全电动注塑机研究进展及在汽配电子行业中的应用 [J]. 中国塑料，2020（10）：94-96.

［12］ 陶永亮，欧阳婷．高光无痕注塑模具材料选用思考 [J]. 橡塑技术与装备，2020（46）：31-32.

［13］ 宋仁军，李金山，苟军强，等．如何实现优质的高光无痕注塑成型 [J]. 汽车塑化，2020（1）：43-44.

［14］ 石则满．双色注塑成型技术及其发展 [J]. 工业技术与实践，2019（1）：159-161.

［15］ 孙伟．薄壁化注塑技术在汽车零件上的应用 [J]. 汽车零部件，2008（8）：139-140.